| 일러두기 |

- 코로나19로 연기되어 2021년에 열린 도쿄 올림픽 및 2023년에 열린 항저우 아시안게임은 원래 연도대로 '2020년 도쿄 올림픽', '2022년 항저우 아시안게임'으로 표기했다.
- 인명, 지명의 한글 표기는 원칙적으로 외래어 표기법에 따랐으나, 일부는 통용되는 방식을 따랐다.
- 미술작품이나 영화명 및 논문과 도서 등은 〈 〉로 묶었다.
- 본문에 등장하는 해부학 용어는 대한해부학회에서 집필한 〈해부학용어〉 6번째 판을 기준으로 하였다.
- 347쪽 데이비드 호크니의 작품 〈더 큰 첨벙(a bigger splash)〉은 사용허락을 위해 저작권사에 문의했으나 답변이 없어 출간일정상 부득이하게 먼저 수록하고, 추후 사용료를 지급할 예정이다.

그들의 뼈는 어떻게 금메달이 되었나

OLYMPICS & ANATOMY

올림픽에 간 해부학자

이재호 지음

어바웃어북

| 프 롤 로 그 |

'최선'이 남긴 상처의 통증유발점을 찾아서

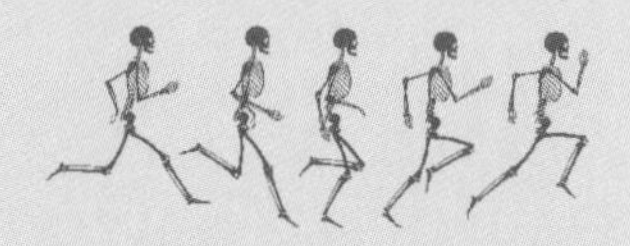

1908년 런던 올림픽 육상 400미터 결승에서 벌어진 일이다. 심판진이 1등으로 결승선을 통과한 미국선수를 석연치 않은 판정으로 실격처리하자 2등으로 들어온 영국선수에게 금메달이 돌아갔다. 주최국 영국을 향한 미국선수들의 감정이 좋지 않게 흐르자 미국의 한 목회자는 자국선수들을 위로하기 위한 설교에서 이런 말을 했다.

"올림픽은 승리보다 참가하는 데 의의가 있습니다. 인생도 마찬가지입니다. 중요한 건 성공이 아니라 '최선'의 노력을 다하는 것이지요."

그런데 목회자의 말에 꽂힌 건 선수들이 아니라 근대 올림픽 창시자 쿠베르탱Pierre de Coubertin이었다. 그는 기회가 있을 때마다 목회자의 말을 인용하며 올림픽의 새로운 정신으로 삼았다.

'승리보다 최선'이라는 덕목은 이 대회 마라톤에서도 재현됐다. 당시 마라톤 코스는 왕비가 사는 윈저성을 출발해 결승선이 마련된 스타디움에서 마치는 것으로 정해졌다. 직전 올림픽까지 40킬로미터였던 마라톤 코스길이가 2.195킬로미터나 늘어난 것은 윈저성에 사는 왕비가 출발장면을 보고 싶어 했기 때문이었다. 그런데 공교롭게도 40킬로미터까지 1등으로 달렸던 이탈리아 대표

도란도 피에트리Dorando Pietri는 2킬로미터 남짓 남은 지점에서 급격히 스태미나가 떨어지면서 바닥에 주저앉고 말았다. 도란도는 힘겹게 일어섰지만 몇 걸음 떼지 못하고 다시 쓰러지기를 반복했다. 이를 안타깝게 지켜본 경기요원이 도란도를 부축해 1등으로 결승선에 도착하도록 도왔다. 그러자 2등으로 경기를 마친 미국선수가 이의를 제기했고, 도란도는 실격처리되고 말았다. 하지만 스타디움에 가득 모인 관중들은 포기하지 않고 끝까지 '최선'을 다한 도란도에 크게 감동해 그의 이름을 연호했다. 그렇게 도란도는 1908년 런던 올림픽 최고의 스타가 됐다.

당시 올림픽을 지켜본 사람들은 분명히 확인했을 것이다. 최선을 다한다고 반드시 승리하는 건 아니라는 사실을 말이다. 물론 사람들은 인생도 다르지 않다는 걸 알고 있었다. 열심히 산다고 다 성공하는 게 아니라는 세상이치를.

돌이켜보면 올림픽이 처음 시작되었을 당시 고대 그리스인들도 최선과 승리의 함수관계를 뼛속 깊이 깨달았던 모양이다. 스토아학파 철학자 에픽테토스Epictetos는 올림픽에 출전하는 모든 선수들에게 이런 말을 남겼다.

"규칙적인 생활을 준수해야 한다. 제아무리 맛난 음식이라도 못 본 척할 정도로 절제된 식습관을 가져야 한다. 심지어 찬물이나 술도 입에 대지 말아야 한다. 갑자기 춥거나 더워져도 훈련을 게을리하면 안 된다. 환자가 의사의 처방을 따르듯 선수는 코치의 지시에 완전히 몸을 맡겨야 한다. 하지만 이 모든 혹독한 훈련을 이겨내도 당신은 경기에서 패할 수 있다."

고대 그리스 철학에서는 '아레테(arete)'와 '아곤(agon)'이라는 개념으로 스포츠의 속성을 설명하면서 삶의 이치에 투영시키곤 했다. 아레테가 어떤 분야에서든 최고의 경지에 이르기 위해 최선을 다하는 것이라면, 아곤은 그러한 경지에 도달함으로써 경쟁에서 승리하는 것이다. 두 개념에는 최선(아레테)을 다해 성공(아곤)에 이른다는 지극히 계몽적인 수사(修辭)가 담겨있다.

하지만 현실은 계몽적인 수사와 달리 그렇지 못할 때가 많다. 최선을 다한 과정이 아무리 아름다워도 승리하지 못한 결과는 씁쓸하다. 그래서일까. 필자는 해부학자가 된 이후 바라본 올림픽에서 즐거움보단 아쉬움이, 감동보단 아픔을 느낄 때가 더 많았다. 올림픽이란 목표를 위해 쏟아부은 4년이란 결코 짧지 않은 세월의 노력이 뜻밖의 부상 탓에 수포로 돌아가는 장면을 보고 있으면, 선수들의 다친 뼈와 근육에서 한동안 시선이 떠나지 않았다. 순간 "혹독한 훈련을 이겨내도 (경기에서) 질 수 있다"는 에픽테토스의 차가운 수사는 '최선의 배신'이란 말로 등치됐다.

이 책은, 아픔의 원인을 찾는 일을 업으로 삼는다고 믿는 한 해부학자의 치기 어린 시선으로 올림픽을 되새겨본 기록이다. 해부학과 스포츠는 아주 오래 전부터 밀접한 관계를 맺어왔다. 고대 그리스 의학자 갈레노스Claudius Galenus는 히포크라테스Hippocrates 이후 해부학과 생리학의 개념을 정립한 학자 중 한 명이다. 갈레노스는 한때 콜로세움에서 주치의로 일하며 치명상을 입은 검투사를 진료했다. 당시 로마제국의 검투사는 수많은 관중이 지켜보는 가운데 목숨을 걸고 싸웠고, 사자나 표범 같은 맹수와의 격투도 피할 수 없었기에 죽거나 다치는 일이 많았다. 갈레노스는 검투사의 부러진 뼈를 맞추거나 피부와 근육을 꿰매는 수술을 집도했는데, 이러한 기록은 현대 스포츠의학의 기원을 이룬다.
모든 의학이 해부학에서 출발하듯 스포츠의학도 다르지 않다. 심지어 스포츠 선수의 이상적인 신체구조 및 운동을 통해 나타나는 신체부위별 특징은 기초의학의 범주에 충실해온 해부학의 연구범위를 확장시킨다.
이 책은 하계 올림픽 중에서 28개 종목을 선별하여 스포츠에 담긴 인체의 속성을 해부학의 언어를 곁들여 풀어낸다. 복싱편에서는 복서에게 치명적인 뇌세포손상증을 가져다주는 펀치 드렁크 신드롬이 만연함에도 불구하고 국제복싱협회가 헤드기어 착용을 폐지한 연유를 파헤친다. 유도에서는 200가지가 넘는 기술 중에서 외십자조르기가 목동맥삼각에 어떻게 위해를 가하는지 및 산소부족 상태를 빚어 뇌 손상에 이르는 과정을 규명한다. 육상에서는 우리 몸의 근육조직을 이루는 속근과 지근이 단거리와 장거리에 어떤 영향을 미치는지를 비롯해 마라톤선수를 환희와 좌절로 이끄는 스포츠심장과 발바닥 구조에 담긴 함의를 해부한다.

아울러 이 책은 스포츠를 의학의 카테고리에 가두지 않고, 해당 종목의 역사적 연원과 과학기술 및 사회적 함의를 살피는 데도 지면을 아끼지 않는다. 수영선수의 전신수영복이 빚은 기술도핑, 사이클에서 불거진 스테로이드 오·남용, 복싱과 사격 및 탁구에 담긴 정치·외교적 속내, 자본의 논리에 함몰된 비인기종목의 가치에 이르기까지 분야와 관점을 넘나드는 이야기의 향연은 그 자체가 다양성의 미학을 펼치는 올림픽과 닮았다.

올림픽은 대표적인 승자독식(winner-take-all)의 현장이다. 어떤 종목이든 내로라하는 다수의 경쟁자가 오직 하나뿐인 금메달을 놓고 치열하게 다툰다. 올림픽은 참가 자체에 의미가 있다는 쿠베르탱의 선언이 얼마나 허무한 미사여구(美辭麗句)인지 방증하는 대목이다. 치열한 경쟁원리는 소수의 승자만 각인할 뿐 다수의 패배자를 소멸시킨다. 최선이 남긴 상처가 세상에서 가장 아픈 통증유발점인 까닭이다. 아픔의 원인을 찾는 해부학자의 시선은 승자보단 패배자의 상처로 모아진다. 패배자의 상처가 위무(慰撫) 받는 올림픽을, 그리고 세상을 고대해본다.

_ 2024년 파리 올림픽을 앞둔 어느 봄날에

C O N T E N T S

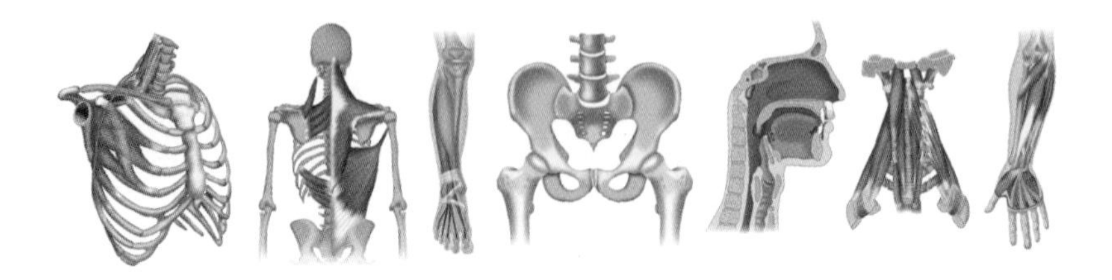

Coca-Cola

CHAPTER 3 볼트의 근육

CHAPTER 4 태극궁사의 입술

CHAPTER 5 펠프스의 허파

TOKYO 2020
JOOLA

알리의 주먹

01 OLYMPICS & ANATOMY

배고픈 전사의 리썰웨폰

복싱 Boxing

"한국 복싱이 왜 잘 나가다가 요즘 빌빌대는지 알아? 헝그리 정신이 없기 때문이야, 헝그리 정신이!"

20여 년 전 영화 〈넘버3〉에서 송강호 배우의 대사 중 한 대목이다. 당시 영화가 인기를 끌면서 '헝그리 정신'이란 말이 유행을 타기도 했다. 헝그리 정신은 한때 복싱선수들이 지녀야 할 근성 같은 것이었는데, 자본주의 시대에 투영된 스포츠의 민낯이기도 했다.

헝그리 복서의 신분상승은 어떤 스포츠보다도 드라마틱했다. 영화 〈록키〉의 실제 모델 록키 마르시아노Rocky Marciano는 그런 성공신화의 시발점이 됐다. 그의 뿌리는 가난한 이탈리아계 이민자였다. 1952년 세계 타이

틀을 거머쥔 록키는 주먹깨나 쓰는 뒷골목 아이들의 우상이었다.

인종차별이 극심한 켄터키주 루이빌에 사는 클레이란 흑인소년도 챔피언 록키를 꿈꿨다. 클레이는 한마디로 타고난 주먹(!)이었는데, 록키로 인해 주먹질로 감옥에 가지 않고 부와 명예를 얻을 수 있음을 깨달았다. 복서가 된 클레이는 군계일학(群鷄一鶴)의 기량으로 1960년 로마 올림픽에 미국대표로 선발되어 금메달을 목에 걸었다.

하지만 클레이는 올림픽 챔피언만으론 부족했다. 그는 여전히 가난했고, 흑인 금메달리스트를 향한 사회적 편견은 클레이의 마음을 더욱 난도질했다. 그는 주저 없이 프로 복서의 길을 택했고, 캐시어스 클레이 주니어Cassius Marcellus Clay Jr.란 기독교식 노예이름을 버리고 이른바 '예수의 아들'에서 파양(罷養)을 선언했다. 개명한 그의 이름은 무하마드 알리Muhammad Ali! 이슬람 국가운동 최고 지도자 엘리야 무하마드Elijah Muhammad로부터 부여받은 새 이름이다.

링 위의 강타자들은 '나비처럼 날아서 벌처럼' 쏘는 알리의 현란한 기술과 가공할 펀치에 속수무책이었다. 그는 꽤 오랫동안 세계 타이틀 벨트를 점유했고, (록키가 그러했던 것처럼) 전 세계 터프가이들의 피를 들끓게 했다.

1960년 로마 올림픽에서 미국 복싱대표로 출전해 금메달을 딴 알리.

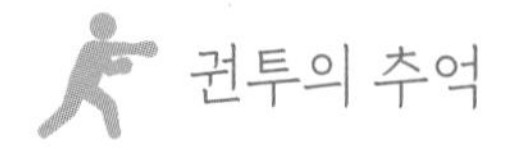

알리가 전성기를 구가하던 1970년대 한국에는 허기진 사람들이 참 많았다. 박정희정권의 캐치프레이즈는 '잘 살아보세'였지만, 그 시절 잘 살아보려는 욕망은 지금의 '복지'하고는 차원이 달랐다. 사람들은 끼니만 거르지 않는다면 못 할게 없었다. 늘 가난과 싸워야 했고, 공산주의를 증오해야 했다. 군사정권은 사람들을 투사로 만들었다. 학교 교실마다 대통령의 사진 옆에 '하면 된다'는 급훈이 걸렸다. 그렇게 대통령은 사람들에게 근면(勤勉)하라고 독려했다.

'투쟁심' 강한 한국인들이 복싱에 열광한 것은 어쩌면 당연했다(그 시절 한국에서는 복싱을 '권투(拳鬪)'라고 불렀다). 그들은 정말로 하면 된다고 믿었던 걸까. 수많은 청년들은 도장을 찾았고, 거의 모든 사람들이 그런 청년들을 응원하고자 TV 앞에 앉았다.

미디어는 사람들을 더욱 부추겼다. 주중이건 주말이건 할 것 없이 권투 중계가 황금시간대에 편성됐다. 대통령 역시 권투에 푹 빠졌다. 그는 장충체육관 귀빈석에서 김기수 선수가 한국 최초로 세계 챔피언이 되는 광경을 지켜봤고, 링 위에 올라 선수에게 직접 챔피언 벨트를 채워줬다. 헝그리 복서가 국민영웅이 되는 순간이다. 개인의 영예인 프로복서의 챔피언 등극이 한국에선 국가적 성취가 됐다.

복싱 아니 권투를 향한 뜨거웠던 열기는 민주화와 함께 차갑게 식었다. 권투의 자리는 훨씬 더 격렬하고 자극적인 이종격투기들로 채워졌다. 그리고 한국은 부자나라가 됐다. 이제 어느 누구도 더 이상 헝그리 정신을 얘기하지 않는다. 그리고 뜻밖에도 복싱은 다이어트의 도구가 됐다. 젊은이들은 챔피언 대신 몸짱을 꿈꾸며 체육관 문을 두드린다. 그렇게 시대는 변했다.

폭력과 스포츠를 나누는 경계

인간이 어떤 대상을 공격할 때 사용하는 가장 원초적인 무기는 무엇일까. 주먹(blow, punch)이다. 발차기와 같이 두 발을 사용하는 공격은 직립보행이 훨씬 자연스러워진 이후에 가능해졌다. 복싱의 역사가 기원전 수천 년 이전으로까지 거슬러 올라가는 까닭이다. 실제로 그리스 산토리니에 있는 아크로티리(Akrotiri) 유적지에서는 기원전 1650년의 것으로 추정되는 프레스코화에 복싱을 하는 장면이 묘사되어 있다. 그리스 크레타섬에서 출토된 기원전 336년경의 것으로 추정되는 항아리에도 지금의 복싱을 연상케 하는 그림이 새겨져 있다.

복싱은 올림픽에서도 유서가 깊다. 기원전 688년 제23회 고대 올림픽에서 복싱경기가 치러졌다는 기록이 전해진다. 근대 올림픽의 경우 1904년 세인트루이스 올림픽에서 정식종목으로 채택된 이후 1912년 스톡홀름 올림픽을 제외하면 거의 모든 올림픽에서 복싱경기가 열렸다(당시 스웨덴은 복싱을 불법 스포츠로 간주했다).

복싱이 근대 스포츠의 모습을 띠게 된 계기는 1743년 영국에서 잭 브로턴 Jack Broughton이란 격투 사범이 복싱 규칙인 '브로턴 코드(Broughton Code)'를 제정하면서부터다. 브로턴 코드에는 선수들의 부상을 방지하기 위해 글러브

그리스 산토리니에 있는 아크로티리 유적지에서 발견된 프레스코화(기원전 1650년경의 것으로 추정)에는 복싱을 하는 장면이 묘사되어 있다.

의 초기 형태인 머플러를 손에 둘둘 말고 경기에 나서도록 하는 내용이 담겼다.

현대 복싱의 형태를 갖추게 된 건 그로부터 100여 년이 지나서다. 1867년에 아마추어스포츠협회 임원인 존 그레이엄 체임버스J.G. Chambers는 좀 더 구체적이고 체계적으로 복싱 규칙을 개편한 뒤 후원자의 이름을 따서 '퀸즈베리 룰(Queensberry Rules)'이라 명명했다. 1라운드 3분, 휴식 1분의 시간을 엄수해야 하고, 주먹에 맞고 쓰러져 10초 안에 일어나지 못하면 그대로 패하며, 체급별로 나눠 경기를 치루고, 초기 형태의 글러브를 착용하는 것을 골자로 하는 12가지 퀸즈베리 룰은 현대 복싱의 초석이 됐다.

경기장을 박스(box) 형태인 '사각의 링'으로 한정시킨 것도 퀸즈베리 룰에서 비롯했다. 정사각형 매트의 각 구석에 기둥을 세우고 로프로 연결해 경기장의 안과 밖을 나눈 이유는, 타인을 가격하는 행위를 처벌하지 않는 일종의 '치외법권 지대'를 마련하기 위해서다. 박스가 폭력과 스포츠를 나누는 경계이자 복싱(boxing)과 복서(boxer)의 어원이 된 까닭이다.

복싱은 사각의 좁은 공간에서 이뤄지지만 체력 소모는 축구나 럭비 이상인 것으로 알려져 있다. 올림픽을 포함한 아마추어 경기는 1라운드 3분 3회전이지만, 프로의 경우 1라운드 3분 4 · 6 · 8 · 10 · 12 · 15회전 등 모두 6가지로 나뉜다. 보통 한국선수권전은 10회전, 동양타이틀전은 12회전, 세계타이틀전은 15회전을 치른다.

경기장을 박스 형태인 '사각의 링'으로 한정하도록 한 것도 퀸즈베리 룰에서 비롯했다. 현대 복싱에서 boxing과 boxer의 어원이 된 box는 사각의 링으로 불리며 폭력과 스포츠를 나누는 경계가 됐다.

술에 취한 듯 비틀거리는 순간 모든 게 끝났다!

복싱은 오로지 주먹만 사용하는 격투종목으로 상대방의 머리나 몸통(허리 높이 이상)에만 펀치를 날릴 수 있다. 이때 체중을 실은 주먹의 위력은 상상을 초월한다. 주먹에 가격당한 수많은 복서들이 사각의 링 안에서 유명을 달리했다. 그 순간 박스는 죽음의 공포가 둘러싼 사각(死角)의 링이 된다. 복싱에 대한 존폐론이 끊임없이 제기되는 이유다.

펀치 드렁크 신드롬(punch drunk syndrome, 이하 '펀치 드렁크')은 복싱 존폐론의 가장 직접적인 원인으로 꼽힌다. 펀치 드렁크는 안면과 머리 부위에 집중적으로 타격을 받은 복서에게서 나타나는 뇌세포손상증으로, 혼수상태 · 정신불안 · 기억상실 등 급성 증세를 보이거나, 치매 · 실어증 · 반신불수 · 실인증(失認症) 등 만성 퇴행 인지장애로 이어진다. 심한 경우에는 죽음에 이르기도 한다.

미국의 병리학자 해리슨 마트랜드Harrison Martland는 1928년에 많은 복서들에게서 외부 충격으로 인한 퇴행성 치매 증상을 관찰한 뒤 '펀치 드렁크 신드롬'이란 용어를 처음 사용했다. 펀치에 맞고 술에 취한 사람처럼 흐느적거리는 모습에서 착안한 것이다.

여러 연구결과에 따르면, 수많은 복서들이 (정도의 차이는 있지만) 펀치 드렁크를 경험한 것으로 나타났다. 펀치 드렁크는 만성 퇴행성 증세가 일반적이지만, 급성 증세도 적지 않게 발생한다. 1982년 한국의 故김득구 선수는 미국 네바다주 라스베이거스 시저스 팰리스 호텔 특설경기장에서 열린 레이 맨시니Ray Mancini와의 WBA 라이트급 챔피언전에서 14회에

KO패를 당한 뒤 의식을 잃고 쓰러져 병원으로 이송됐다. 뇌출혈에 대한 처치와 혈전 제거를 위해 수술을 받았으나 결국 뇌사 상태에 빠지고 말았다. 그의 나이 향년 26세였다. 세계 헤비급 챔피언을 세 차례나 지낸 알리는 펀치 드렁크에 의한 파킨슨병으로 오랜 세월 투병생활을 이어가다 생을 마감했다.

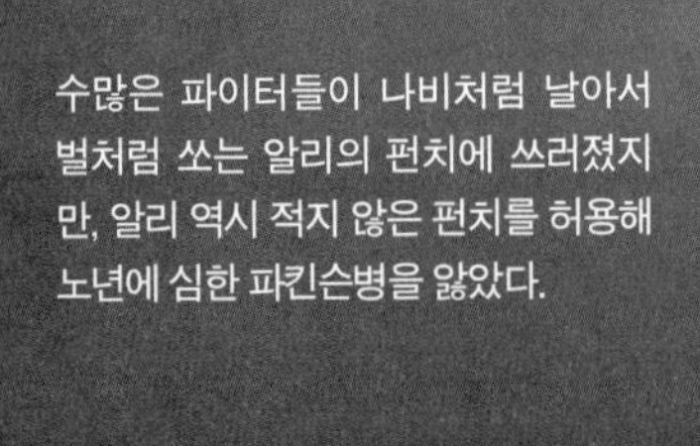

수많은 파이터들이 나비처럼 날아서 벌처럼 쏘는 알리의 펀치에 쓰러졌지만, 알리 역시 적지 않은 펀치를 허용해 노년에 심한 파킨슨병을 앓았다.

펀치 드렁크의 정확한 의학용어는 만성외상성뇌병증(chronic traumatic encephalopathy, 이하 'CTE')으로, 복서 뿐 아니라 미식축구(NFL)선수 중에서도 자주 나타나는 증후군이다. NFL선수 가운데 2012년 자살로 생을 마감한 주니어 슈Tiaina Baul Seau, Jr.는 부검 과정에서 한동안 CTE를 앓고 있었던 것으로 확인됐다. 주니어 슈의 죽음을 계기로 NFL선수 4,000여 명은 프로구단들을 상대로 집단소송을 제기했다. 이에 대해 미국 법원은 2013년 7억6,500만 달러(약 8,500억 원)의 보상금 합의 결정을 내렸다.

미국 보스턴대학의 CTE센터에서는 2008년부터 사망한 운동선수들의 뇌를 분석한 연구결과를 발표했는데, 247명의 사망자 중 175명이 CTE 환자였다. 이 가운데 NFL선수의 경우 92명 중 88명이 CTE로 판명됐다.

 AIBA의 석연치 않은 대응

복서에게 펀치 드렁크는 숙명 같은 것일까. 복싱의 세계에 들어섰다면 펀치 드렁크의 위험 정도는 감수해야 하는 것일까. 펀치 드렁크를 막기 위한 노력은 무의미한 것일까.

지난 1984년 로스앤젤레스 올림픽에서는 복서의 뇌 손상 및 안면 부위 부상을 방지하기 위해 헤드기어(head gear) 착용을 도입했다. 그런데 국제복싱협회(이하 'AIBA')는 2016년 리우데자네이루 올림픽부터 남자선수들의 헤드기어 착용을 폐지하는 결정을 내렸다.

"헤드기어를 쓰지 않는 것이 오히려 안전합니다!"

리우데자네이루 올림픽이 열리기 전인 2014년 11월경 한국에서 열린

AIBA 컨퍼런스에서 찰스 버틀러Charles Butler 의무위원장이 한 말이다. 그는 "우리가 그동안 복서의 뇌를 보호해 준다고 믿었던 헤드기어가 기대만큼 효과가 없다는 사실이 입증됐다"고 밝혔다.

1984년 로스앤젤레스 올림픽부터 아마추어 복싱선수들이 의무적으로 착용해온 헤드기어를 AIBA가 2013년 세계선수권대회부터 사용하지 않기로 한 결정이 옳았다는 얘기였다. 심지어 헤드기어를 착용하지 않은 지난 1년여의 변화를 관찰한 결과 오히려 뇌진탕 사례가 줄었다는 것이다.

당시 AIBA 의무위원회에서 발표한 통계에 따르면, 아마추어 복싱경기 중 뇌진탕 사고가 과거 헤드기어를 착용하고 치른 1만1,610라운드에서 36회(0.31%) 발생한 반면, 헤드기어 없이 치른 월드시리즈복싱(WSB)에서는 21회(0.19%)로 줄었다. 2009년과 2011년 세계선수권대회에서도 7차례(0.6%)씩 발생했던 뇌진탕이 2013년 세계선수권대회에서는 2차례(0.2%)로 감소했다.

버틀러는 이런 결과가 나온 주된 원인으로, 헤드기어를 없애면서 선수들이 머리 공격을 피하기 위해 손으로 가드를 더 높이 올렸기 때문이라고 했다. 반면 헤드기어를 착용하면서 복서들은 가드를 내리고 머리를 앞으로 내밀며 좀 더 저돌적인 공격 스타일을 지향했다는 것이다. 비록 헤드기어를 했지만, 머리를 앞으로 내민 만큼 안면에 더 많은 타격이 가해졌다. 더 큰 문제는 머리를 앞으로 내미는 순간 복서들의 머리끼리 부딪히는 버팅(butting)의 위험도 훨씬 커지고 말았다.

버틀러의 표현을 빌리면, "결국 복서들의 안면 부위 상처 중 상당수가 버팅으로 발생한다. '헤드기어를 낀 망치'를 불법으로 사용하는 선수들이

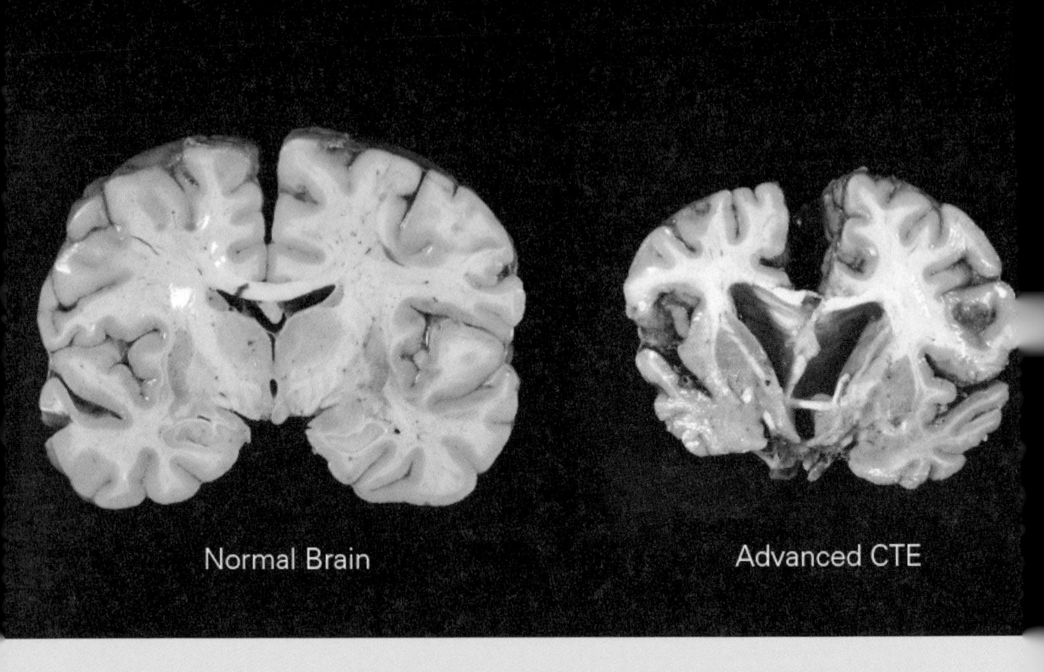

미국 보스턴대학의 CTE센터에서 정상인의 뇌(왼쪽)와 CTE가 진행한 뇌(오른쪽)를 촬영한 사진(위). AIBA가 복서의 뇌 손상을 방지하기 위해 1984년 로스앤젤레스 올림픽에서 도입한 헤드기어를 2016년 리우데자네이루 올림픽부터 남자선수들의 착용을 폐지했다. 하지만 헤드기어를 쓰지 않는 것이 오히려 안전하다는 AIBA의 입장은 석연치 않은 점이 있다.

문제인 것이다. 따라서 AIBA는 선수들의 머리에서 헤드기어를 벗긴 뒤 버팅에 대해 좀 더 엄격한 룰을 적용할 필요가 있다."

버틀러의 주장은 일리 있어 보이면서도 뭔가 개운치 않다. 헤드기어를 착용하도록 한 상태에서 버팅에 대한 규칙을 좀 더 엄격하게 적용하는 건 불가능한 일이었을까.

미식축구선수들 역시 헤드기어를 착용하지만 CTE 부상은 줄어들지 않는다. 그럼에도 불구하고 미식축구선수들이 헤드기어를 하지 않고 필드에 나서는 모습은 상상할 수 없다. 미식축구선수들이 헤드기어를 착용하지 않으면 선수 스스로 경각심을 갖고 위험한 플레이를 자제하게 될까. 하지만 헤드기어를 착용하고도 CTE 발생률이 적지 않은데, 그나마 헤드기어마저 착용하지 않는다면 상황은 더 나빠지지 않을까.

생각건대 뇌 손상 뿐 아니라 안와골절이나 코뼈가 주저앉는 등 안면 부위 부상 방지를 위해서라도 복서의 헤드기어 착용은 중요하다. 특히 올림픽이나 세계선수권 등 한 대회에서 짧은 기간에 여러 번 싸워야 하는 복서들은 부상이 아물지도 않은 상태에서 다시 링 위에 올라야만 한다. 아마추어 복싱에서만이라도 헤드기어 착용을 다시 검토해야 하는 이유다.

새끼손가락 하나 때문에

복싱은 얼핏 보면 때리고 맞는 게 전부인 것 같지만, 그렇게 단순하지만은 않다. 복서들 마다 공격 스타일이 다르고, 방어 자세 또한 제각각이기 때문이다. 복싱에서 가장 기본적인 스타일은 아웃복싱(outboxing)을 지향하는 아웃파이터(out-fighter), 저돌적인 공격 스타일의 인파이터(in-fighter) 그리고 강력한 펀치를 주무기로 하는 하드펀처(hard-puncher)로 구분된다.

아웃파이터는 상대와 적절한 거리를 유지하면서 빠르고 단발적인 펀치로 데미지를 가해 서서히 무너트리는 스타일이다. 빠른 풋워크(footwalk)로 상대의 외곽(out)을 돌며 날카로운 스트레이트나 잽으로 포인트 위주의 펀치를 날리기 때문에 판정으로 이기는 경우가 많다. 아웃파이터에게는 리치(팔의 길이)와 펀치 스피드, 신체반응능력, 빠른 발놀림(풋워크)이 요구된다.

아웃파이터와 대척점에 서는 인파이터는 상대와 근접한 거리에서 저돌적인 몸놀림과 펀치로 상대를 코너로 몰아가는 스타일이다. 쉽게 말해 '닥치고 공격'을 지향한다. 많은 펀치를 날리는 만큼 적지 않은 펀치를 허용하기도 한다. 판정보다는 KO로 승부를 내는데 방점을 찍는다. 끊임없는 압박이 중요하기 때문에 프레셔 파이터(pressure fighter)라고도 불린다.

하드펀처는 말 그대로 강력한 펀치 한두 방으로 승부를 거는 스타일이다. 야구에서 홈런타자를 일컫는 슬러거(slugger)와 비슷하다. 잽(jab) 같은 잔 펀치보다는 훅이나 어퍼컷 등의 큰 펀치를 선호하기 때문에 판정보다는 KO로 승부가 날 가능성이 높다.

펀치를 날리는 공격방법으로는 팔을 곧게 뻗어 상대방의 앞면을 타격하는 스트레이트(straight), 옆으로 꺾어서 상대방의 옆면을 타격하는 훅(hook), 상대의 아래턱을 노리고 밑에서 위로 올려치는 어퍼컷(uppercut)이 있다. 복서들은 보통 잽을 가장 많이 사용하는데, 팔에 힘을 빼고 상대방에 대한 견제와 공격을 동시에 하는 동작이다.

"주먹은 아무리 잘 써도 손해"란 말이 있다. 욱하는 성질에 못 이겨 주먹이 나오면 돌이킬 수 없기 때문이다. 하지만 복싱에서는 무조건 주먹을 잘 써야 한다. 복싱은 맞는 선수만 다치는 게 아니라 때리는 선수도 부상을 입는 경우가 다반사이기 때문이다. 의학에서는 주먹으로 무언가를 쳐서 생기는 손가락 골절을 가리켜 '복서 골절(boxer fracture)'이라고 부른다. 복서들이 글러브를 착용하기에 앞서 손에 붕대를 칭칭 감는 이유는 손가락 골절을 방지하기 위해서다.

짜증나는 일이 있거나 화가 치밀어 올라 벽을 주먹으로 친다면 몇 번째 손가락이 가장 아플까. 다섯째(새끼) 손가락과 연결된 손허리뼈에 가장 큰 충격을 받는다. 손허리뼈는 손목뼈와 손가락뼈 사이에 있으면서 손바닥을 형성하는데, 손가락의 개수와 똑같이 5개가 있다.

엄지손가락쪽의 첫째 손허리뼈는 가장 짧으면서도 튼튼하다. 손가락 길이를 보면 셋째 손허리뼈가 가장 길 것 같지만, 실제로는 둘째 손허리뼈가 좀 더 길다. 각 손허리뼈의 중간에는 긴 몸통부위가 있고 양쪽 끝부분은 손목뼈나 손가락뼈를 연결하는 관절면이 있다.

주먹을 쥐면 둘째에서 다섯째 손허리뼈의 머리 부분이 볼록하게 나오는 것을 볼 수 있다. 주먹을 쥐어 힘껏 가격하는 경우 다섯째 손가락이 다른 손가락에 비해 약하기 때문에 골절이 생길 위험이 가장 높다.

손에 붕대를 두텁게 감은 뒤 글러브까지 착용하고 경기에 나서기 때문에 설마 손가락 골절이 쉽게 일어날까 생각한다면 큰 오산이다. 손가락은 복서의 몸에서 최종병기에 해당한다. 손가락 골절이 발생하면 주먹에 힘이 실리지 않게 된다. 새끼손가락 하나 때문에 경기를 망치게 되는 것이다.

| 손가락뼈 구조와 복서 골절 |

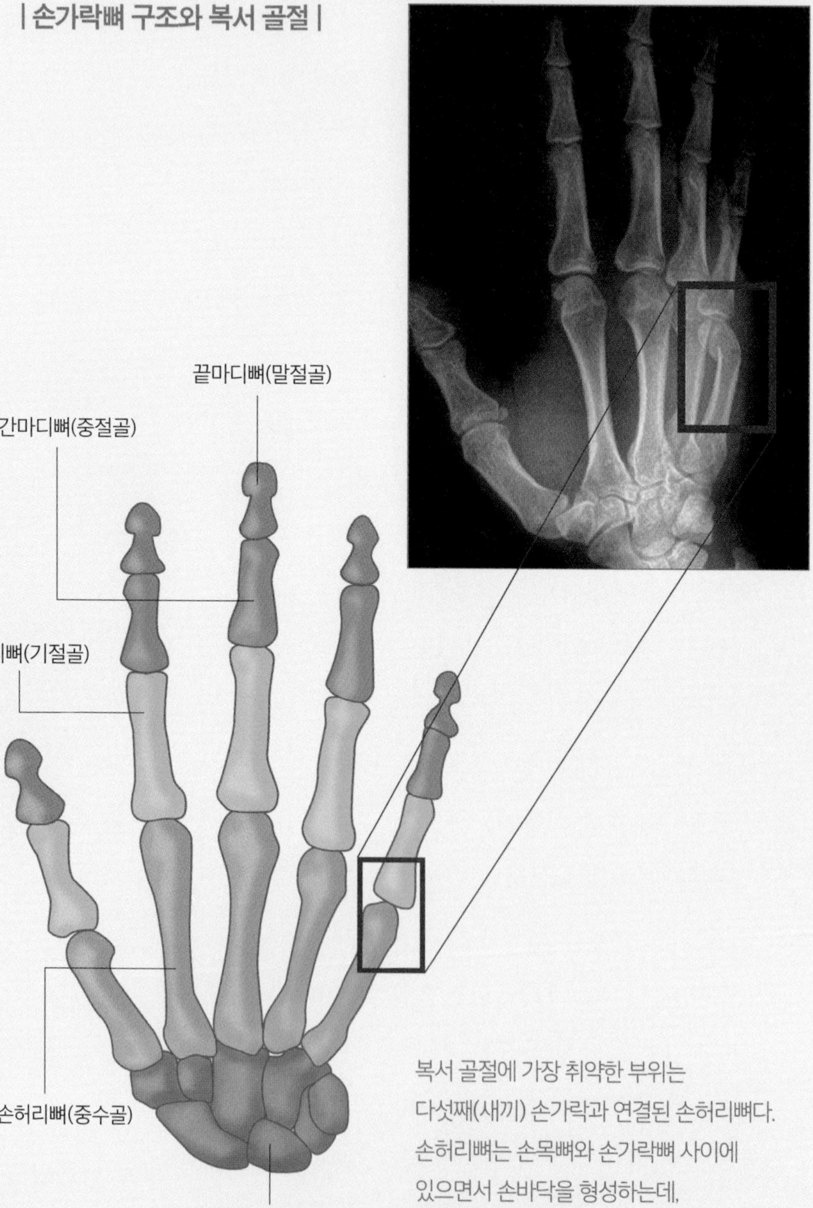

끝마디뼈(말절골)

중간마디뼈(중절골)

첫마디뼈(기절골)

손허리뼈(중수골)

손목뼈(수근골)

복서 골절에 가장 취약한 부위는
다섯째(새끼) 손가락과 연결된 손허리뼈다.
손허리뼈는 손목뼈와 손가락뼈 사이에
있으면서 손바닥을 형성하는데,
손가락의 개수와 똑같이 5개가 있다.

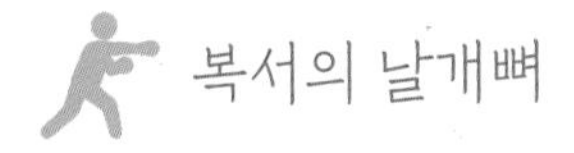

복서의 날개뼈

가끔 스포츠가 심할 정도로 가혹하다는 생각이 들 때가 있다. 특히 복싱이 그렇다. 상대를 처참하게 무너트릴수록 관중은 환호한다. 관중은 판정보다는 KO(knockout)로 상대를 제압하기를 원한다.

복싱에서 펀치를 맞고 바닥에 주저앉는 것을 넉다운(knockdown)이라고 한다. 이때 주심은 10까지 카운트를 센다. 10을 셀 동안 일어나지 못할 경우 주심은 KO승을 선언한다. 비록 쓰러지진 않았지만 경기를 지속할 수 없을 정도로 너무 많은 펀치를 허용하고 있다고 판단될 경우, 주심은 프로에서는 TKO(technical KO), 아마추어에서는 RSC(referee stopping contest)를 선언하기도 한다. KO가 일어나지 않으면 판정으로 승패를 가리게 된다. 심판진은 각 라운드마다 개별적으로 점수를 매기며, 더 나은 경기를 펼쳤다고 판단되는 복서에게 10점을, 열세인 선수에게는 7~9점을 부여한 다음 경기 종료 후 점수를 합산한다.

관중을 열광시키는 KO승은 핵 펀치와 같이 강한 주먹에서 나오는 것일까. 프로복싱 역사에서 최고의 핵 펀치를 생각하면 단연 마이크 타이슨Mike Tyson의 주먹이 떠오를 것이다. 그는 통산 58전 50승 가운데 44번을 KO로 이겼다. 이 가운데 19번 연속 KO승은 프로복싱 역사상 전무후무하다.

타이슨의 괴력(!)을 그의 거대한 주먹에서만 찾아서는 곤란하다. 타이슨 핵 펀치의 원천은 바로 '복서의 근육'이라 불리는 '앞톱니근'에 있기 때문이다.

앞톱니근은 어깨뼈의 안쪽 끝에서 1~8번 혹은 1~9번 갈비뼈에 붙어있

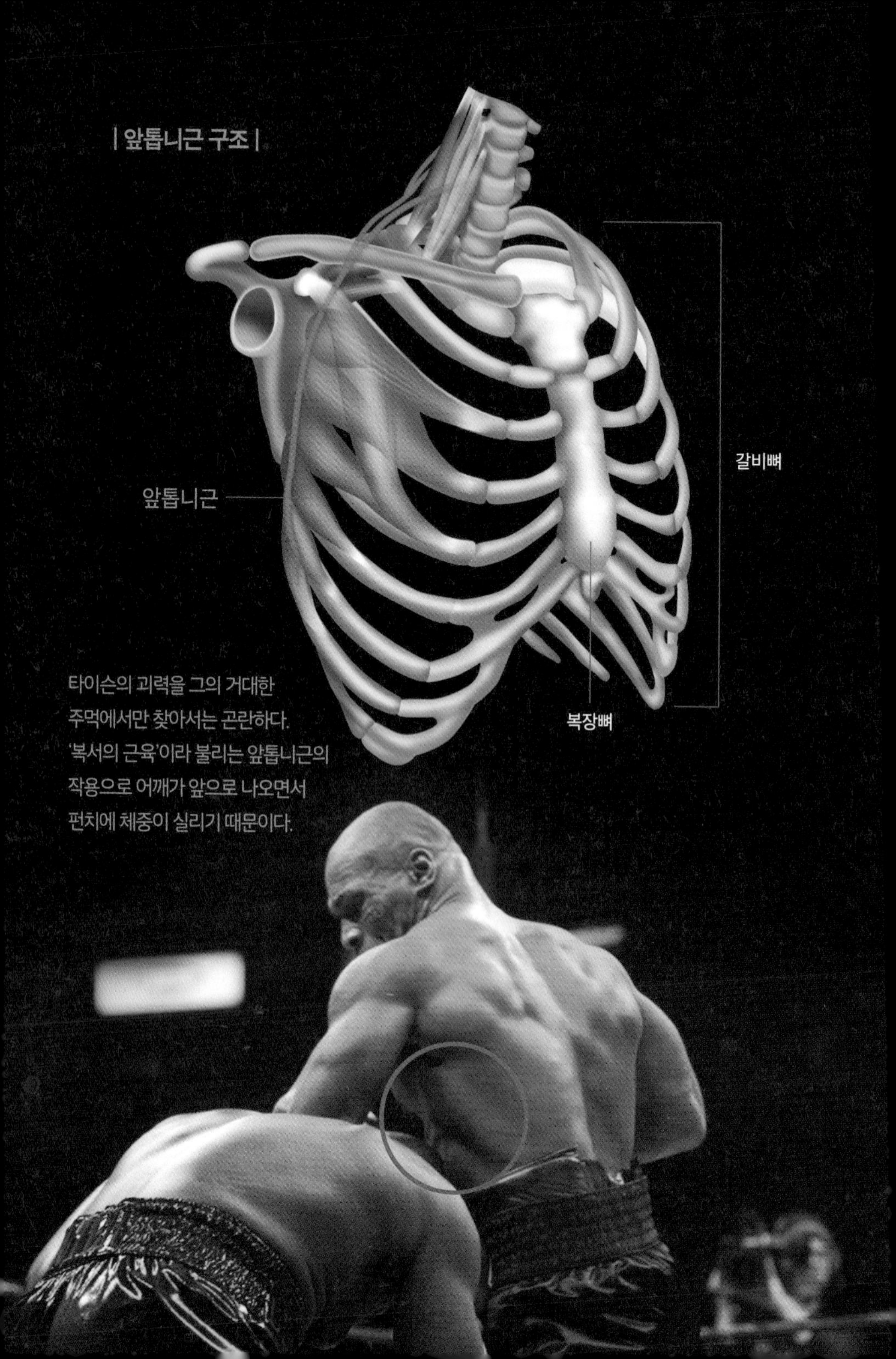

| 앞톱니근 구조 |
갈비뼈
앞톱니근
복장뼈
타이슨의 괴력을 그의 거대한
주먹에서만 찾아서는 곤란하다.
'복서의 근육'이라 불리는 앞톱니근의
작용으로 어깨가 앞으로 나오면서
펀치에 체중이 실리기 때문이다.

는 톱니모양의 근육이다. 어깨뼈를 앞으로 당기는 작용과 함께 어깨뼈를 가슴에 고정하여 안정화를 유지하는 역할을 한다. 이 근육의 작용으로 어깨가 앞으로 나오면서 펀치에 체중이 실리는 것이다.

복서들은 보다 강한 펀치를 날리기 위해 팔과 어깨가 아닌 몸 전체의 체중과 힘이 실리는 동작을 연마하는데, 이로 인해 앞톱니근이 발달하게 된다. 어깨뼈는 등쪽에 날개처럼 붙어 있다고 해서 '날개뼈'라고도 하지만, 실제로 날개 모양은 아니다. 신경 손상이나 외상 등으로 앞톱니근이 작용하지 않으면 어깨뼈가 등쪽으로 들리면서 마치 날개를 펼친 것과 같은 모양이 되기도 한다. 해부학에서는 이를 두고 새가 날개를 펼친 것과 같다고 하여 '익상견갑골(winged scapula)' 혹은 '날개어깨뼈'라고 한다.

이 대목에서 알리가 입버릇처럼 말한 "나비처럼 날아서 벌처럼 쏜다"는 얘기는 다르게 해석할 여지가 있다. 일반적으로 '나비처럼 날아서'는 알리 특유의 경쾌한 풋워킹을 가리킨다. 하지만 해부학자의 눈에는 벌침처럼 날카로운 스트레이트의 원천이 되는 알리의 유연한 날개뼈, 즉 앞톱니근이야말로 나비의 우아한 날개짓 그 자체다. 복서의 날개뼈가 치명적인 무기, 리썰웨폰(lethal weapon)이 되는 순간이다.

매트 위의 위대한 요다들

레슬링 Wrestling

"체육에는 두 가지 종류가 있는데, 하나는 춤이고 다른 하나는 레슬링이다."

무용가 혹은 레슬링선수가 한 얘기 같지만, 뜻밖에도 고대 그리스 철학자 플라톤Plato의 말이다. 플라톤은 운동광이었는데, 특히 레슬링을 즐겼다. 대회에서 세 차례나 우승을 차지할 정도로 실력이 탄탄했다. '평평한'을 뜻하는 'Plato'는 그의 넓은 어깨에 감탄한 레슬링 코치가 지어준 별칭이었다. 그는 한마디로 몸짱 철학자였던 셈이다.

플라톤(424BC~348BC)은 기원전에 살았던 사람인데, 이 대목에서 레슬링의 유구한 역사를 짐작해 볼 수 있다. 실제로 플라톤이 살았던 시대보다도 훨씬 전인 고대 이집트 왕조 중기(2131BC~1786BC)의 것으로 추정되는 유물에서 레슬링의 흔적이 확인됐다.

레슬링의 기원은 여러 지역에서 포착되기도 했다. 인도에서는 기원전 1500년 즈음에 레슬링이 행해졌다는 기록을 브라만교 성전인 〈리그베다〉에서 찾아볼 수 있다. 중국에서도 기원전 700년부터 레슬링과 같은 무예가 존재했다는 문헌이 전해진다. 레슬링은 기원전 776년부터 고대 올림픽의 주요 종목으로 채택되었는데, 당시에는 레슬링과 복싱을 혼합한 판크라티온(Pankration) 경기의 형태로 치러졌다.

레슬링은 순수한 운동에서 벗어나 금품을 거는 내기경기가 성행할 정도로 인기가 있었다. 하지만 한몫을 잡으려는 선수들이 많아지면서 한때 투기판으로 전락하기도 했다. 또 무조건 이기려는 선수들의 탐욕으로 갈수록 경기 내용이 격렬해지면서 폭력이 난무했다. 고대 로마인들은 타락한 레슬링을 바로잡기 위해 새로운 규칙을 만들어 적용했는데, 이는 현대

고대 이집트 무덤 베니 하산(Beni Hassan)에서 발견된 그림. 레슬링을 연상시키는 격투기 장면이 묘사되어 있다.

레슬링이 대중적인 스포츠로 성행한 것은 고대 그리스에서였다. 레슬링은 기원전 776년부터 고대 올림픽의 주요 종목으로 채택되었는데, 당시에는 레슬링과 복싱을 혼합한 판크라티온 경기의 형태로 치러졌다. 이미지는 기원전 500년경 고대 그리스 부조.

레슬링에서 그레코로만(Greco-Roman)*형의 뿌리가 됐다.

고대를 지나 중세로 오면서 레슬링이 명맥을 이어갈 수 있었던 건 기사(騎士)들의 무예로 활용되었기 때문이다. 하지만 근세로 접어들면서 총·포 등이 생겨나면서 무예로서의 레슬링은 그 존재가치가 시들해졌다.

19세기 들어 레슬링이 다시 대중의 관심을 얻게 된 것은 장 엑스브루아야Jean Exbroyat라는 서커스 쇼맨에 의해서다. 레슬링은 서커스 무대에서 차력과 함께 꽤 인기가 있었다. 하지만 엑스브루아야는 레슬링이 지나치게 희극적으로 변하는 것을 우려했다. 그는 나름의 규칙을 만들어 허리 아래로는 공격을 금지하고 팔과 상체만 사용하도록 했는데, 공교롭게도 고대 로마인들이 제안했던 그레코로만 스타일과 유사했다. 서커스 쇼맨이 현

* 그레코로만은 예술사에서 그리스 스타일에 로마적 요소가 결합한 양식을 의미하기도 한다.

대 레슬링의 한 축인 그레코로만형의 창시자가 된 것이다.

그레코로만형은 유럽 대륙을 중심으로 퍼져나갔다. 반면 영국을 비롯한 미국에서는 그레코로만형보다는 상체와 하체를 모두 사용하는 자유형이 널리 보급되었다. 자유형은 그레코로만형에 비해 공격 범위가 훨씬 넓어진 만큼 박진감도 컸다. 사람들은 갈수록 더 자극적인 장면을 원했고 그만큼 경기에 쇼비즈니스적 요소가 늘어나면서 프로레슬링으로 이어지게 된 것이다.

 올림픽에서 계륵이 되다

레슬링은 근대 올림픽을 통해 전 세계로 확산되었다. 그레코로만형의 경우 1900년 파리 올림픽을 제외하고는 모든 대회에서 정식종목으로 채택되었다. 자유형 역시 1904년 세인트루이스 올림픽에서 첫 선을 보인 이래 1912년과 1920년 대회를 제외하면 모든 올림픽에서 빠짐없이 등장했다.

한국에서도 레슬링은 각별한 종목이다. 1976년 몬트리올 올림픽에서 양정모 선수가 한국 최초로 올림픽 금메달을 목에 걸었기 때문이다. 이후 한국 레슬링은 올림픽은 물론 아시안게임에서 꾸준히 메달을 따면서 효자종목으로 자리매김해왔다.

올림픽에서 레슬링은 '메달 밭' 가운데 하나로 꼽힌다. 남녀를 통틀어 모두 18개의 금메달이 걸려 있다. 올림픽에서 정식종목으로 채택된 역사와 메달 비중만 보면 레슬링은 의심의 여지없이 올림픽의 핵심종목 가운데 하나라고 할 만하다.

| 올림픽에서 채택된 체급별 레슬링 분류 |

2024년 파리 올림픽 기준

남자 그레코로만형 체급	60kg, 67kg, 77kg, 87kg, 97kg, 130kg
남자 자유형 체급	57kg, 65kg, 74kg, 86kg, 97kg, 125kg
여자 자유형 체급	50kg, 53kg, 57kg, 62kg, 68kg, 76kg

하지만 지난 2013년 2월 세계 레슬링계를 충격에 빠트린 사건이 국제올림픽위원회(IOC)에서 일어났다. 2012년 런던 올림픽이 끝나고 열린 IOC총회에서 2016년 리우데자네이루 올림픽부터 레슬링을 퇴출시키는 결정이 내려졌다. 판정 시비와 함께 국제레슬링연맹(이하 'FILA')을 중심으로 부정부패가 난무하자 IOC가 칼을 빼 든 것이다.

레슬링의 승패는 심판진의 판정이 거의 절대적이다. 그런데 FILA 소속 심판들의 국적을 살펴보면 러시아인들이 다수를 차지한다. 전 세계 레슬링선수들은 올림픽이나 세계대회 같은 국가대항전에서 러시아선수와 맞붙는 것을 꺼린다. 이유는 불을 보듯 뻔하다.

관중을 지루하게 만드는 레슬링경기의 운영 방식도 문제로 지적돼왔다. 올림픽이 상업화되면서 중계 시청률이 떨어지고 관중이 찾지 않는 종목은 IOC의 블랙리스트에서 자유롭지 못하다. FILA가 런던 올림픽에서 2분 3회전이던 방식을 3분 2회전으로 바꾸고 패시브(passive, 소극적으로 공격한 선수에 대한 벌칙) 제도를 개선하는 등 안간힘을 썼지만 크게 나아지진 않았다. 다행히 IOC가 결정을 번복해 2016년 대회부터 레슬링을 정식종목에 복귀시켰지만, 올림픽에서의 레슬링 퇴출 문제가 언제 다시 불거질지 모를 일이다.

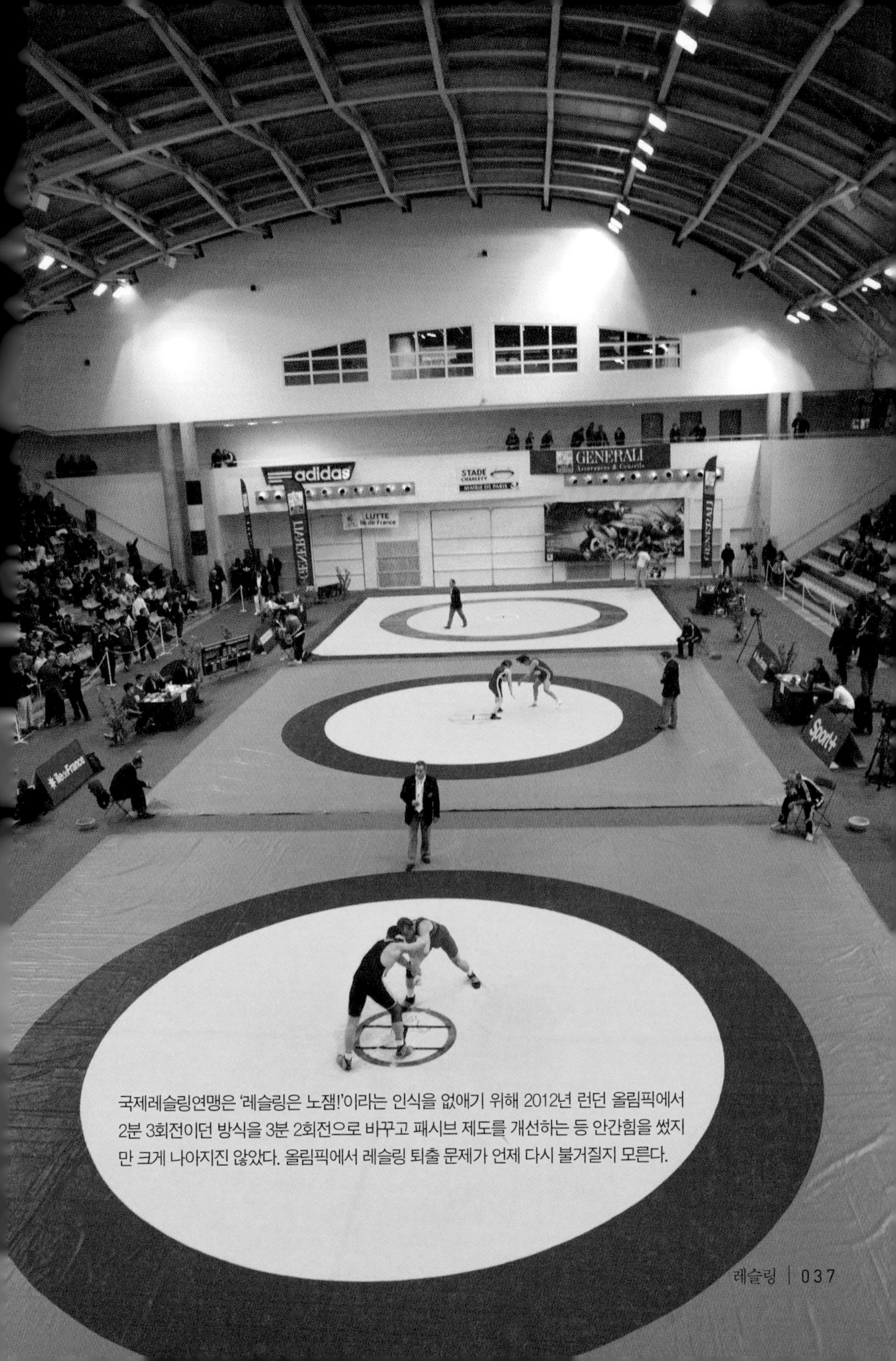

국제레슬링연맹은 '레슬링은 노잼!'이라는 인식을 없애기 위해 2012년 런던 올림픽에서 2분 3회전이던 방식을 3분 2회전으로 바꾸고 패시브 제도를 개선하는 등 안간힘을 썼지만 크게 나아지진 않았다. 올림픽에서 레슬링 퇴출 문제가 언제 다시 불거질지 모른다.

빠떼루의 추억

레슬링은 두 사람이 서로 뒤엉켜 몸싸움을 벌여 넘어뜨리거나 상대방의 어깨를 땅에 닿도록 해서 승부를 가리는 종목이다. 레슬링은 가로 세로 각각 12미터의 정사각형 매트 위에서 치러진다. 매트의 중간에는 지름 7미터의 원이 있고, 원 둘레의 안쪽에 1미터 두께의 패시비티 존(passivity zone)을 두어 소극적인 플레이를 방지하고 있다. 양 선수가 매트 중앙부에서 선 자세로 경기를 시작하여(스탠딩 레슬링), 서로 먼저 상대선수의 두 어깨를 매트에 누르고 1초 동안 닿게 하면 '폴승(victory by a fall)'이 선언되는데, 복싱에서 KO, 유도에서 한판승과 같은 의미다.

상대선수를 제압한 상태에서 아래에 눌린 선수가 빠져나가지 못하는 한 경기는 계속된다(그라운드레슬링). 이때 양 선수 사이의 점수 차가 10점(그레코로만형은 8점 이상)이 되면 폴승이나 기권, 실격의 경우와 마찬가지로 정규시간 이전에 시합이 종료된다.

파테르는 지난 수십 년 동안 여러 차례에 걸쳐 폐지와 부활이 반복되는 우여곡절을 겪어야 했다. 심판의 자의적 판단에 따라 소극적으로 경기를 운영한 쪽에 벌칙으로 주는 파테르는 편파 판정의 위험이 큰 독소조항이란 비판이 제기됐다.

전 · 후반 각각 3분씩 정규시간이 종료될 동안 승부가 나지 않으면 양 선수가 경기 내내 획득한 점수를 합산해 판정으로 승패를 가린다. 레슬링은 기술의 난이도에 따라 1에서 5점까지 득점이 배분된다. 상대선수를 원형 매트 바깥으로 밀어내면 1점, 테이크다운을 하거나 상대방의 등을 매트에 닿게 하면 2점, 서 있는 상태에서 상대방을 던지면 4점, 상대방을 들어 올려서 던지면 5점이 부여된다.

선수가 적절히 방어하지 않고 자꾸 뒤로 물러서는 등 소극적인 태도를 보이면 경고를 받게 된다. 한 시합에서 경고가 3회 누적되면 자동으로 실격된다.

그레코로만형의 경우, 허리 위로만 공격을 해야 되기 때문에 자유형에 비해 단조로운 경기가 진행될 수 있다. 이를 방지하기 위해 벌칙으로 '파테르'란 것이 주어지는데, 벌칙을 받은 선수가 매트 중앙에 양손과 무릎을 대고 엎드리면, 상대선수가 엎드린 선수의 등 위에서 공격을 할 수 있도록 하는 것이다. 프랑스어인 파테르는 par(~에서) terre(바닥, 땅)로, 우리말로 직역하면 '바닥에서'가 된다.

파테르는 그레코로만형 경기에서 승패에 결정적인 영향을 미치는 벌칙이다. 2012년 런던 올림픽에서 우리나라의 김현우 선수는 파테르 상황에서 금메달을 결정짓는 결승점을 따냈고, 그보다 더 오래 전인 2004년 아테네 올림픽 당시 정지현 선수도 결승전에서 파테르 자세에서 선취점을 올려 금빛 환호성을 질렀다.

하지만 파테르는 지난 수십 년 동안 여러 차례에 걸쳐 폐지와 부활이 반복되는 우여곡절을 겪어야 했다. 심판의 자의적 판단에 따라 소극적으로 경기를 운영한 쪽에 벌칙으로 주는 파테르는 편파 판정의 위험이 큰 독소조항이기 때문이다. 심지어 매 세트 후반에 주어지는 파테르의 경우, 축구경기에서 지루한 공방이 이어지는 정규시간 끝에 매번 페널티킥으로 승패가 결정되는 셈이라는 비판이 끊임없이 제기되곤 했다.

'레슬링은 노잼!'의 원흉으로 지목받아온 파테르이지만 재밌는 추억도 있었다. 1996년 애틀란타 올림픽에서 레슬링을 중계하던 한 해설자가 우리나라 선수의 공격에 소극적인 자세를 보이는 상대선수를 가리키며 "빠떼루를 줘야함다"라는 말을 반복하면서 전국적인 유행어가 된 것이다. 이 말은 음주운전에 적발되거나 상습적으로 공중도덕을 어기는 양심불

량인 사람들을 향해 "빠떼루를 줘야 한다"는 애교 섞인 경고로 회자되기도 했다.

스파이더맨의 손바닥 힘이 필요한 순간

파테르를 당하는 선수는 몸이 뒤집어지지 않도록 매트에 손바닥과 무릎을 대고 악착같이 붙어있어야 한다. 레슬링(wrestling)은 'wǽstlian(비틀다)'라는 어원에서 알 수 있듯이 상대의 몸을 뒤집거나 비트는 것을 목표로 하는 종목이다. 파테르에서 상체를 잡아 비틀 때 손바닥이 뒤집어 지듯이 상체가 중심을 잃고 뒤집어지게 된다. 그러고 보면 비틀림이 가능한 신체부위인 손목(wrist)과 비틀어야 이기는 종목인 레슬링(wrestle)은 연관이 깊다.

파테르를 당하는 선수는 마치 스파이더맨의 손이 건물 벽에 압착되듯이 매트에서 손바닥을 떨어트리지 않기 위해 안간힘을 쓴다. 파테르를 기회 삼아 공격하는 선수는 벽에 달라붙은 스파이더맨의 손바닥을 떼어내듯 상대선수의 허리를 안고 이리저리 몸부림을 쳐야 한다. 두 선수 중 불리한 건 당연히 파테르를 당하는 쪽이다. 손바닥이 비틀어지듯이 파테르를 당하다가 온몸이 뒤틀어지기 때문이다.

손목의 비틀림이 일어나는 이유는, 아래팔에 있는 노뼈와 자뼈가 뒤침(supination)과 엎침(pronation) 작용이 가능하기 때문이다. 레슬링에서 파테르 상황에서 상대의 등을 보고 있다가 몸을 비트는 것이 손등을 보고 있다가 손을 비틀어 손바닥을 보는 뒤침작용과 닮았다. 뒤침작용은 위팔의 대표적인 근육인 위팔두갈래근(상완이두근)이 담당한다. 파테르에서 몸통

| 위팔두갈래근 구조 |

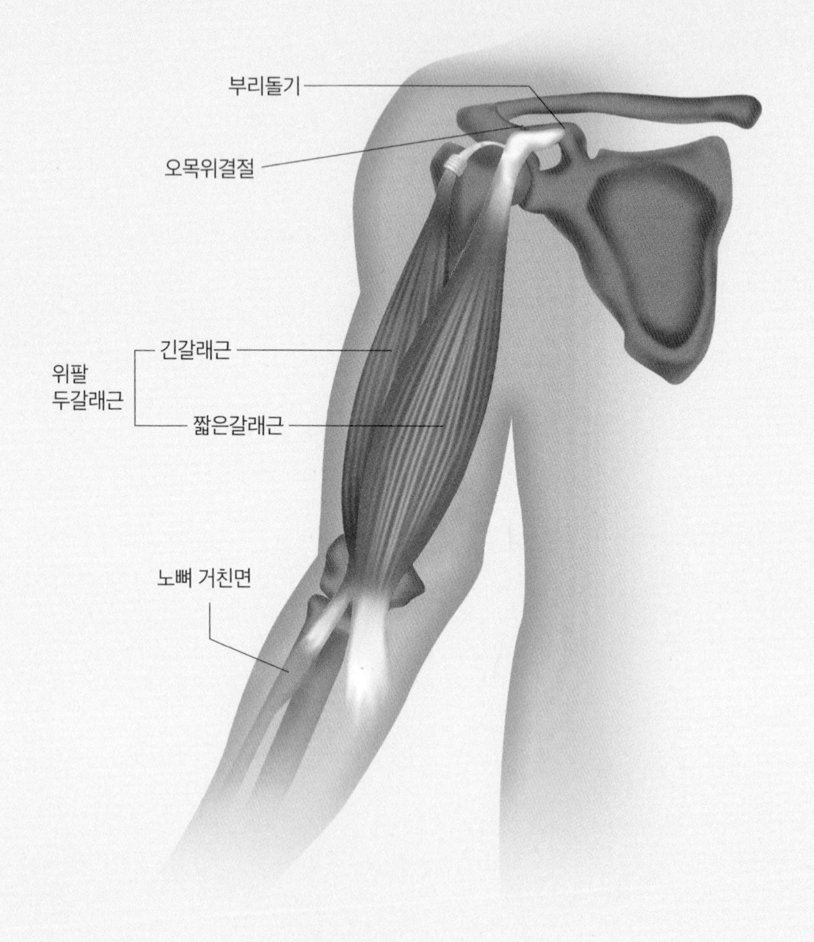

레슬링은 파테르 상황에서 상대의 등을 보고 있다가 몸을 비트는 것이
손등을 보고 있다가 손을 비틀어 손바닥을 보는 뒤침작용과 비슷하다.
뒤침작용은 위팔의 대표적인 근육인 위팔두갈래근이 담당한다.
위팔두갈래근은 쉽게 말해 알통근육을 가리키는데,
이름 그대로 위팔에 두 갈래로 된 근육으로 팔꿈치를 굽히는 작용을 한다.

이 뒤로 젖혀지지 않으려면 무엇보다 손바닥이 매트에서 떨어지지 말아야 하는데, 이때 손바닥 힘이 위팔두갈래근에서 비롯한다.

위팔두갈래근은 쉽게 말해 알통근육을 가리키는데, 이름 그대로 위팔에 두 갈래(head)로 된 근육으로 팔꿈치를 굽히는 작용을 돕는다. 짧은갈래근(short head)은 어깨뼈의 부리돌기에서 일어나고, 긴갈래근(long head)은 어깨뼈 오목위결절에서 힘줄로 일어난다. 이 힘줄이 위팔뼈 위로 지나가다 짧은갈래의 힘살과 합쳐진다.* 그런 다음 노뼈의 거친면에 닿기 때문에 강력한 굽힘근으로 작용하는 것이다.

이 힘줄의 안쪽면은 아래팔의 안쪽 근막으로 연결되는데, 이를 위팔두갈래근널힘줄이라고 한다. 위팔두갈래근널힘줄은 팔꿈치가 굽혀진 상태에서 아래팔이 뒤침작용을 하도록 돕는다.

 레슬러의 만두귀에 새겨진 피와 땀의 나이테

학창시절 주먹으로 전교 순위를 정하던 사내아이들 사이에는 제법 진지한 철칙 같은 게 있었다. 누군가와 시비가 붙어 주먹다짐이 불가피하더라도 상대방이 '만두귀'라면 자리를 피하라는 것이다.

만두귀! 말 그대로 만두 모양으로 일그러진 만두귀는 레슬링이나 유도, 주짓수 선수들의 상징이다. 그 중에서도 특히 레슬링선수들은 경기나

* 힘줄은 근육의 기초가 되는 희고 질긴 살의 줄을 의미하고, 힘살은 근육세포로 이루어진 부분을 가리킨다.

| 귓바퀴 구조 |

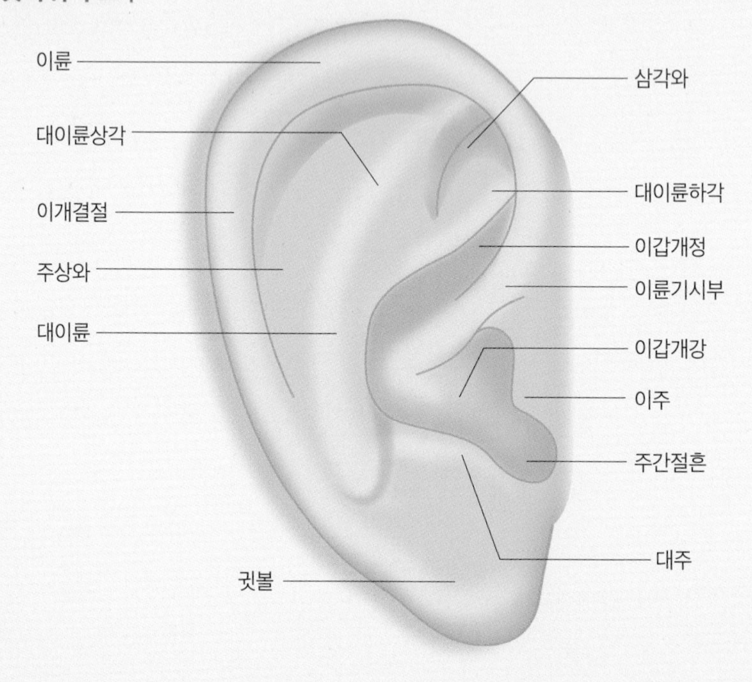

레슬링선수들의 경우 이개혈종이 반복되면서 이개연골이 섬유화되어 귀 모양이 영구적으로 기형화되곤 한다. 그 모양이 마치 만두 모양과 닮았다고 해서 만두귀란 별칭이 붙은 것이다.

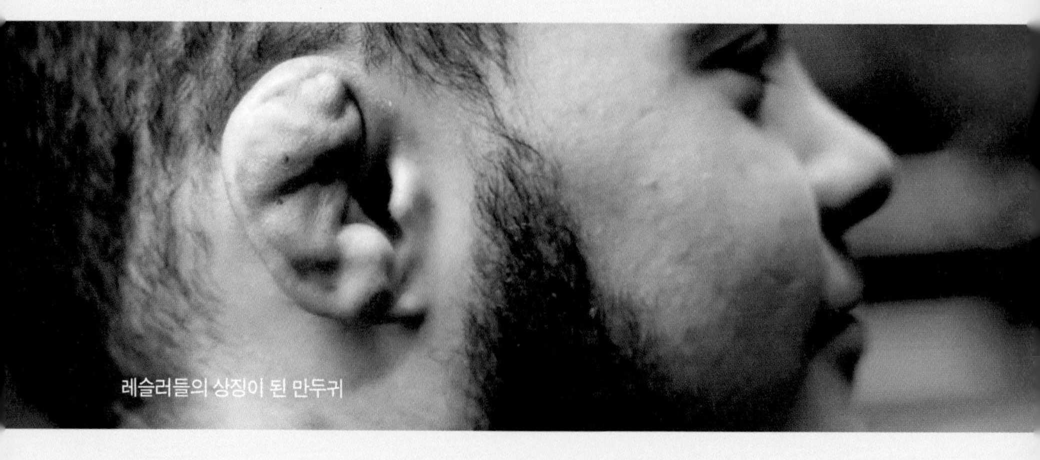
레슬러들의 상징이 된 만두귀

훈련 중에 귀가 상대방의 어깨나 머리 등에 부딪히면서 귓바퀴 안에 출혈이 발생하는 경우가 빈번하다. 정상적인 귓바퀴는 연골과 연골막 그리고 피부가 잘 붙어있는데, 귓바퀴에 부딪힘, 쓸림, 마찰 등의 외상이 발생하면 연골막과 연골 사이가 벌어지면서 그 부분에 혈액이나 물이 찰 수 있다. 이를 의학용어로 '이개혈종(耳介血腫)'이라 하는데, 이개, 즉 귓바퀴에 피가 고였다는 말이다.

이개혈종이 주로 생기는 부위는 피부와 연골이 밀접하게 붙어있는 귀 안쪽이다. 귀 뒤쪽은 피부와 연골 사이 지방이 완충작용을 해서 혈종이 잘 생기지 않는다. 반면 이개연골은 혈액순환이 잘 되지 않는 탓에 혈종이 쉽게 가라앉지 않는다. 그런데 혈종을 방치하면 연골막의 간엽세포가 자극을 받아 새로운 연골을 형성하면서 그 주위가 두꺼워진다. 레슬링선수들의 경우 이개혈종이 반복되면서 이개연골이 섬유화되어 귀 모양이 영구적으로 기형화되곤 한다. 그 모양이 마치 만두 모양과 닮았다고 해서 만두귀가 레슬링선수들의 전유물이 된 것이다.

만두피가 만두소를 모아 감싼다면, 귓바퀴(auricle)는 음파, 즉 소리를 한데 모아주는 역할을 한다. 그만큼 귓바퀴는 청각기관에서 매우 중요한 역할을 한다.

귓바퀴는 인간의 동물유래설을 뒷받침하는 진화의 흔적이기도 하다. 인간의 귀는 둘레가 약간 내부로 말려들어 귓바퀴를 형성하고 있는데, 그 윗부분에 작은 돌기가 난 경우가 있는가 하면, 원숭이 귀처럼 말리지 않는 형태도 있다. 원숭이 귀는 둘레에 말림이 없이 선단이 뾰쪽하다. 인간의 귀에는 이것이 퇴화하여 말려들어가서 작은 돌기가 되어 남은 형상이

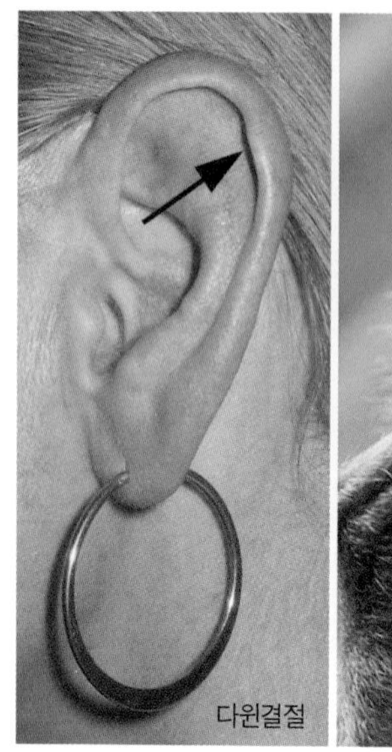

관찰되곤 하는데, 진화론을 정립한 다윈Charles R. Darwin의 이름을 따서 '다윈결절'이라 부른다.

귓바퀴는 난해한 모양만큼 해부학적 구조도 복잡하다. 귓바퀴에는 이륜(耳輪)과 대이륜(對耳輪)이 있는데, 전자는 겉귀의 드러난 가장자리 부분으로, 밖에서 들려오는 소리가 귓구멍으로 들어가기 쉽게 돕는다. 후자는 귀 둘레 뒷부분과 그 앞쪽에 거의 나란하게 솟은 반달 모양의 연골 능선을 가리킨다.

이륜이 시작되는 이륜기시부 뒤쪽에 삼각형 모양으로 오목하게 들어간 삼각와가 있다. 좀 더 뒤쪽에는 이륜 바로 옆에 위치하여 오목하게 패인 주상와가 있다. 귓구멍 옆에 세로로 볼록 튀어 나온 부분을 가리켜 이주라고 하고, 이와 마주보고 있는 귓볼 위에 있는 볼록 튀어나온 부분을 대주라고 한다.

언젠가 올림픽 방송에서 예선 탈락에 눈물짓는 어떤 레슬러의 귀를 클로즈업해서 보여줬던 기억이 난다. 그의 귀 역시 이개혈종으로 심하게 망가진 만두귀였다. 레슬러의 눈물만큼 아프고 슬픈 귀다. 올림픽을 준비하며 힘겹고 지난했던 과정이 나이테처럼 그의 귀에 켜켜이 새겨진 듯 했다. 그래서일까. 수없이 번뇌하고 좌절하며 성찰해온 세월의 곡진함이 배어있는 레슬러의 귀에서 영화 〈스타워즈〉에 나오는 요다의 귀가 겹쳐졌다. 요다는 예사롭지 않게 생긴 자신의 귀를 만지작거리며 제다이를 향해 "세상이치는 그리 녹록하지 않다"고 읊조린다.

레슬러는 매트 위에 내려 꽂혀질 때마다 쓰디쓴 삶의 경고에 귀를 기울리라는 계시를 떠올릴지도 모르겠다. 중계 카메라에 잡힌 레슬러는 비록 메달을 따진 못했지만, 그의 굴곡진 귀가 세상에서 귀하게 존중받을 수 있었으면 하는 바람이다.

03

OLYMPICS & ANATOMY

상대방의 힘을 유도하라

유도 Judo

"부드러운 것이 능히 강한 것을 이긴다."

이 말은 노자(老子)의 〈도덕경〉 76장과 78장에 담긴 메시지다. 사자성어로 하면 '유능제강(柔能制剛)'이 되는데, 이와 관련해서 짧은 설화가 전해진다. 노자가 스승 상종(常樅)에게 유능제강의 이치를 물었더니, 스승은 말없이 입을 벌려 혀만 날름거렸다. 이 모습을 지켜본 주변 사람들은 모두 의아하게 여겼지만, 노자는 고개를 끄덕였다. 노자는 고개를 갸우뚱거리는 사람들에게 이렇게 설명했다.

"스승님께서는 연로(年老)하셔서 이가 하나도 없지만 혀는 남았습니다. 단단한 이는 세월의 풍파를 이기지 못하고 사라졌지만, 부드러운 혀는 남았지요. 유능제강의 이치가 멀리 있지 않고 우리 입 속에도 있다는 말씀입니다."

스포츠도 마찬가지다. 스포츠의 최고 덕목은 '강인함'일 것 같지만, 무조건 강한 게 능사는 아니다. 때로는 강함이 유연함에 무릎을 꿇기도 하는데, '유도'라는 종목이 그렇다. 유도를 표기하는 한자(柔:부드러울 유, 道:길 도)는 '유연(柔軟)'과 같다. 하지만 올림픽에 등장하는 유도선수들의 강인한 인상과 체격을 보면 유능제강이란 말이 쉽게 와닿지 않는다.

기원에 대한 가벼운 논쟁

유도의 기원에 대해서는 견해가 엇갈린다. 고구려 고분 각저총(角抵塚)에서 두 사람이 뒤엉켜 힘겨루기를 하는 벽화가 출토되었는데, 흡사 씨름과 유사해 보인다. 일각에서는 각저총의 벽화가 일본 고문헌에 나타난 투기(鬪技)와 유사하다고 주장한다. 일본 이즈모 지방을 정복한 고구려 기마민족의 무예가 전래되어 유술(柔術)의 기원이 되었다는 견해가 이를 뒷받침 한다.

국제유도연맹의 정관에는 아시아 최초로 IOC위원을 지낸 가노 지고로(오른쪽)가 유도의 정신과 주요 기술을 창시했음을 밝힌 바 있다.

하지만 국제유도연맹(IJF)의 정관에는 아시아 최초로 IOC위원을 지낸 가노 지고로嘉納治伍郎가 유도의 정신과 주요 기술을 창시했음을 밝힌 바 있다. 실제로 가노 지고로는 굳히기와 메치기, 낙법 등의 기술을 확립했다. 아울러 그는 19세기 말에 '강도관(講道館)'이라는 도장을 열어 유도 보급에 앞장섰다는 기록이 전해진다.

일본은 가노 지고로가 다져놓은 기반을 바탕으로 1956년 제1회 세계유도선수권대회를 개최했고, 이를 계기로 1964년 도쿄 올림픽에서 유도가 정식종목으로 채택되기도 했다. 이후 체급별 메달 수가 증가해오다가 1992년 바르셀로나 올림픽에서 여자경기가 추가되면서, 남녀 각각 7개 체급과 혼성단체전에서 15개의 금메달이 걸린 종목으로 유지되고 있다.

우리나라에서는 조선 후기로 접어들면서 유도의 기원을 이루던 무예의 흔적이 차츰 희미해졌다. 이후 유도는 19세기 들어 일본 제국주의의 침략을 계기로 한반도에 상륙하는데, 1906년경 지금의 서울 명동에 일본식 유도 도장이 운영되었다는 기록이 전해진다.

한국 유도가 세계 무대에서 괄목할 만한 성과를 낸 것은 1964년 도쿄 올림픽에서 김의태 선수가 동메달을 획득하면서부터다. 이후 각종 국제경기에서 꾸준히 상위에 오르더니 1984년 로스앤젤레스 올림픽에서 안병근 선수와 하형주 선수가 국내 최초로 금메달을 목에 걸었다.

금빛 업어치기란 이런 것이다

유도는 온몸을 사용하여 상대를 공격하거나, 상대의 힘을 역으로 이용하여 바닥에 메치거나, 혹은 일정 시간 동안 누르거나 꺾는 기술로 승패를

Gokyo-no-waza

유도에는 '기술의 향연'이라 할 정도로 수많은 공격법들이 존재한다. 메치기에는 손기술, 다리기술, 허리기술을 근간으로 66가지 하위 기술이 있고, 굳히기에는 꺾기, 조르기, 누르기를 기본으로 다시 29가지 세부 기술이 있다. 이밖에도 기본기술을 응용한 변칙기술이 무려 200가지가 넘는다.

가리는 투기종목이다. 경기시간은 4분이지만, 남자의 경우 예외적으로 준결승과 결승에서 5분간 진행된다. 승부를 내지 못하고 연장전에 돌입하면 먼저 점수를 내주거나 페널티를 받은 선수가 패하는 골든 스코어가 적용된다. 체급별 토너먼트로 진행되지만, 8강전에서 탈락한 선수는 패자부활전을 통해 동메달에 도전할 수 있는 기회가 주어지므로 2개의 동메달이 수여된다.

유도는 한판, 절반, 지도, 반칙패로 나뉘어 점수를 매긴다. 한판과 절반은 점수를 냈을 때이고, 지도와 반칙패는 점수를 잃은 경우다. 한판은 업어치기 등 단 한 번의 기술만으로도 경기를 끝낼 수 있는데, 주심이 한 손을 위로 들어서 선언한다. 상대를 메쳐서 등이 모두 바닥에 닿을 때, 상대를 눌러서 20초 이상 등이 바닥에 닿아 있을 때, 상대의 관절을 꺾거나 조르기로 항복을 받아낼 때가 한판에 해당한다.

절반은 기술의 완성도가 한판에 미치지 못하는 경우로, 절반을 두 번 성공하면 한판으로 인정되어 경기가 끝난다. 주심이 한쪽 팔을 옆으로 들어서 선언한다. 등 전체가 바닥에 닿지 않은 경우, 상대를 눌러서 10초에서 19초 사이 동안 등이 닿은 경우, 상대를 메쳐서 어깨부터 닿게 하거나 굴러서 등이 닿는 경우가 절반에 해당한다. 한때 절반 밑으로 유효와

자신보다 더 크고 강한 체구의 상대를 쓰러트리는 업어치기야말로
유도의 '유능제강' 정신에 가장 부합하는 기술이다.

효과라는 점수가 있었지만 박진감 있는 경기 진행을 위해 폐지됐다.

점수를 잃는 지도의 경우 3회를 받으면 패배가 선언된다. 매트를 벗어나거나 상대를 잡지 않고 시간을 끄는 경우, 공격하는 척하거나 위장공격을 취하면 지도를 받게 된다. 상대를 주먹이나 발로 가격하는 등 위험한 행동을 할 경우에는 반칙패가 선언된다.

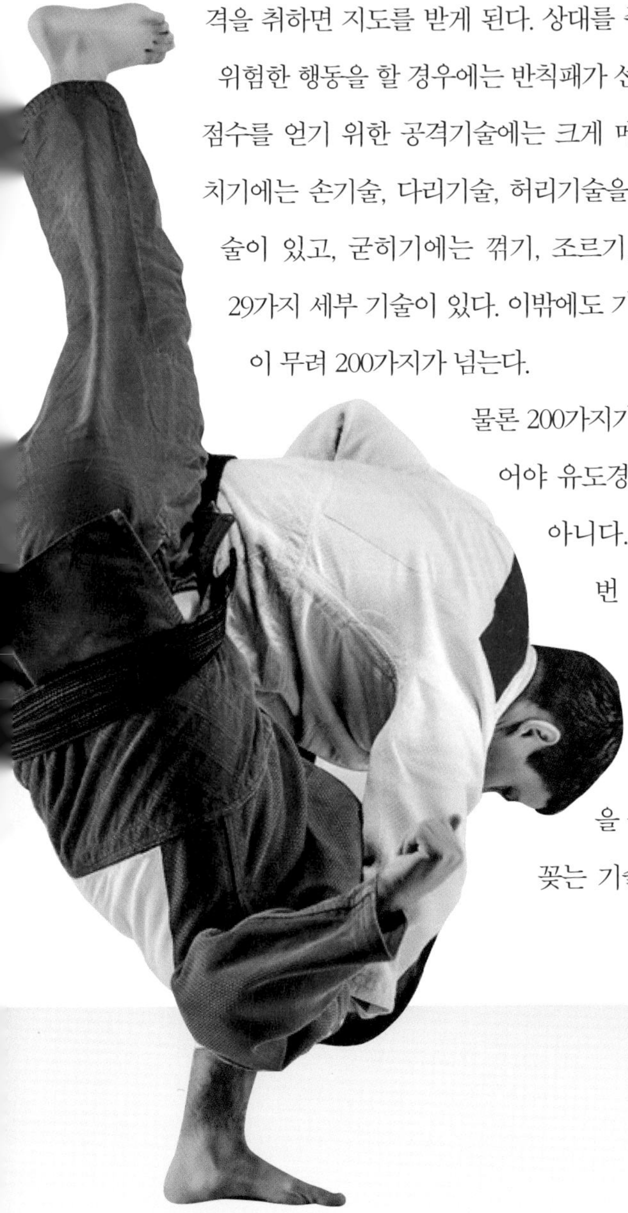

점수를 얻기 위한 공격기술에는 크게 메치기와 굳히기가 있다. 메치기에는 손기술, 다리기술, 허리기술을 근간으로 66가지 하위 기술이 있고, 굳히기에는 꺾기, 조르기, 누르기를 기본으로 다시 29가지 세부 기술이 있다. 이밖에도 기본기술을 응용한 변칙기술이 무려 200가지가 넘는다.

물론 200가지가 넘는 기술을 모두 알고 있어야 유도경기를 이해할 수 있는 것은 아니다. 유도의 문외한이라도 한 번 쯤은 봤을 법한 기술이 메치기에 속하는 '업어치기'다. 업어치기는 순간적으로 몸을 회전해 상대방을 등에 업듯이 들어올려 메다꽂는 기술이다. 업어치기는 유도의 꽃이라 할 정도로 통쾌하고 화려한 기술이다. 업어치기가 제대로 먹히면 한판승으로 끝나는 경우가 많기 때문이다.

업어치기는 상대방보다 낮은 자세로 갑자기 등을 돌려야 하기 때문에 순발력이 중요하다. 상대방이 공격을 걸어올 때 그의 힘을 역이용하는 것이 핵심이다. 체구가 작을수록 유리하기 때문에 한국이나 일본 등 동양선수들에게 각광 받는 기술이다.

상대방이 공격을 해오는 경우 자세의 중심이 무너지곤 하는데, 바로 그 순간을 포착해야 한다. 이때 낮은 자세에서 업어치기 기술이 제대로 걸리면 상대 몸무게의 일부에 해당하는 힘만으로 메칠 수가 있다. 자신보다 크고 강한 체구의 상대를 쓰러트리는 업어치기야말로 유도의 '유능제강' 정신에 가장 부합하는 기술이라 하겠다.

안전한 추락을 위한 근육을 찾아서

업어치기는 분명 호쾌한 기술이지만, 매트에 내다꽂히는 상대방 입장에서는 충격이 클 수밖에 없다. 특히 무방비 상태에서 공격을 거는 측의 어깨 높이에서 등 부위로 떨어짐에 따라 척추뼈에 큰 무리가 갈 수 있다. 척추뼈 안에는 척수가 있기 때문에 각별히 주의를 기울여야 한다. 척수는 뇌와 연결되어 있고, 척추 내에 위치하는 중추신경의 일부분으로 감각, 운동신경들을 모두 포함한다.

업어치기로부터 척추뼈 및 척수를 보호하려면 평소 꾸준한 훈련으로 등의 바깥쪽 근육을 발달시켜야 한다. 등 위쪽으로는 등세모근, 아래쪽으로는 넓은등근이 있어서 등 부위를 보호한다.

등세모근의 아래에는 어깨뼈를 고정시켜주는 마름근이 있는데, 그 아래에는 위뒤톱니근(상후거근)이 위치한다. 이 근육은 가장 아래 목뼈와 등뼈의 가시돌기에서 시작하여 비스듬히 내려가서 갈비뼈에 닿는다. 갈비뼈를 위로 들어 올려 가슴부위를 넓히는 작용을 하는 호흡근이다.

넓은등근 밑에는 아래뒤톱니근(하후거근)이 있다. 아래쪽 2개의 등뼈와 위쪽 2개의 허리뼈 가시돌기에서 시작해서 위바깥쪽으로 주행*하여 갈비뼈에 붙는다. 한쪽만 움직이면 몸통을 회전시키고, 양쪽이 동시에 움직이면 척추를 펴는 역할을 한다. 아울러 갈비뼈를 아래로 내리거나 가로막이 수축할 때 갈비뼈가 올라가는 것을 방지하면서 호흡을 돕는다.

유도선수들은 업어치기를 당해 매트에 강하게 내리꽂히는 순간 '헉!'하고 숨이 멎는 고통을 겪는다. 하지만 위뒤톱니근과 아래뒤톱니근이 잘 맞추어진 톱니바퀴처럼 작용한다면 고통을 크게 줄일 수 있다.

유도선수들은 상대의 다양한 공격 기술에 대비해 낙법(落法)을 훈련한다. 낙법은 말 그대로 넘어지는 기술이다. 상대로부터 들어메침을 당했을 때 몸에 충격을 최소화해서 부상을 방지하기 위한 훈련법이다. 실제로 선수들은 공격 기술을 배우기에 앞서 낙법 연습부터 한다. 낙법을 통해 앞서 소개한 근육들을 탄탄하게 연마하는 것이다.

* 해부학에서는 근육이나 신경 및 혈관이 지나가는 것을 두고 '주행'이라고 표현한다.

| 위뒤톱니근, 아래뒤톱니근 구조 |

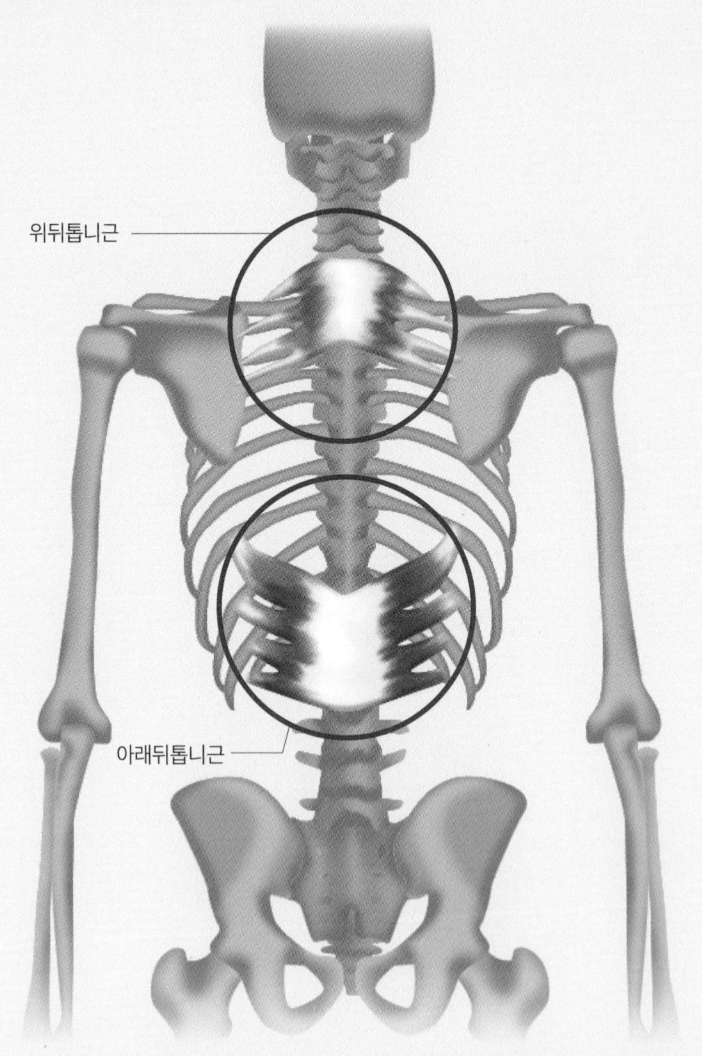

유도선수들은 업어치기를 당해 등이 매트에 강하게 내리꽂히는 순간 '헉!'하고 숨이 멎는 고통을 겪는다. 하지만 위뒤톱니근과 아래뒤톱니근이 잘 맞추어진 톱니바퀴처럼 작용한다면 고통을 줄일 수 있다. 유도선수들이 공격 기술을 배우기에 앞서 충격 없이 넘어지는 기술인 '낙법'을 연마해야 하는 까닭이다.

치명적인 기술의 딜레마

메치기가 호쾌한 기술이라면 굳히기(누르기 · 조르기 · 꺾기)는 치명적인 기술이다. 누르기는 상대방을 쓰러뜨린 다음 위에서 눌러 일어나지 못하게 하는 기술이다. 조르기는 손이나 팔뚝으로 상대의 목을 제압하는 기술이다. 꺾기는 말 그대로 상대방의 관절을 젖히거나 비트는 기술을 가리킨다.

굳히기가 치명적인 까닭은 조르기 때문이다. 조르기를 통해 목 부위 동맥이나 기도를 압박할 경우 뇌에 산소 공급을 차단해 의식을 잃을 수 있고, 심할 경우 뇌사에 빠져 목숨을 잃기도 한다.

조르기에는 크게 외십자조르기(목동맥 압박), 죽지걸어조르기(목 부위 전체 압박), 맨손조르기(기도 압박) 등 3가지가 있다. 조르기 중 가장 일반적으로 사용하는 외십자조르기는, 공격자의 오른손이 상대 목 부위의 오른쪽을 압박하는 동안 왼손은 상대의 목 왼쪽에 위치한 동맥을 마치 밧줄로 감듯이 압박한다.

죽지걸어조르기는 턱밑으로 왼손을 넣어 상대의 오른쪽 깃을 잡는다. 상대가 오른손으로 공격자의 왼손을 떼어내려 하면 상대의 오른쪽 겨드랑이에 손을 집어넣어 그의 팔이 위로 쳐들린 상태에서 공격자의 가슴과 방어자의 뒤통수 사이에 고정된 상태로 유지한 다음 상대의 깃을 쥐고 있는 왼손으로 압력을 가한다.

맨손조르기는 공격자가 자신의 오른쪽 팔을 상대의 목에 갖다 댄 다음 턱 밑부분에 정확히 위치시킨다. 이때 공격자의 팔뚝뼈가 상대의 목에 위치한 동맥과 목정맥을 쐐기처럼 압박한다. 맨손조르기가 제대로 걸리면

| 목동맥삼각 구조 |

외십자조르기와 죽지걸어조르기는 '목동맥삼각'이라 불리는 목의 측면 부위를 압박한다. 목동맥삼각은 목정맥과 목동맥 그리고 거기서 뻗어 나온 분지들로 이루어져 있는데, 유독 이 삼각형 부위는 근육으로 보호받지 못한다. 조르기로 인해 동맥을 통한 혈액의 흐름이 차단됨에 따라 산소를 공급받지 못한 뇌가 순간적으로 기능이 정지되면서 의식을 잃게 되는 것이다.

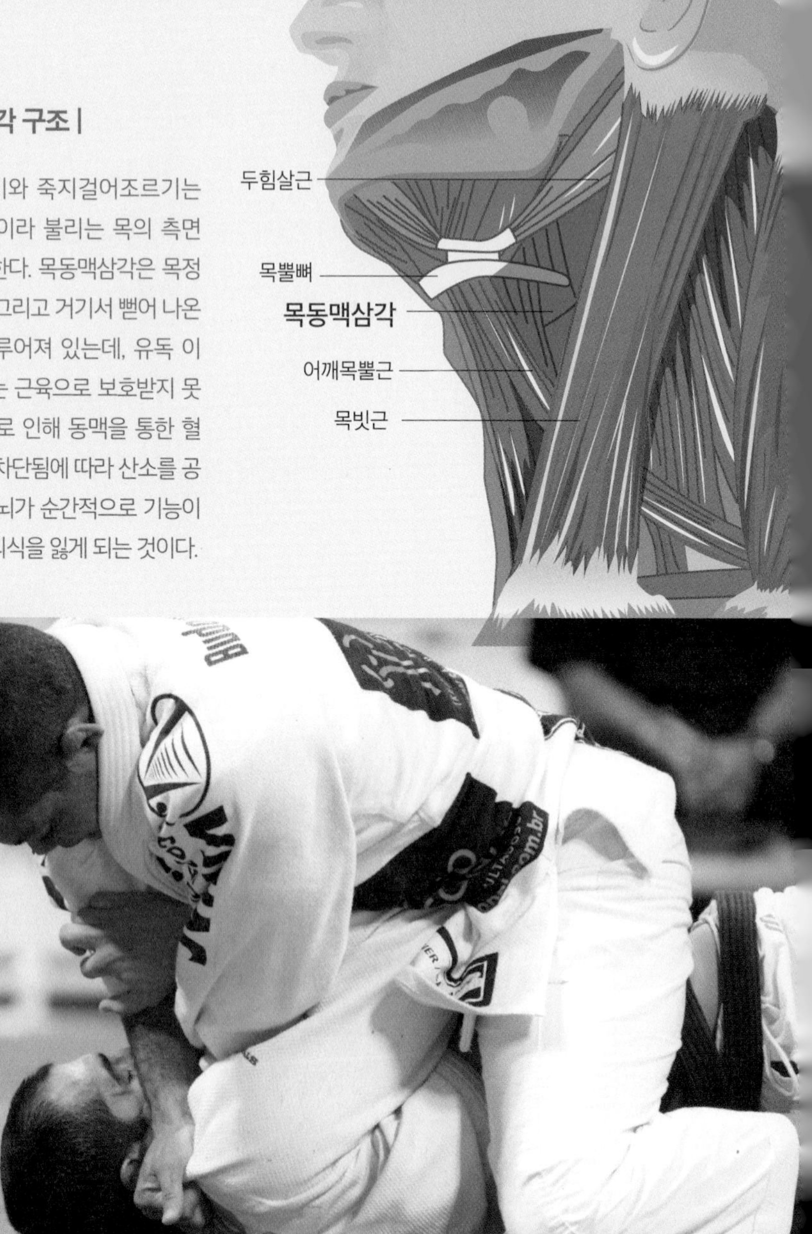

조르기의 위험 정도를 측정하기 위해 일본에서 시행된 한 연구에 따르면, 조르기를 당하고 있는 선수의 귓속에 삽입하는 산소측정기로 혈액 속의 산소 농도를 측정했더니 외십자조르기와 죽지걸어조르기에서 산소포화 정도가 크게 낮게 나타났다.

상대는 엄청난 고통을 호소하며 기권을 선언한다.

문제는 외십자조르기와 죽지걸어조르기다. 이들 조르기는 '목동맥삼각'이라 불리는 목의 측면 부위를 압박한다. 목동맥삼각은 목정맥(경정맥)과 목동맥(경동맥) 그리고 거기서 뻗어 나온 분지들로 이루어져 있는데, 유독 이 삼각형 부위는 근육으로 보호받지 못한다.

조르기의 위험 정도를 측정하기 위해 일본에서 시행된 한 연구에 따르면, 조르기를 당하고 있는 선수의 귓속에 삽입하는 산소측정기로 혈액 속의 산소 농도를 측정했더니 맨손조르기를 제외한 두 가지 형태의 조르기에서 산소포화 정도가 크게 낮게 나타났다. 조르기로 인해 동맥을 통한 혈액의 흐름이 차단됨에 따라 산소를 공급받지 못한 뇌가 순간적으로 기능이 정지되면서 의식을 잃게 되는 것이다.

뇌 손상을 일으키는 멱살잡기의 해부학적 속내

세상을 살다보면 티격태격 다툼이 생길 때가 있는데, 아무리 불가피한 싸움이라도 멱살 잡(히)는 일은 삼가해야 한다. 멱살 잡기에서 시작해 더 과격한 물리적 충돌로 이어지기 때문이다.

멱살은 말 그대로 멱 부위에 있는 살인데, 멱은 목의 앞쪽 부분을 가리킨다. 그런데 멱살을 심하게 잡히면 큰 싸움으로 나아갈 것도 없이 그 자체로 위험할 때가 있다. 목에 심각한 압박이 가해져 후두와 기관이 좁아지고 이로 인해 공기가 폐로 들어가지 못해서 호흡을 하기가 어려워지기 때문이다. 이러한 상태가 지속되면 질식에 이르고 뇌가 손상되어 생명이 위독해진다.

유도는 공교롭게도 서로의 옷깃을 잡는 데서 공격과 방어가 시작된다. 씨름선수들이 치열한 샅바 싸움을 벌이는 것처럼 유도선수들은 옷깃을 잡아 공격의 실마리를 풀어간다. 그만큼 옷깃을 잡는 기술(!)이 중요하다는 얘기다. 실제로 국제유도연맹은 유도복 옷깃을 얇아지게 개선함으로써 선수들의 움켜잡기가 수월해지도록 했다. 아울러 유도복 상의를 보다 길게 고침으로써 옷이 허리띠에서 풀어지지 않도록 했다. 하지만 옷깃을 더 강하게 잡아당길 수 있는 만큼 선수들의 목 부위 부상 위험도 커졌다.

유도는 서로의 옷깃을 잡는 데서 공격과 방어가 시작된다. 씨름선수들이 치열한 샅바 싸움을 벌이는 것처럼 유도선수들은 옷깃을 잡아 공격의 실마리를 풀어간다. 그만큼 옷깃을 잡는 기술이 중요하다.

목(경부, neck)은 입을 통해 음식물을 소화기관에 전달하는 통로로서의 기능 뿐 아니라, 혈관과 신경이 지나가는 매우 중요한 신체부위다. 하지만 목을 구성하는 다양한 기관들이 피부층에 가깝게 맞닿아 있기 때문에 외부로부터의 손상에 취약하다.

목의 앞쪽에는 아래턱뼈 밑으로 목뿔뼈에서 방패연골(갑상연골)과 기관으로 이어지는 긴 관

| 목 부위 인두와 성대 구조 |

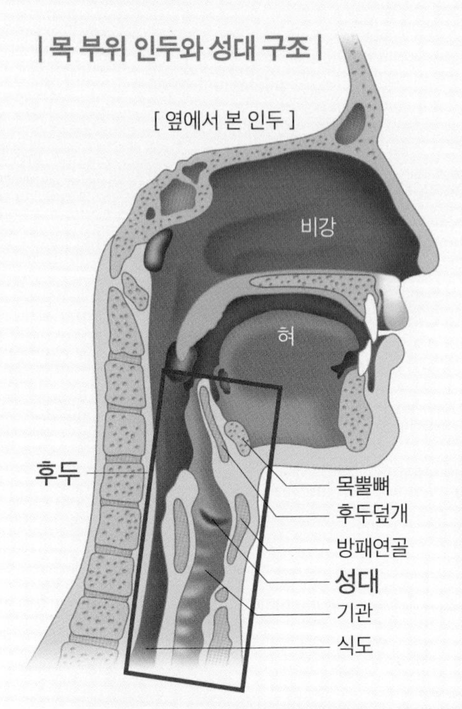

목의 앞쪽에는 아래턱뼈 밑으로 목뿔뼈에서 방패연골(갑상연골)과 기관으로 이어지는 긴 관이 지나간다. 이 부위를 넓게 후두라고 하는데, 코와 입 뒤의 공간인 인두와 함께 기관으로 연결되는 호흡 계통의 한 부분을 이룬다.

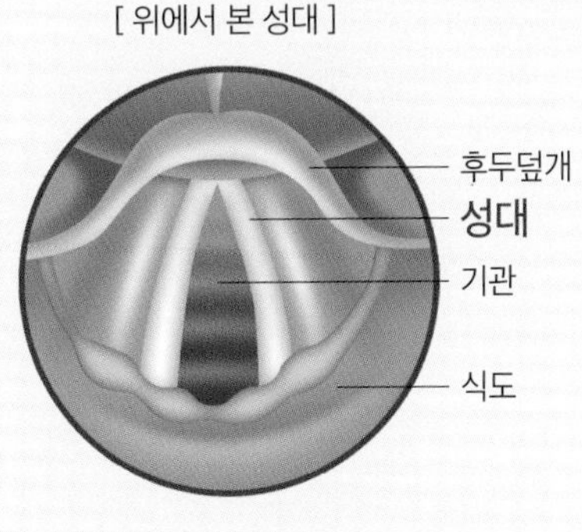

| 목 주변 혈관 및 호흡계통도 |

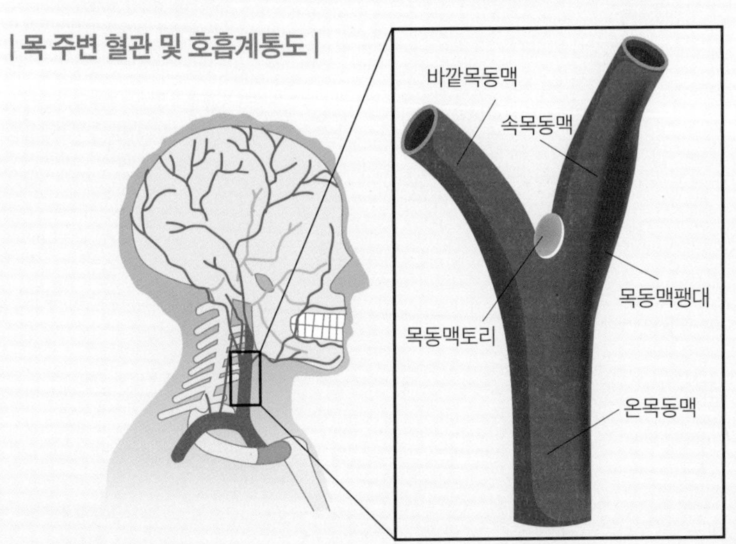

옷깃이 심하게 잡힐 경우 동맥이 좁아져서 뇌로 가는 혈액이 줄어들게 되며, 이때 수용기에 문제가 발생해 어지럽거나 일시적으로 기절을 일으키기도 한다.

이 지나간다. 이 부위를 넓게 후두라고 하는데, 코와 입 뒤의 공간인 인두와 함께 기관으로 연결되는 호흡 계통의 한 부분을 이룬다. 남자는 후두가 앞쪽으로 돌출되어 있는데 이를 후두융기(Adam's apple)라고 부른다. 후두 안에는 다양한 연골과 근육이 있는데, 후두 안으로 들어온 공기가 성대(성대주름, vocal fold)를 떨리도록 함으로써 소리를 내는 작용을 돕는다. 양쪽 성대주름이 평소에는 떨어져 있다가 서로 가까이 붙으면, 그 틈새로 공기가 강하게 통과하면서 진동이 발생하여 소리를 내는 것이다.

기관의 양쪽 옆으로는 심장에서 머리로 혈액을 보내는 온목동맥(총경동맥)이 지나간다. 온목동맥은 방패연골의 위모서리 높이에서 속목동맥과 바깥목동맥으로 나뉜다. 속목동맥에서 일부 팽대(膨大)된 부위를 목동맥팽대라고 하며 혈압의 변화에 반응하는 압력수용기로 작용한다.

온목동맥의 안쪽에 납작한 타원형 소체를 목동맥토리라고 하는데, 이는 혈중산소나 이산화탄소 농도 등의 변화를 감지하는 화학수용기 역할을 한다. 옷깃이 심하게 잡힐 경우 동맥이 좁아져서 뇌로 가는 혈액이 줄어들게 되며, 이때 수용기에 문제가 발생해 어지럽거나 일시적으로 기절을 일으키기도 한다.

유능제강 못지않게 강조되는 유도의 정신으로 예시예종(禮始禮終)이 있다. 예로 시작해서 예로 끝난다는 말인데, 선수들은 시합에 들어가기에 앞서 서로에게 고개 숙여 인사하고, 경기가 끝나서도 승패와 상관없이 정중히 인사를 나눠야 한다.

그런데 조르기와 같이 의식을 잃게 할 정도로 치명적인 기술을 보고 있으면 상대를 존중한다는 유도의 정신에 부합하는지 고개를 갸우뚱 하게 한다. 운동을 하다보면 뼈가 골절될 수도 있고, 근육이 파열될 수도 있다. 하지만 혈액의 흐름을 막아 산소부족 상태에 이르게 함으로써 의식을 잃게 하는 등 생명을 위협하는 행위가 공인된 기술로서 인정된다는 건 못내 씁쓸하다.

04 OLYMPICS & ANATOMY

무적의 돌려차기에 얽힌 비밀

태권도 Taekwondo

"태권도는 격투가 아닌 용기, 자신감, 존경에 관한 것이다. 비록 올림픽 금메달은 아니지만 '골든 버저'를 드리겠다. 당신들을 존경한다."

미국 NBC 오디션 프로그램 〈아메리카 갓 탤런트〉의 심사위원 사이먼 코웰Simon Phillip Cowell이 세계태권도연맹(WT) 격파시범단(이하 'WT시범단')의 공연을 보고 한 심사평이다. WT시범단은 지난 2021년 6월 미국 전역에 방영된 〈아메리카 갓 탤런트〉에서 성인 키 3배 높이의 송판을 돌려차기로 격파해 모두를 놀라게 했다. 1,080도를 도는 3회전 격파에 성공하기도 했다. 이 광경을 지켜본 심사위원들은 'Unbelievable!'을 연호했다.

WT시범단은 같은 해 9월 로스앤젤레스 할리우드 돌비극장에서 100만

달러의 우승상금을 두고 열린 〈아메리카 갓 탤런트〉 결선에서 시청자 투표 결과 아쉽게 '톱5'에 들지 못했다. 하지만 투기종목으로만 알려진 태권도가 종합 공연예술로 전 세계를 매료시키는 데는 조금의 부족함도 없었다. WT시범단의 공연 영상은 순식간에 2천만이 넘는 유튜브 조회 수를 기록하기도 했다.

WT는 올림픽 국제경기연맹 중 최대 회원국(212개국)을 보유한 단체다. 지난 2023년 5월 아제르바이잔 바쿠에서 열린 세계태권도대회에는 무려 143국에서 950명이 참가했다. 전 세계 1억 명 이상이 태권도를 수련하고 있는데, 중국에만 6,500만 명이 넘는 인구가 태권도를 배우고 있거나 배웠던 경험이 있다. 베트남에서는 태권도를 전통 무술인 '보비남'과 동등한 무예로 여기고, 인도에는 세계 최초로 태권도 프로구단이 출범했다.

태권도의 세계적 위상은 날이 갈수록 높아지고 있지만, 정작 종주국인 한국에서는 시큰둥하다. 적지 않은 스포츠 전문 채널에서 UFC 등 이종격투기가 시도 때도 없이 중계되지만, 태권도경기가 전파를 타는 일은 매우 드물다. MZ세대

WT시범단은 지난 2021년 6월 미국 전역에 방영된 〈아메리카 갓 탤런트〉에서 성인 키 3배 높이의 송판을 돌려차기로 격파해 모두를 놀라게 했다. 이 광경을 지켜본 심사위원들은 'Unbelievable!'을 연호했다.

사이에서는 신체 단련을 위해 주짓수를 선호한다. 해마다 9월 4일은 '태권도의 날'이지만, 국경일로 지정돼 달력에 붉은 색으로 표시되지 않는 한 태권도의 날을 기억하는 한국인은 거의 없을 것이다.

태권도가 우리나라의 국기(國技)인 건 누구나 다 아는 사실이지만, 우리는 태권도에 대해서 아는 게 별로 없다. 심지어 '태권'이란 두 글자가 무엇을 의미하는지 묻는다면, 답할 수 있는 사람이 몇이나 될까.

로보트 태권브이의 추억

태권(跆拳)의 뜻을 이해하려면 한자를 살펴봐야 한다. 주먹을 나타내는 '拳'자는 권투(拳鬪)나 권법(拳法) 등의 용례에서 자주 봐왔지만, '跆'자는 그다지 익숙한 글자가 아니다. 사전을 찾아보면 뜻을 나타내는 足(발 족)자와 음을 이루는 台(태)자가 만나서 '(발로) 밟다 혹은 차다'를 의미한다고 되어 있다. 태권도는 글자 그대로 발로 차고 주먹으로 때리는 동작을 통해 심신을 갈고 닦는 무예라 하겠다. 실제로 겨루기 종목으로서의 태권도는 발로 차거나 주먹으로 때리는 행위 이외의 공격은 허용되지 않는다.

태권도의 기원은 삼국시대로 거슬러 올라간다. 신라의 화랑(花郎)이 지금의 태권도와 유사한 택견을 수련했다는 기록이 전해진다. 아울러 경주 불국사의 석굴암에 부조(浮彫)된 금강역사 보살상(석가모니의 호위장)이 태권도의 막기 자세를 하고 있다. 고구려 고분 안악 3호분에 그려진 벽화에서도 지금의 태권도와 비슷한 동작으로 서로 힘을 겨루는 무사들을 볼 수 있다.

삼국시대의 무예는 고려시대에 이르러 좀 더 체계를 갖추게 된다. 역사학자들은, 고려 때 무인(武人)들이 권력의 중심에 서면서 무예가 발전할 수 있는 기틀이 마련된 것으로 보고 있다. 당시 무예는 수박희(手搏戱)라 불리며 벼슬에 오르기 위한 수단으로 활용되기도 했다.

수박희는 조선시대로 넘어오면서 폭넓게 전파되었는데, 전란(戰亂)이 계기가 되었다. 임진왜란 당시 무기가 떨어진 의병들이 수박희를 연마해 왜군과 싸웠다는 기록이 전해진다.

하지만 수박희는 국권을 침탈당한 일제침략기에 크게 쇠퇴하고 만다. 일본 제국주의자들은 조선의 전통무예가 항일독립운동에서 활용될 것을 우려해 조선인들의 무예 수련을 달가워하지 않았다. 반면 조선에 주둔하는 경찰에게 자신들의 권법인 가라데(karate)를 훈련시켜 조선인들을 탄압하는 도구로 삼았다.

당시 일본 무인들은 조선의 수박희가 가라데에서 기원했다는 주장을 펴기도

경주 불국사 석굴암에 부조된 금강역사 보살상(석가모니의 호위장)은 태권도의 막기 자세를 취하고 있다.

했는데, 그 영향으로 해방 후에도 한동안 가라데를 뜻하는 공수도(空手道)란 말이 태권도를 대신해 사용되기도 했다. 이를 고심해오던 육군 출신 무인 최홍희(훗날 국제태권도연맹(ITF) 총재 역임)는 우리 전통무예에 대한 정체성을 바로잡고자 택견에서 착안해 '태권도'를 작명했다. 이후 태권도는 1958년 대한태권도협회가 설립되면서 정식으로 사용되었다.

태권도는 군사정권에서 국위선양과 호국(護國)을 위한 수단으로 이용되기도 했다. 태권도를 향한 국가적 지원은 1972년 국기원 설립을 계기로 정점에 이른다. 당시 김운용 대한태권도협회 회장은 박정희 대통령으로부터 '국기 태권도'란 친필휘호를 받아 2,000장을 복사해 전국 태권도장에 배포해 액자로

조선 후기의 화가 유숙(劉淑)이 1846년에 그린 〈대쾌도(大快圖)〉라는 풍속화에는 씨름과 함께 택견 자세를 취하고 있는 동자들의 모습이 묘사되어 있다.

걸도록 했다. 그 시절 도장에 모인 아이들은 대통령의 글씨를 보면서 어떤 생각을 했을까. 당시 〈로보트 태권브이〉란 애니메이션이 아이들 사이에서 엄청난 흥행을 기록한 건 우연이 아닐 듯 싶다.

태권도가 전 세계로 퍼지게 된 결정적 계기는 올림픽 덕분이다. 태권도는 1988년 서울 올림픽에서 개최국이자 종주국으로서의 프리미엄에 힘입어 시범종목이 되었다. 이어 1994년 9월 4일에 열린 IOC 총회에서 올림픽 정식종목으로 선정되었다(매년 9월 4일이 '태권도의 날'이 된 까닭이다). 현재는 남녀 각각 4체급으로 총 8개의 금메달이 걸려 있다(2024년 파리 올림픽 기준).

오직 발과 손만이 허용된다

태권도는 2분씩 3라운드로 진행되며, 라운드 사이에 1분의 휴식시간이 주어진다. 동점인 상태로 3회전이 종료되면 1분간의 연장전을 통해 승패를 가린다.

경기는 주먹을 사용한 찌르기나 발차기로 상대의 몸통이나 머리를 공격함으로써 점수를 얻는다. 찌르기는 꽉 쥔 주먹에서 튀어나온 너클(knuckle) 부분으로 타격한다. 발차기는 발목뼈(복숭아뼈) 아래를 사용해야 한다. 허용되는 신체부위를 공인된 기술로 가격했을 때만 득점이 인정된다. 공격의 유형에 따라 점수가 달라지는데, 몸통의 경우 직선공격은 1점, 돌려차기 등 회전공격은 2점이 인정된다. 머리의 경우에는 직선공격은 3점, 회전공격은 4점이 인정된다.

경기 중 금지행위를 한 경우에는 감점을 당하는데, 감점은 상대선수의 1득점으로 계산된다. 한 경기에서 감점 10회를 받으면 자동으로 패하게 된다. 대표적인 금지행위는 상대의 허리 아래를 가격하는 것, 고의로 경기장 밖으로 나가는 것, 무릎 또는 이마로 상대를 가격하는 것 등이다.

태권도에서의 승패는 KO승, 주심직권승(RSC), 판정승, 서든데스판정승, 기권승, 실격승, 반칙승, 우세승으로 결정된다. KO승은 정당한 공격에 의해 다운되어 주심이 8을 셀 때까지 재대결 의사를 표현하지 못한 경우 선언된다. 주심이 보기에 한 선수가 정당한 공격에 따른 부상 등으로 더 이상 경기를 진행할 수 없다고 판단될 때는 주심직권승이 선언된다. 서든데스판정승은 연장전에 돌입해 먼저 득점한 선수가 승리하는 경우다. 우세승은 연장전에서도 승패가 나지 않았을 때 좀 더 우세한 선수에게 주어진다.

태권도는 매우 빠르게 공격과 수비가 이뤄지기 때문에 심판이 매순간을 포착해 판정을 내리는데 어려움이 있다. 이에 세계태권도연맹은 선수의 머리 또는 몸통 보호대에 설치된 전자 채점 시스템, 즉 전자호구 채점 시스템(PSS)을 통해 판정을 내리도록 하고 있다.

돌려차기 회전력의 열쇠

업어치기가 유도의 꽃이라면, 태권도의 하이라이트는 단연 돌려차기다. 돌려차기는 다리 한쪽을 들어 횡으로 회전하는 궤도를 그리며 상대를 가격하는 발차기 동작이다. 몸을 돌리면서 걷어차기 때문에 그냥 차는 것보다 강도가 훨씬 세다.

국기원이 발간한 〈태권도용어사전〉에 따르면, 돌려차기는 주로 앞축을 사용해 상대방의 얼굴이나 몸통을 가격하며, 경우에 따라 발등을 사용하기도 한다. 돌려차기의 원리를 좀 더 구체적으로 살펴보면, 몸을 지지하는 발 앞꿈치를 축으로 삼고 반대쪽 무릎을 접어 올려주며 몸 회전력과 무릎을 펴는 힘을 함께 이용해 앞축이나 발등으로 목표물을 가격한다. 앞축은 주로 상대방의 관자놀이나 늑골 등의 급소를 찰 때 사용하며, 발등은 차기 수련을 할 때 타격 부위 면적을 넓혀 부상을 방지하기 위해 사용한다.

돌려차기의 핵심은 '회전력'이다. 몸의 축을 돌려 타격할수록 강도는 훨씬 올라간다. 발차기가 내 몸의 중심으로부터 상대를 향해 원심력을 그리며 나아가는 원리와 유사하다.

돌려차기는 상대 머리를 향한 단 한 방의 회전공격으로 경기 막판까지 결과를 예측할 수 없게 한다. 지난 2004년 아테네 올림픽 80킬로그램 이상급 결승전에서 한국의 문대성 선수가 180도 회전하여 상대선수의 안면을 강타해 KO승을 거둔 것이 올림픽 태권도경기 최고의 명장면으로 꼽힌다.

이러한 돌려차기의 가공할 위력은 어디서 나오는 걸까. 돌려차기의 핵심은 '회전력'이다. 몸의 축을 돌려 타격할수록 강도가 훨씬 올라가기 때문이다. 발차기가 내 몸의 중심으로부터 상대를 향해 원심력을 그리며 나아가는 원리와 유사하다.

해부학자의 시선으로 살펴보면, 돌려차기의 회전력은 종아리뼈에 달렸다. 종아리뼈(비골)는 정강뼈(경골)의 가(바깥)쪽에 위치하며, 정강뼈와 위, 아래 부분에서 연결되어 있다. 정강뼈보다 얇아서 체중을 지지하지는 않지만 발목관절을 강화하는 역할을 한다. 옷이나 물건을 고정해주는 브로치나 핀(pin)과 비슷하게 생겼다고 해서 영어로 fibula라고 부른다. 피불라(fibula)는 고대 로마에서 사용되었던 버클이나 브로치 형태의 안전핀이다.

종아리뼈의 위쪽 끝은 무릎관절 아래 정강뼈 머리의 뒤에 놓여있고, 아래쪽 끝은 정강뼈보다 좀 더 아래까지 뻗어있어 발목관절의 바깥쪽을 형성한다.

정강뼈는 몸의 무게를 지탱하는 무릎관절과 맞닿아 있기 때문에 안정성을 위해 고정되어 있는 반면, 종아리뼈는 유연성이 강조되는 만큼 회전을 가능하게 한다.

오른쪽 다리의 경우 수직축을 기준으로 시계 방향으로 회전하는 것을

| 종아리뼈 구조 |

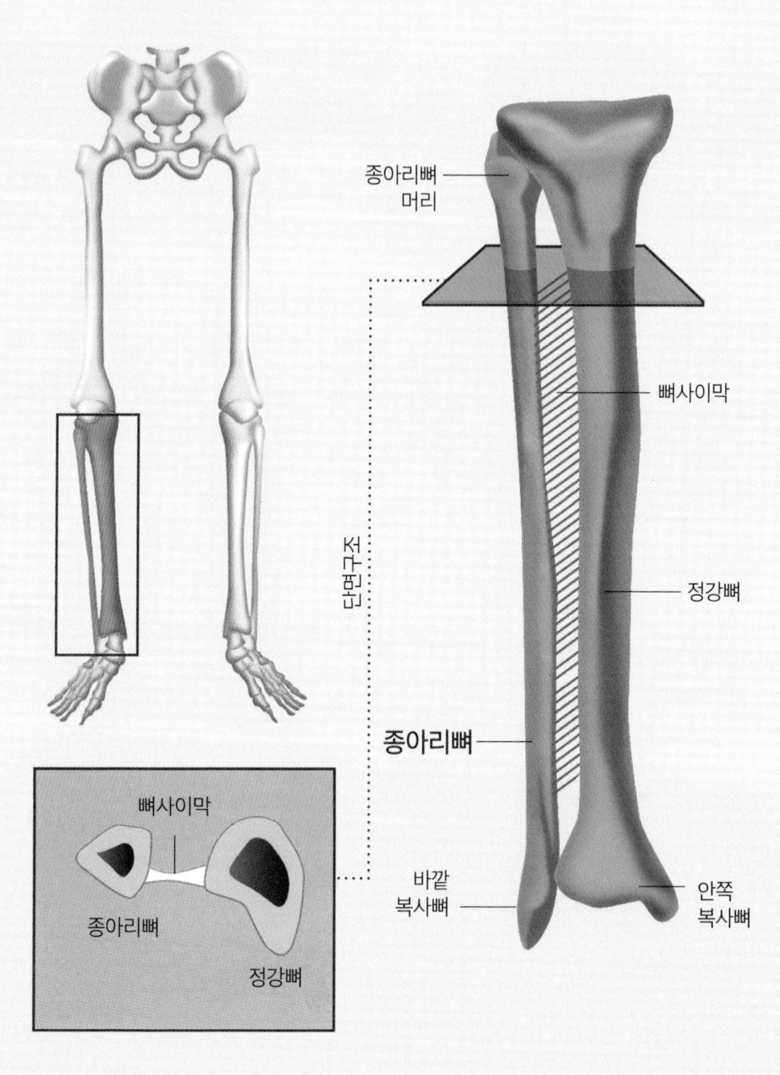

해부학적 관점에서 봤을 때 돌려차기의 회전력은 종아리뼈에 달렸다. 몸의 회전에 관여하는 종아리뼈는 정강뼈와 함께 종아리를 지탱하며 위력적인 돌려차기를 돕는다. 정강뼈는 몸의 무게를 지탱하는 무릎관절과 맞닿아 있기 때문에 안정성을 위해 고정되어 있는 반면, 종아리뼈는 유연성이 강조되는 만큼 회전을 가능하게 한다.

바깥돌림(외회전)이라고 한다. 주로 종아리뼈의 바깥쪽에 부착되어 있는 넙다리두갈래근(대퇴이두근), 넙다리근막긴장근(대퇴근막장근) 등의 근육에 의해 작용한다. 안쪽돌림(내회전)은 시계 반대방향으로 무릎관절이 돌아간다. 이때 넙다리빗근(봉공근), 반힘줄근, 반막근에 의해 무릎이 회전하게 된다.

 발차기를 막는 무쇠팔? 약골팔!

태권도에서 몸통이나 얼굴을 향하는 발차기는 보통 빠른 발놀림으로 피하거나 팔로 막아야 한다. 이때 발차기를 피하기 위해 뒷걸음질 칠 경우 공격의 의도가 없는 것으로 간주되어 주심으로부터 경고를 받을 수 있다(경고를 2회 받으면 1점 감점). 만일 상대의 공격에 등을 보이며 물러설 경우 바로 감점을 받게 된다. 또 10초 동안 공격을 하지 않아도 감점이 주어진다(10초 룰).

결국 상대에 맞서 물러서지 않고 공격적인 자세를 유지하려면 상대의 공격에 뒷걸음질 치기보다는 팔로 막아야 하는 상황이 자주 발생한다. 태권도경기 중에 상대의 강한 발차기를 팔로 방어할 경우 해당 부위에 타박상이나 골절을 호소하는 선수들이 적지 않은 까닭이다.

해부학적으로 살펴보면, 수비 동작에서 골절이 자주 일어나는 부위는 위팔뼈이다. 위팔뼈(상완골)는 어깨뼈와 어깨관절을 이루며, 아래팔의 노뼈 및 자뼈와는 팔꿉관절을 이루는 부위다.

위팔뼈는 전형적인 긴뼈에 해당하는데, 어깨 부위의 몸쪽끝, 중간의 몸

| 위팔뼈에서 외과목 구조 |

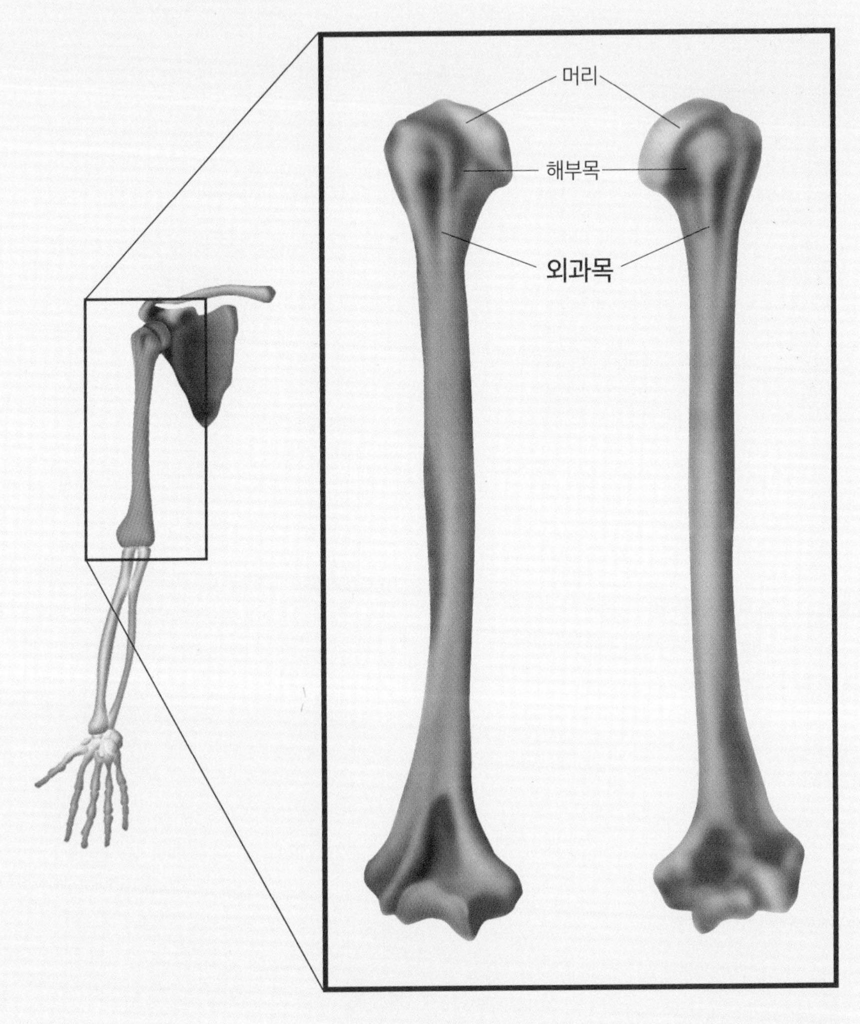

위팔뼈에는 2개의 목이 있다. 윗부분의 머리 바로 밑에는 해부학적으로 목에 해당되므로 해부목이라고 한다. 하지만 실제로 더 얇은 부위가 있어 골절이 잘 일어나는 부위는 이보다 아래쪽에 있는 외과목이다.

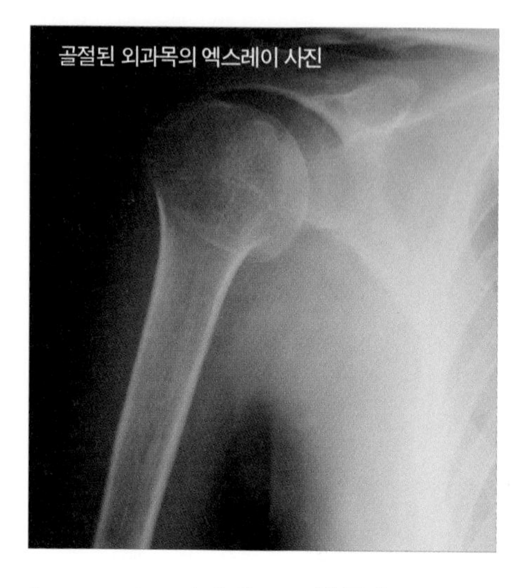
골절된 외과목의 엑스레이 사진

통, 팔꿉 부위의 먼쪽끝으로 구분된다.

몸쪽끝의 머리는 어깨뼈의 접시오목에 들어가서 어깨 관절을 형성하는 둥근 부분을 가리킨다. 이 머리밑 부위에는 약간 오목하게 들어간 고랑이 있는데, 머리에 비해 좁아져 있기 때문에 해부목(anatomical neck)이라고도 부른다(해부학에서 목(neck)은 좁아진 부위를 의미한다).

그런데 실제로는 가는 부위인 해부목 아래 부분에서 골절이 더 자주 일어난다. 이 부위는 뼈의 각도가 바뀌면서 더 약한 지점이기 때문에 골절로 수술할 상황이 빈번하게 일어난다고 해서 '외과목(surgical neck)'이라 불린다.

외과목 주변에는 팔을 양쪽으로 벌리는 어깨세모근(삼각근)의 신경을 담당하는 겨드랑신경이 지나간다. 이 부위에 골절이 생기면 어깨세모근을 약화시켜 양팔을 벌리지 못하게 된다.

결국 위팔뼈의 윗부분은 유독 골절에 취약하기 때문에 보통 이 부위보다 아랫부분이나 아래팔로 상대의 발차기 공격을 막는 것이 그나마 안전하다. 외과목이라는 다소 위협적인(!) 용어를 붙인 데는 그만큼 이 부위를 조심하라는 경고의 의미가 담겨 있다.

태권도의 가치는 격투종목에 한정되지 않는다. 앞서 소개한 WT시범단의 공연은 종합예술로서의 매력을 한껏 느낄 수 있게 한다. 태권도는 개인의 심신수양에도 안성맞춤인 운동이다. 전 세계적으로 태권도 수련 인구가 1억 명이 넘는 이유다.

최근 영화와 음악, 음식 등 한국의 여러 대중문화가 지구촌 곳곳에서 주목받고 있지만, 사실 오래 전 K-콘텐츠의 포문을 연 것은 태권도였다. 태권도의 위상은 콧대 높은 IOC에서도 인정하는 분위기다. 2023년 12월 스위스 로잔에 있는 올림픽 박물관에서는 세계태권도연맹의 창립 50주년을 맞아 조형물을 설치하는 대대적인 이벤트가 마련되기도 했다. 행사에는 토마스 바흐Thomas Bach IOC위원장을 비롯한 스포츠계 인사들이 대거 참석해 성황을 이뤘다.

2023년 12월 스위스 로잔 올림픽 박물관에 세계태권도연맹 창립 50주년을 맞아 세워진 태권도 조형물.

동·하계 통틀어 모든 올림픽 정식종목 중에 올림픽 박물관에 조형물이 설치된 종목은 태권도를 포함해 육상, 레슬링, 체조, 축구, 농구, 사이클, 양궁, 하키, 유도 등 10개뿐이다.

05 OLYMPICS & ANATOMY

검을 든 자여, 퇴화의 시간을 가르소서

펜싱 Fencing

만화책에서나 나올법한 꽃미남이 우아하게 칼을 휘두르는 장면을 떠올리면 생각나는 올림픽 종목이 있다. '펜싱'이다. 펜싱은 두 선수가 검(劍)을 사용하여 상대방을 공격해 점수를 획득함으로써 승패를 가리는 격투 종목이다.

'검을 휘두르다', '검으로 싸우다'를 뜻하는 'fence'는 '울타리'라는 의미로도 사용되는데, '방어', '수비'를 뜻하는 'defence'가 여기서 파생됐다. 검술이란 본래 누군가를 해치려고 공격하는 기술이 아니라 자신을 보호하기 위한 수단이었던 것이다.

검술의 시작은 기원전 1190년 고대 이집트로 거슬러 올라간다. 람세스

3세Ramesses Ⅲ의 장제전(葬祭殿)인 메디나트 하부(Medinet Habu)에서 출토된 검투하는 모습의 벽화가 이를 뒷받침한다. 특히 고대 로마시대에는 검술이 중요한 군사훈련 중 하나로 활용되었는데, 당시에 '엔시스(ensis)'라는 길이 40~86센티미터의 칼이 사용되었다는 기록이 전해진다.

중세 이후 총기와 화약이 발명되면서 검술의 군사적 용도는 차츰 시들해져갔다. 그즈음 검술은 '결투재판'이라는 해괴한 관습에 이용되었다. 결투재판은 증인이나 증거가 부족한 사건을 해결하기 위해 양 당사자가 결투로 옳고 그름을 정하는 것이다. 사인간의 결투를 합법화했던 게르만족의 풍습에 '신은 옳은 자의 손을 들어 줄 것'이라는 왜곡된 신앙이 결합된 소산이다. 1480년경 독일에서 최초의 검술 단체(길드)인 '성 마르쿠스 형제단'이 검술 교육에 앞장섰다는 기록은 결투재판과 무관하지 않다. 결투재판은 본인을 대신해 검투사를 사서 결투에 세우는 방식으로 행해졌는데, 그러고 보면 현대 사법제도에서 소송당사자의 법률대리인인 변호사가 재판정에서 법리논쟁을 다투는 것과 다르지 않다.

검술의 시작은 기원전 1190년 고대 이집트로 거슬러 올라간다. 람세스 3세의 장제전인 메디나트 하부에서 출토된 검투하는 모습의 벽화가 이를 뒷받침한다.

17세기 말에 작가이자 검술가인 무슈 라바는 툴루즈에 검술학교를 세우고 교재를 출판했는데, 이는 훗날 펜싱의 이론적 토대가 되었다. 이미지는 라바가 출판한 책에 담긴 삽화.

검투재판은 1545년경 트리엔트 공의회에서 결투금지령이 공포되면서 서서히 자취를 감추게 된다. 이후 검술은 프랑스를 중심으로 교양을 함양하는 무예로 그 명맥을 이어갔다. 프랑스 출신 검술가 디디에르Henry de Sainct-Didier는 장검을 한 손에 쥐고 연마하는 검법을 개발했는데, 그 모습이 지금의 펜싱과 닮았다. 디디에르의 영향으로 검술은 프랑스 귀족이 갖춰야 하는 필수교양으로 자리잡았다. 17세기 말에 작가이자 검술가인 무슈 라바Monsieur L'Abbat는 툴루즈에 검술학교를 세우고 교재를 출판했는데, 이는 훗날 펜싱의 이론적 토대가 되었다. 현대 펜싱에서 주로 쓰이는 용어가 프랑스어인 까닭은 그의 영향이 컸다.

펜싱이 올림픽에 처음 등장한 것은 근대 올림픽의 시작인 1896년 아테네대회부터다. 당시에는 남자 플뢰레와 사브르 개인전, 마스터스 플뢰레 등 3개 종목만 치렀지만, 지금은 남녀 개인전과 단체전에 이르기까지 모두 12개 종목으로 확대되었다.

역사적 발자취에서 알 수 있듯이 펜싱은 유럽인의 스포츠다. 종주국인 프랑스를 비롯해 이탈리아, 독일, 러시아 등은 세계 랭킹과 올림픽 메달 시상식의 단골국가가 되었다. 1990년대만 하더라도 한국 펜싱이 견고한 유럽무대를 뒤흔들 거라고는 누구도 상상하지 못했다. 시작은 2000년 시드니 올림픽에서였다. 김영호 선수가 남자 플뢰레에서 한국 펜싱 사상 처음으로 금메달을 목에 건 것이다. 그리고 2012년 런던 올림픽에서 한국 펜싱대표는 금메달 2개, 은메달 1개, 동메달 3개를 따내며 세계 펜싱계의 신흥강국으로 등극했다. 미국 스포츠 채널 ESPN은 런던 올림픽에서의 성과를 2002년 월드컵 축구 4강 신화에 견줄 만큼 엄청난 사건이라고 보도했다. 한국 펜싱은 리우데자네이루와 도쿄 올림픽에서도 금메달을 목에 걸며 지금까지 모두 금메달 5개, 은메달 3개, 동메달 8개를 따냈다.

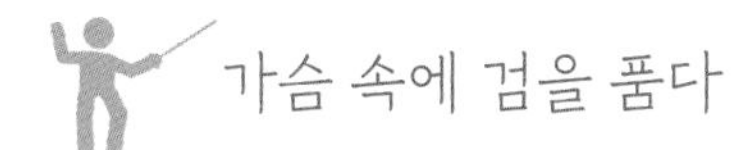

가슴 속에 검을 품다

펜싱은 상대방의 몸에 찌르기나 베기를 성공하면 1점씩 얻는 경기다. 개인전은 3분씩 3피리어드로 진행되는데, 먼저 15점을 획득하거나 3피리어드 종료 시 더 많은 득점을 한 선수가 승리한다.

단체전은 교체 1명을 포함한 4명이 한 팀으로 출전하고 실제 경기에는 3명이 나선다. 각 팀의 선수마다 한 번씩 대결을 펼쳐 3분씩 모두 9번의 경기가 치러진다. 먼저 45점을 얻거나 경기 종료 시 더 많은 득점을 한 팀이 승리한다.

펜싱에는 플뢰레, 에페, 사브르 세 종목이 있다. 플뢰레(Fleuret)는 상대방의 머리와 팔을 제외한 몸통으로 공격이 한정된다. 경기가 시작되자마자

| 세부종목별 공격 부위 |

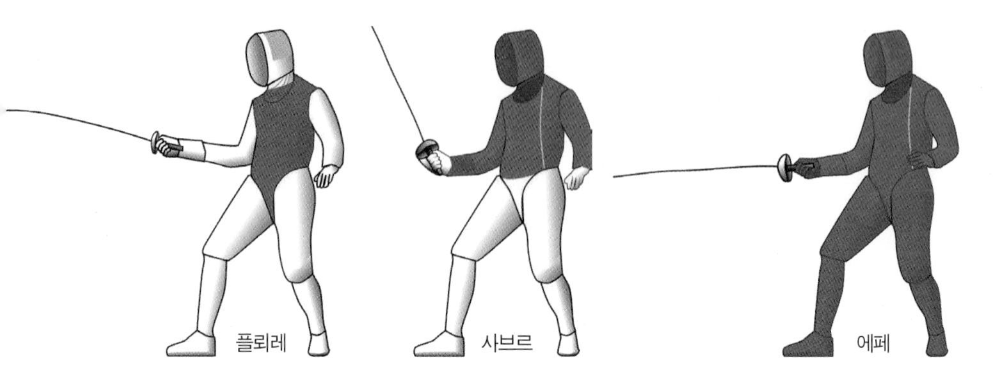

공격자세를 먼저 취한 선수에게 우선공격권(Priorité)이 주어진다. 동시타는 허용되지 않는다. 따라서 동시에 상대방을 찔러도 우선공격권을 가진 선수만 득점이 인정된다. 플뢰레에서는 상대의 선제공격에 맞서 방어에 성공하면 공격권을 가져올 수 있기 때문에 공수의 적절한 조화가 중요하다.

에페(Épée)는 상대방의 전신에 공격이 허용되는 종목이다. 플뢰레처럼 우선공격권이 주어지지 않고 찌르는 시간에 따라 점수가 주어진다. 동시타가 허용되므로 양 선수가 동시(또는 0.04초 이내)에 공격한 경우 둘 다 득점이 인정된다. 플뢰레의 칼날은 구부러지지만 에페는 단단하다. 에페란 말 자체가 프랑스어로 '칼날'을 뜻하는 까닭이다. 에페는 과거 이탈리아에서 먼저 피를 흘리는 쪽이 진 것으로 간주하는 결투 형태에서 유래했다. 그만큼 박진감도 높고, 펜싱 종목 중에서 가장 인기가 많다.

플뢰레와 에페가 찌르기만 허용된다면, 사브르(Sabre)는 찌르기에 베기까지 공격이 인정된다. 사브르는 고대 기마병이 말을 타고 싸우던 것에서 비롯했는데, 당시에는 적(敵)은 죽여도 말은 살려두었다. 사브르가 상대의 허리 위 상반신 전체에만 공격이 허용되는 이유다. 경기가 시작되자마자 먼저 공격자세를 취한 선수에게 우선공격권이 주어지며, 동시타는 인정되지 않는다. 방어에 성공하거나 상대가 공격을 지연할 경우 공격권이 넘어온다.

펜싱경기를 보다보면, 공격과 방어 동작이 워낙 빠르게 일어나는 탓에 도대체 누가 성공했는지를 식별하기가 여간 어려운 게 아니다. 올림픽 종목 중에서 사격의 총알 다음으로 빠른 게 펜싱의 칼날 속도라는 우스갯소리가 있을 정도다. 그래서일까, 심판의 오심도 자주 발생한다. 국제대회에서 일찌감치 비디오 판독이 도입된 건 이 때문이다.

아무튼 승패를 가리는 데 있어서 펜싱만큼 전자기기의 도움을 많이 받는 종목이 또 있을까 싶다. 선수들은 각 종목별로 득점 부위에 고르게 금속선이 분포된 유니폼을 입고 경기에 임한다. 긴 전선이 선수들이 입은 재킷 뒤로 연결되어 있는데, 상대방의 득점 부위를 공격하면 센서가 작동해 표시등에 불이 켜진다.

과거 전자기기 센서를 사용하기 전까지는 칼끝에 잉크를 바르고 공격이 성공할 때마다 선수들의 유니폼에 묻은 잉크로 성공 여부를 판독했다. 펜싱선수들의 유니폼이 여전히 흰색인 이유는 그 당시 잉크 식별을 쉽게 하기 위해 흰색 유니폼만 입어야 했던 게 관행처럼 굳어진 탓이다.

그런데 펜싱경기에서는 전자식 센서조차도 구분하기 어려울 정도로 두 선수의 공격이 동시에 성공하면서 양측 표시등이 모두 켜지는 경우가 적지 않다. 이때 선수들은 공격을 주고받자마자 마스크를 벗어던지고

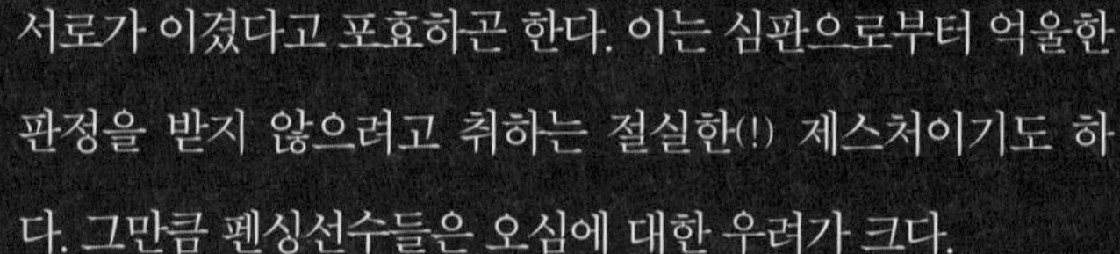

서로가 이겼다고 포효하곤 한다. 이는 심판으로부터 억울한 판정을 받지 않으려고 취하는 절실한(!) 제스처이기도 하다. 그만큼 펜싱선수들은 오심에 대한 우려가 크다.

전자 센서와 비디오 판독의 도입으로 오심의 폐해가 줄어들긴 했지만, 그 전까지 심판의 판정에 억울함을 토로하는 선수들이 참 많았다. 특히 사브르가 그랬다.

펜싱경기를 보다보면, 공격과 방어 동작이 워낙 빠르게 일어나는 탓에 도대체 누가 성공했는지를 식별하기가 여간 어려운 게 아니다. 심지어 전자식 센서조차도 구분하기 어려울 정도로 두 선수의 공격이 동시에 성공하면서 양측 표시등이 모두 켜지는 경우가 적지 않다.

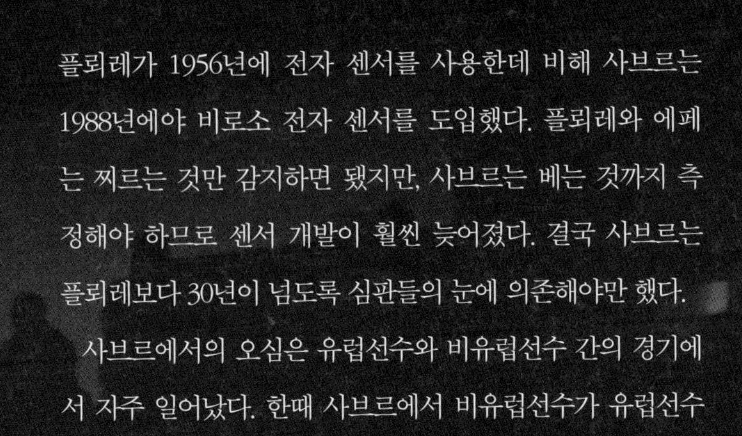

플뢰레가 1956년에 전자 센서를 사용한데 비해 사브르는 1988년에야 비로소 전자 센서를 도입했다. 플뢰레와 에페는 찌르는 것만 감지하면 됐지만, 사브르는 베는 것까지 측정해야 하므로 센서 개발이 훨씬 늦어졌다. 결국 사브르는 플뢰레보다 30년이 넘도록 심판들의 눈에 의존해야만 했다.

사브르에서의 오심은 유럽선수와 비유럽선수 간의 경기에서 자주 일어났다. 한때 사브르에서 비유럽선수가 유럽선수를 이기려면 심판까지 이겨야 한다는 얘기가 나올 정도였다. 아마도 그 시절 한국을 비롯한 비유럽권 선수들은 손에 든 검 말고도 가슴 속에 칼을 품고 경기에 나서야 하지 않았을까.

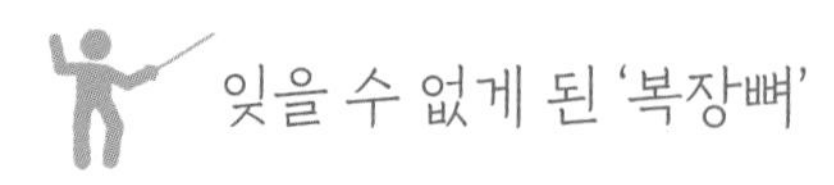

잊을 수 없게 된 '복장뼈'

"어제 올림픽 펜싱 남자단체전 봤냐?"
"응. 한국이 금메달 땄잖아! 죽이더라."
"그런데 말이야. 그 순간 나도 모르게 갑자기 뼈 이름이 떠올라서 깜짝 놀랐어."
"무슨 뼈?"
"그거 있잖아. 복장뼈. 지난 번 해부학 시간에 갑자기 교수님이 물어보셨을 땐 그렇게도 생각이 안 나더니 말이야. 참……"

연구실에 있으면 본의 아니게 학생들이 복도를 지나면서 나누는 대화가 들리곤 한다. 위 대화의 주인공이 어떤 학생인지 알 것도 같다. 펜싱 경기를 보다가 복장뼈가 떠올랐다니, '이제 의대생 다 됐네'라고 혼잣말을 하면서 나도 모르게 피식 웃었다.

우리 몸 속 수백 가지의 신체 부위명을 암기해야 하는 의과대학생들에게 조금이나마 도움이 되었으면 하는 바람으로 수업시간에 다양한 예를 들어 강의하곤 하는데, 아마도 복장뼈를 설명하면서 칼 얘기를 했던 모양이다.

그렇다. 우리 몸 안에도 펜싱에서 쓰는 것과 비슷한 칼이 있다. 가슴 앞쪽에 넥타이처럼 생긴 길쭉하고 납작한 모양의 복장뼈다. 복장뼈는 갈비연골에 의해 갈비뼈와 연결되어 가슴 앞부분을 단단하게 형성한다. 이 공간을 가슴우리(흉곽, thoracic cage)라고 하는데, 심장과 폐 및 주요 혈관을 새장과 같은 형태로 보호한다고 해서 지어진 명칭이다.

| 복장뼈의 위치와 구조 |

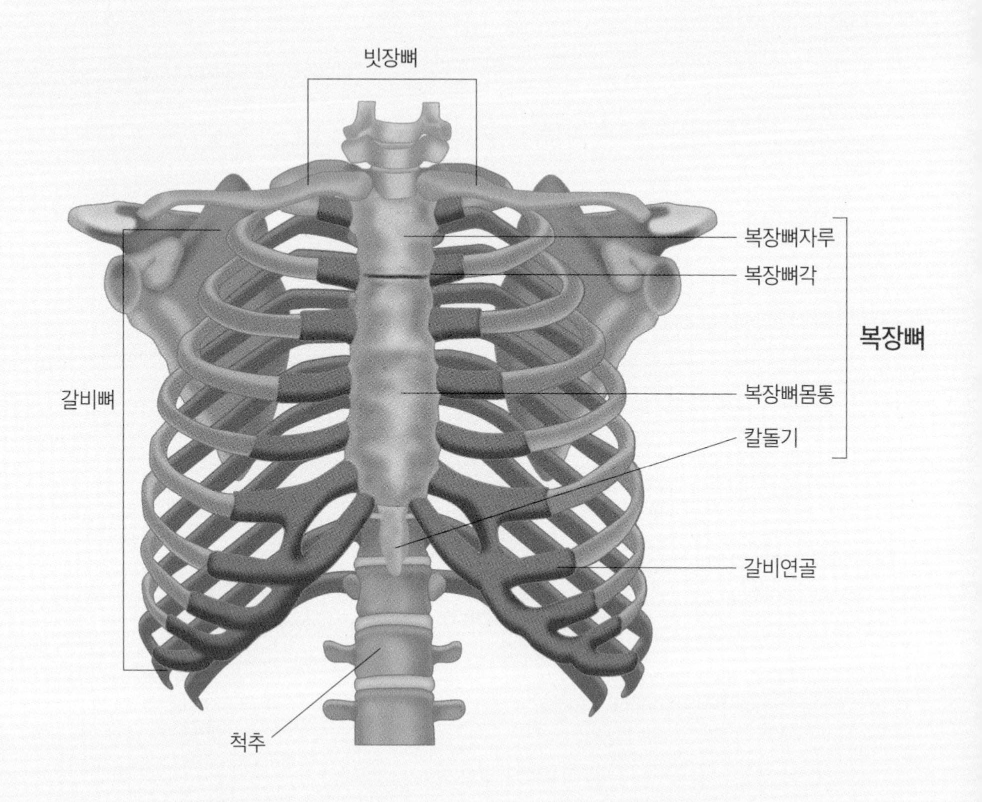

사람은 가슴에 칼을 품고 다닌다는 말이 있다. 실제로 우리 몸 안에 칼이 있다. 가슴 앞쪽에 넥타이처럼 생긴 길쭉하고 납작한 모양의 복장뼈다. 복장뼈는 갈비뼈와 연결되어 가슴 앞부분을 단단하게 형성한다. 이 공간을 가슴우리라고 하는데, 심장과 폐 및 주요 혈관을 새장과 같은 형태로 보호한다고 해서 지어진 명칭이다.

복장뼈는 자루, 몸통, 칼돌기로 나누어져 있다. 가장 윗부분에서는 가운데가 움푹 패인 목아래패임이 쉽게 만져진다. 여기 양쪽으로 빗장뼈가 붙으며, 그 밑에 첫째갈비연골이 갈비뼈와 연결된다. 자루와 몸통은 수평하게 연결되지 않고 앞으로 튀어나와서 복장뼈각을 형성하는데, 여기에 둘째갈비연골이 붙는다. 이 부분은 피부 표면에서 식별이 가능할 정도로 만져지기도 하는데, 의대생들은 뼈의 위치를 확인할 때 자신의 가슴에 손을 대보곤 한다. 이처럼 갈비뼈들의 위치와 순서를 확인하는 지표로 사용되기도 한다.

몸통 부위 양쪽 옆에는 셋째부터 일곱째까지의 갈비연골이 붙는다. 가장 아래에 위치한 칼돌기는 말 그대로 칼 모양처럼 생겼다 해서 '검상(劍狀)돌기'라고도 부른다. 사람마다 모양이나 튀어나온 정도는 다르지만, 인간이라면 무조건 지니고 있는 신체부위다. 이 역시 손으로 만져서 확인이 가능하다. 양 갈비뼈가 만나는 지점 근처를 살짝 눌러보면 볼록하고 딱딱한 느낌의 무언가가 만져지는데, 그게 바로 칼돌기다. 심폐소생술에서 가슴에 압박을 가하는 경우 이 부위가 손상되지 않도록 각별히 주의해야 한다. 칼처럼 뾰족하기 때문에 뒤에 있는 가로막(횡격막)이나 간을 찌를 수 있기 때문이다. 그런 의미에서 우리 모두 가슴에 칼을 품고 다닌다는 말은 해부학적으로도 틀리지 않다.

해부학자의 염려증

펜싱경기는 겉으론 우아하고 기품 있어 보이지만, 웬만한 격투종목 못지

않게 운동 강도가 세고 체력 소모도 상당하다. 특히 펜싱선수들은 매우 빠른 속도로 상대방을 공격하거나 방어 자세를 취해야 하기 때문에 순간적인 몸놀림이나 방향전환으로 인해 근육 파열에 취약하다.

펜싱에서 가장 기본이 되는 공격 자세를 '팡트(fente)'라고 하는데, 뒷발을 빠르게 차면서 앞발로 쭉 내딛는 동작이다. 상대를 향해 앞으로 나아가는 런지(lunge) 동작을 생각하면 이해가 쉽다. 펜싱선수들은 경기 내내 고강도의 팡트 자세로 민첩하게 공격을 해야 하는데, 이 과정에서 유독 햄스트링 파열이 자주 발생한다.

햄스트링은 허벅지 뒤에 있는 세 개의 근육인 넙다리두갈래근(대퇴이두근), 반힘줄근, 반막근을 말한다. 펜싱에서는 팡트처럼 무릎을 굽히는 자세를 자주 취하는데, 하체의 움직임을 갑자기 늦추거나 멈춰서거나 방향을 바꿀 때 햄스트링이 손상될 수 있다. 햄스트링은 세 근육 중 하나가 최대로 늘어난 상태에서 순간적으로 근육에 힘이 과하게 들어갈 때 손상된다. 손흥민, 이강인, 황희찬 같은 축구스타들이 햄스트링을 다쳤다는 외신을 자주 접하곤 하는데, 만약 축구보다 펜싱이 인기종목이라면 스포츠뉴스에 펜싱선수들의 햄스트링 부상 소식이 더 자주 등장할 것이다(실제로 펜싱선수들 사이에서 햄스트링 손상을 '팡트병'이라 부른다).

한편 펜싱선수들에게 햄스트링 못지않게 심각한 부상 부위가 또 있으니 바로 '골반(pelvis)'이다. 펜싱에서는 다리의 중심을 한쪽으로 둔 불균형 자세를 유지해야 한다. 이때 한쪽 다리와 팔을 내밀어 평형을 유지하는 동작을 반복하다 보면 골반이 틀어지면서 비대칭이 될 수 있다. 골반 비대칭은 평소 자세가 좋지 않은 일반인들도 자주 겪는 질환이다. 다리

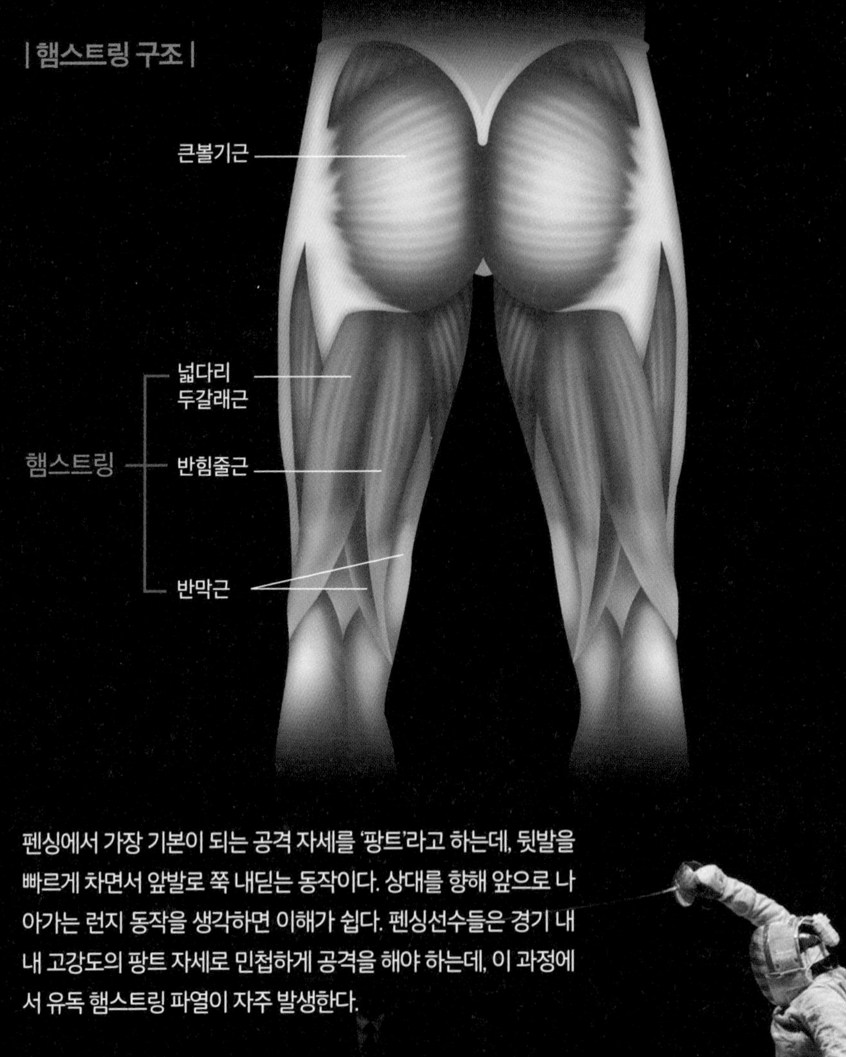

| 햄스트링 구조 |

펜싱에서 가장 기본이 되는 공격 자세를 '팡트'라고 하는데, 뒷발을 빠르게 차면서 앞발로 쭉 내딛는 동작이다. 상대를 향해 앞으로 나아가는 런지 동작을 생각하면 이해가 쉽다. 펜싱선수들은 경기 내내 고강도의 팡트 자세로 민첩하게 공격을 해야 하는데, 이 과정에서 유독 햄스트링 파열이 자주 발생한다.

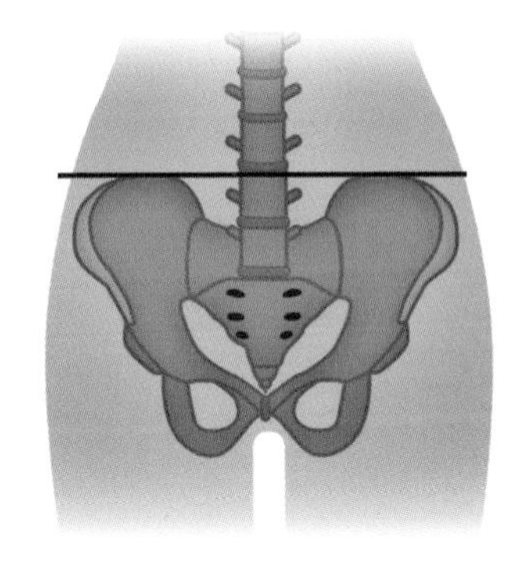
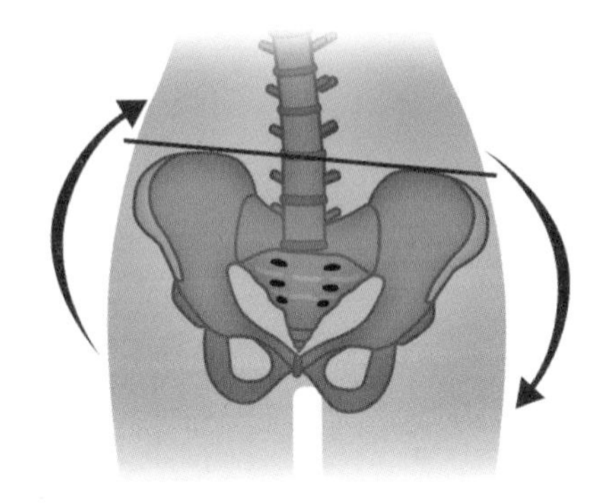

펜싱에서는 다리의 중심을 한쪽으로 둔 불균형 자세를 유지해야 한다. 이때 한쪽 다리와 팔을 내밀어 평형을 유지하는 동작을 반복하다 보면 골반이 틀어지면서 비대칭이 될 수 있다.

꼬는 자세를 많이 한다거나, 한쪽 다리에만 힘을 주고 서 있거나, 심지어 무거운 크로스백을 한쪽 어깨에만 장기간 맬 경우에도 골반이 틀어질 수 있다.

우리 몸에는 골반의 균형을 잡아주는 고마운 근육이 있는데, 바로 중간볼기근(중둔근)이다. 중간볼기근은 큰볼기근보다 깊은 위치에서 엉덩뼈 뒤쪽에 넓게 분포되어 있는데, 엉덩뼈 부위에서 시작해서 넙다리뼈 큰돌기의 바깥쪽에 닿는다. 주로 엉덩관절의 벌림근으로 작용하며 넓적다리의 안쪽돌림을 담당한다. 보행 중에 한쪽 발만 지면에 닿아 있을 때 땅에 닿은 쪽 중간볼기근의 수축으로 골반이 안정화되는 것이다.

엉덩근육, 즉 볼기근은 인간의 몸에서 가장 큰 근육이다. 볼기근은 인류가 직립보행을 하는 데 있어서 매우 중요한 역할을 해왔다. 인류는 직립보행을 하면서 진화의 시간을 크게 앞당길 수 있었는데, 이 과정에서 반드시 해결하지 않으면 안 되는 문제에 봉착했다. 바로 균형이다. 한쪽

| 중간볼기근 구조 |

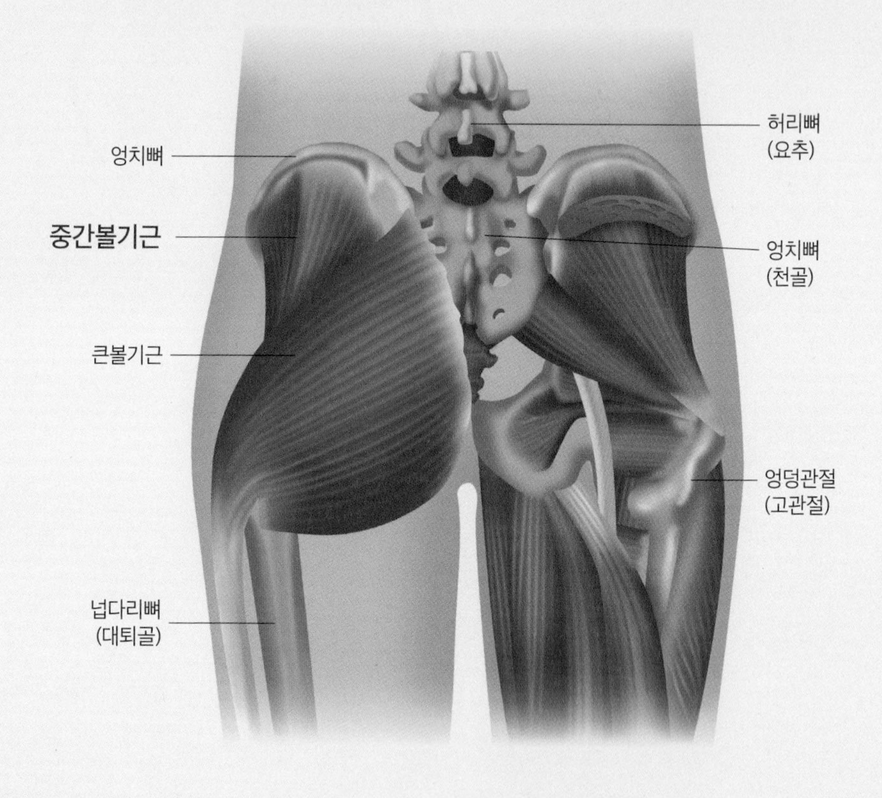

우리 몸에는 골반의 균형을 잡아주는 고마운 근육이 있는데, 바로 중간볼기근이다. 중간볼기근은 큰볼기근보다 깊은 위치에서 엉덩뼈 뒤쪽에 넓게 분포되어 있는데, 엉덩뼈 부위에서 시작해서 넙다리뼈 큰돌기의 바깥쪽에 닿는다. 보행 중에 한쪽 발만 지면에 닿아 있을 때 땅에 닿은 쪽 중간볼기근의 수축으로 골반이 안정화되는 것이다.

발로 체중을 지탱할 때 균형을 잃지 않아야만 했다. 걷는다는 것은 한쪽 발에서 다른 쪽 발로 체중을 옮길 때 균형을 유지함을 뜻한다. 균형을 잡지 못하면 걸음마를 떼기 전 아기처럼 뒤뚱거리다 넘어지고 만다.

인류가 균형의 문제를 해결하려면, 다시 말해 넘어지지 않고 무사히 걸으려면 무엇보다 골반이 진화해야 했다. 유인원의 엉덩뼈가 뒤를 향하는 데 반해 인간의 엉덩뼈는 옆을 향한다. 옆을 향하는 엉덩뼈와 넙다리뼈의 옆쪽을 이어주는 볼기근이 커지면서 걸을 때 균형감을 잃지 않도록 돕게 된 것이다. 결국 볼기근이 발달하지 않았다면 인간은 직립보행을 할 수 없었을 것이다.

그러고 보면 많은 펜싱선수들이 겪는 골반비대칭은 퇴화를 앞당기는 유감스런 증후군이 아닐 수 없다. 골반비대칭은 척추디스크, 고관절이상(유착성 고관절낭염) 등 여러 질환의 원인이 되기도 한다. 올림픽 메달은 더없이 영광스러운 일이지만, 그 대가가 가혹하다는 생각이 드는 건 해부학자의 지나친 염려증일까.

조던의 무릎

06

OLYMPICS & ANATOMY

공은 둥글다. 고로 축구는 알 수 없다

축구 Soccer

1954년 스위스 월드컵 결승전에서 세계 최강 헝가리와 다크호스 서독(지금의 독일)이 만났다. 헝가리가 세계 최강이라고? 지금은 믿기지 않지만 그땐 그랬다. 50년대는 페렌츠 푸스카스Ferenc Puskas*라는 전설적인 공격수를 보유한 헝가리가 세계 축구를 호령했다. 헝가리는 1952년 헬싱키 올림픽에서도 금메달을 목에 걸었다. 반면 제2차 세계대전 전범국으로 한동안 국제대회 출전이 금지되었다가 풀려난 서독의 전력은 헝가리에 비할 바

* 잉글랜드 프리미어리그 토트넘핫스퍼의 손흥민 선수가 2019년 12월 번리전에서 75미터를 질주해 넣은 골로 FIFA가 그해 가장 멋있는 골에 수여하는 푸스카스상을 받았는데, 이는 세계 축구계의 전설 페렌츠 푸스카스를 기리기 위해 그의 이름을 따서 만든 상이다.

가 못 됐다. 헝가리는 이미 예선전에서 서독을 8대3으로 가볍게 제압했다. 월드컵에 처음 출전한 한국을 무려 9대0으로 대파한 것도 그때 일이다. 우여곡절 끝에 결승에 오른 서독과 리턴매치를 앞둔 헝가리의 우승은 자명해 보였다.

사람들은 서독대표팀이 1954년 스위스 월드컵 우승트로피를 거머쥔 순간을 가리켜 '베른의 기적'이라 불렀다. 헤르베르거(서독대표팀 감독, 사진)의 말대로라면 베른의 기적이 일어날 수 있었던 건 축구공이 둥글기 때문이다.

"축구공은 둥그렇습니다!"

서독대표팀 감독 제프 헤르베르거Sepp Herberger가 결승전을 앞두고 한 말이다. 이 무슨 뜬금없는 발언인가. 그럼 축구공이 둥글지 사각형일까. 예상대로 경기의 주도권을 장악한 헝가리가 2대0으로 앞설 때까지만 해도 헤르베르거의 말은 횡설수설 같았다. 하지만 주심이 경기 종료를 알리는 휘슬을 불자 서독선수들은 서로 얼싸안고 환호했고, 헝가리선수들은 그라운드에 주저앉아 고개를 숙였다. 최종 스코어는 2대3, 서독이 3골을 몰아넣어 우승트로피인 줄리메(Jules Rimet)를 들어 올린 것이다. 서독, 아니 독일의 첫 월드컵 우승이었다.

그날 이후 헤르베르거의 말은 전 세계 축구계에서 가장 중요한 금언(金言)이 됐다. 양 팀의 전력 차이가 큰 경기를 앞두고 거의 모든 축구해설가들은 약속이라도 한 듯 헤르베르거의 금언을 반복했다. '공이 둥그니 주심의 마지막 휘슬이 울리기 전까지 결과는 아무도 모릅니다.'

공을 찬 선수조차 이유를 몰랐다

하지만 어디로 튈지 모르는 럭비공이라면 모를까 동그란 축구공을 빗대어 결과를 예측할 수 없다는 말은 도무지 석연치 않았다. 축구공은 동그란 만큼 궤적도 정직할 거라고 사람들은 믿어 의심치 않았기 때문이다. 쉽게 말해 왼쪽으로 찬 공이 오른쪽으로 향하는 터무니없는(!) 일을 그 누가 상상이나 했을까. 1934년 이탈리아 월드컵 결승전이 열리기 전까진 말이다.

1934년 월드컵 결승전에서 바나나킥으로 동점골을 넣어 패색이 짙던 이탈리아대표팀을 구해 영웅이 된 라이문도 오르시.

결승전에서 체코슬로바키아를 만나 0대1로 뒤지며 패색이 짙던 이탈리아를 구한 건 라이문도 오르시Raimundo Orsi의 왼발 터닝슛이었다. 오른쪽으로 향하던 공이 갑자기 휘어지면서 왼쪽 골망을 흔든 것이다. 체코슬로바키아의 골키퍼는 물끄러미 서서 공의 궤적을 바라봐야만 했다. 축구 역사상 최초의 바나나킥이 탄생하는 순간이다. "오르시의 동점골 이후 체코슬로바키아팀은 마치 귀신에 홀린 듯 넋이 나간 상태에서 역전골까지 헌납하며 이탈리아팀의 우승 세리머니를 지켜봤다."
당시 이탈리아의 신문에 실렸던 기사의 한 구절이다.

결승전이 끝나고 며칠 뒤 신문기자들은 오르시에게 바나나킥을 다시 보여 달라고 했다. 영상이 귀하던 때라 묘기에 가까운 장면을 한 번 더 직접 확인하고 싶었을 게다. 기자들의 성화에 못이긴 오르시는 골대를 향해 재현해보려 했지만 몇 번을 차도 공의 궤적은 휘어들지 않았다. 공을 찼던 선수조차도 공이 휘어들어간 이유를 몰랐던 셈이다.

하지만 오르시의 바나나킥은 우연한 해프닝이 아니었다. 공은 둥글고 결과는 알 수 없음을 오르시는 몸소 증명했던 것이고, 그로부터 20년 가까이 지나 오르시의 슛이 사람들의 기억에서 사라져갈 즈음 헤르베르거는 그 장면을 소환해 자신의 생각을 말했던 것이다.

전대미문의 궤적을 연출한 오르시의 슛은 이른바 스핀킥(회전킥)시대를 여는 계기를 마련했다. 둥근 공의 신통방통한 원리를 깨우친 불세출의 슈터들이 세계 축구계를 풍미했고, 그들이 연출한 아름다운 궤적은 각본 없는 드라마를 수도 없이 써내려갔다.

공의 회전 속도와 각도가 갈수록 진화하면서 가장 난감했던 이들은 골키퍼였다. 그들은 공에 회전을 거는 슈터의 발모양까지 읽어내야만 골망 구석을 향하는 슛을 가까스로 막아낼 수 있었다. 공의 회전이 골키퍼의 시야에서 어느 정도 익숙해지자, 슈터들은 새로운 무기를 개발하지 않으면 안 되었다. 이때 등장한 것이 바로 '무회전킥'이다. 바나나킥, 즉 회전킥이 나오고 수십 년이 지난 뒤 다시 한 번 고정관념을 깨부수는 기술이 등장한 것이다.

골키퍼를 얼어붙게 만들다

무회전킥은 공의 회전을 아예 없애는 대신 슈팅의 강도를 극대화함으로써 공의 움직임을 더욱 현란하게 만들어 골키퍼를 얼어붙게 만드는 슛이다. 그런데 공에 회전이 걸리지 않는 상태에서 어떻게 가공할 위력으로 변화무쌍한 무브먼트가 일어날 수 있을까. 사람들은 선수들이 직접 경험을 통해 터득한 무회전킥에 담긴 운동에너지의 실체가 궁금했다. 그러자 몇몇 스포츠과학자들은 무회전킥에 담긴 이론적 함의를 규명하기 위해 팔을 걷어붙였다.

무회전킥을 이해하려면 그에 앞서 회전킥에 담긴 원리부터 알아야 한다. 물리학에서는 공이 회전하면서 궤적이 휘는 현상을 가리켜 '마그누스 효과'라고 한다. 1852년 독일의 물리학자 마그누스Heinrich Gustav Magnus는 날아가는 포탄의 궤도가 곡선을 그리는 현상을 연구하던 중에 공기 속에서 회전하는 물체에 힘이 작용하여 이동 궤도가 휘어진다는 사실을 발견했다.

'킥의 마술사'라 불렸던 데이비드 베컴David Beckham의 회전킥에는 마그누스 효과가 가장 잘 나타나 있다. 오른발잡이인 베컴이 찬 공의 궤적은 대부분 시계 반대방향으로 회전하면서 날아간다. 이때 공의 오른쪽에서 불어오는 공기의 흐름과 충돌하면서 압력이 상승하게 된다. 반대로 공의 왼쪽에서 불어오는 공기의 흐름은 공의 회전 방향과 일치함으로 압력이 낮아진다. 이로 인해 베컴의 슛은 압력이 낮은 방향으로 곡선을 그리며 날아가는 것이다.

프리킥에서 키커와 수비벽 사이의 안전거리가 9.15미터인 이유도 마그누스 효과에 따른 것이다. 스포츠과학자들은, 키커의 발을 떠난 공이 대체로 9.15미터까지는 직선운동을 하고 그 이후부터 곡선의 궤적을 그린다는 사실을 알아냈다. 선수들이 프리킥을 차는 지점을 기준으로 9.15미터 앞에서 수비벽을 쌓을 경우 (회전이 걸리기 전) 직선으로 날아가는 공에 맞아 부상을 당할 위험이 크다는 사실을 마그누스 효과를 통해 밝혀낸 것이다.

베컴의 회전킥에는 마그누스 효과가 가장 잘 나타나 있다. 오른발잡이인 베컴이 찬 공의 궤적은 대부분 시계 반대방향으로 회전하면서 날아간다. 베컴은 킥에 체중을 싣고자 몸을 과도하게 기울이는 동시에 균형을 유지하기 위해 왼팔을 심하게 흔드는 모션으로 공의 회전 속도와 각도를 극대화 한다.

오른발잡이인 베컴이 찬 공의 궤적은 대부분 시계 반대방향으로 회전하면서 날아간다. 이때 공의 오른쪽에서 불어오는 공기의 흐름과 충돌하면서 압력이 상승한다. 반대로 공의 왼쪽에서 불어오는 공기의 흐름은 공의 회전 방향과 일치함으로 압력이 낮아진다. 이로 인해 베컴의 슛은 압력이 낮은 방향으로 곡선을 그리며 날아가는 것이다.

프리킥에서 키커와 수비벽 사이의 안전거리가 9.15미터인 이유도 마그누스 효과에 따른 것이다. 키커의 발을 떠난 공은 대체로 9.15미터까지는 직선운동을 하고 그 이후부터 곡선 궤적을 그린다. 선수들이 프리킥을 차는 지점을 기준으로 9.15미터 앞에서 수비벽을 쌓을 경우 (회전이 걸리기 전) 직선으로 날아가는 공에 맞아 부상을 당할 위험이 크다는 사실을 마그누스 효과를 통해 밝혀낸 것이다.

마그누스 효과는 축구공의 회전수와 비례한다. 회전이 많을수록 축구공 양쪽의 기압 차가 커지므로 이동 궤도를 휘게 하는 힘이 세진다는 얘기다. 베컴과 같은 세계적인 슈터들은 초당 10번이나 회전하는 강한 킥을 구사함으로써 공의 궤적이 처음 진행 방향에서 크게 휘어나가는 것이다. 베컴은 킥에 체중을 싣고자 몸을 과도하게 기울이는 동시에 균형을 유지하기 위해 왼팔을 심하게 흔드는 모션으로 공의 회전 속도와 각도를 극대화 시킨다.

한편 무회전킥은 공의 한가운데에서 약간 밑 부분을 차는데, 이때 회전이 거의 일어나지 않기 때문에 마그누스 효과는 적용되지 않는다. 무회전킥의 원리를 이해하려면 '카르만 소용돌이'를 알고 있어야 한다. 1911년 헝가리의 응용물리학자 카르만Theodore von Karman은 원통형의 물체가 적당한 속도로 공기나 물속에서 움직일 때, 물체 뒤에서 연속해서 발생하는 소용돌이를 발견했다. 이러한 현상을 가리켜 카르만 소용돌이라고 한다.

무회전킥은 카르만 소용돌이로 설명할 수 있다. 공기가 축구공의 표면을 타고 뒤로 흘러가면서 위아래로 양쪽에 번갈아 반대 방향으로 도는 소용돌이가 생성되는데, 이러한 소용돌이의 중심은 마치 열대성 저기압인 태풍처럼 주변보다 상대적으로 기압이 낮다. 기압이 높은 곳에서 낮은 곳으로 공기가 이동하기 때문에, 이때 소용돌이 방향으로 공기가 이동하면서 공이 심하게 흔들리게 되는 것이다.

즉 소용돌이의 강약에 따라 공기의 흐름이 바뀌면서 공이 위아래로 요동치기 때문에 무회전킥으로 찬 공의 궤적은 불규칙할 수밖에 없다. 심지어 공의 상하 무브먼트는 공을 차는 선수조차도 예측할 수 없다. 결국 회전킥과 무회전킥은 적용되는 원리는 각각 다르지만, 기압에 따른 공기의 이동으로 공의 움직임이 변하는 효과는 같다고 할 수 있다.

호날두의 종아리근육

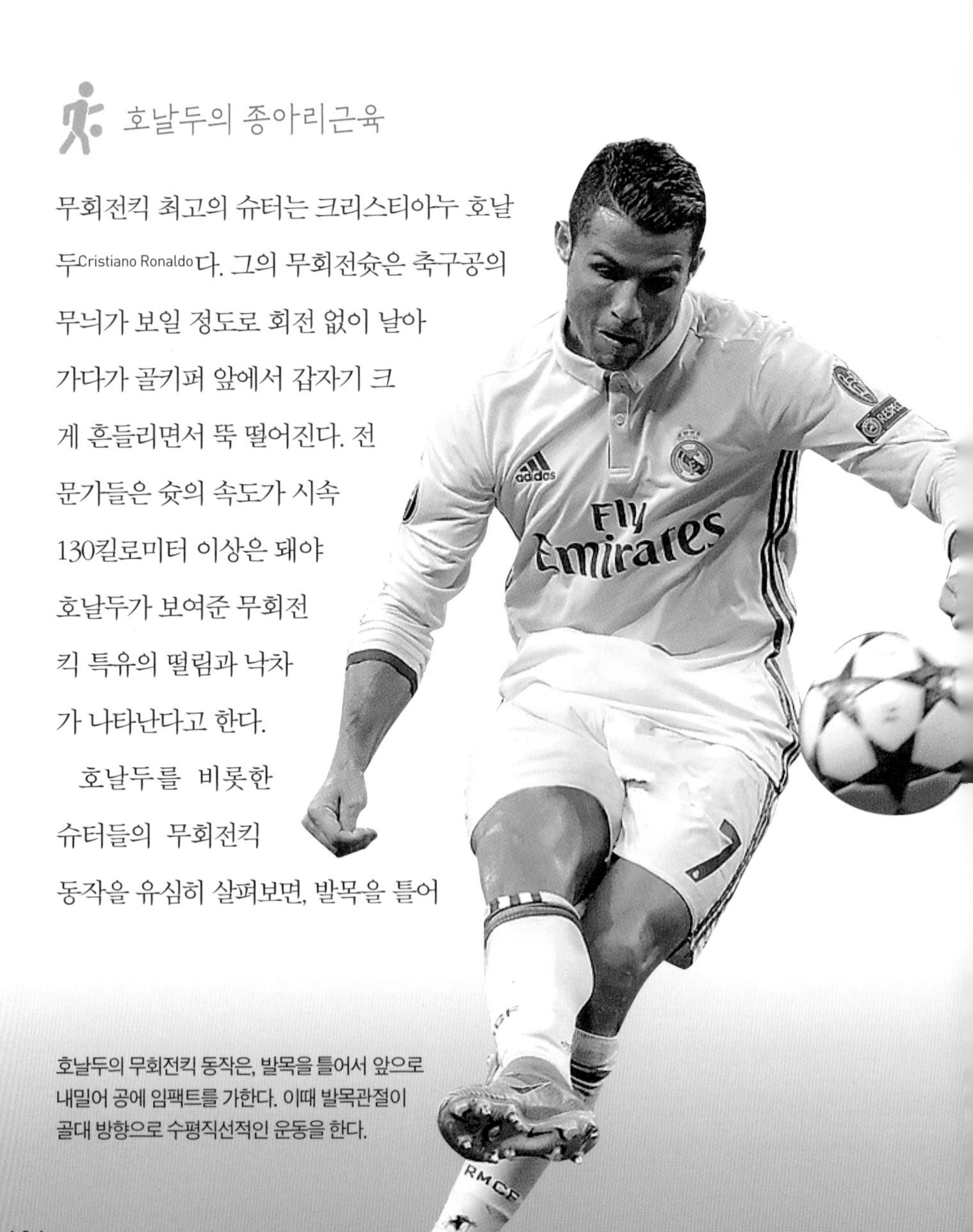

무회전킥 최고의 슈터는 크리스티아누 호날두Cristiano Ronaldo다. 그의 무회전슛은 축구공의 무늬가 보일 정도로 회전 없이 날아가다가 골키퍼 앞에서 갑자기 크게 흔들리면서 뚝 떨어진다. 전문가들은 슛의 속도가 시속 130킬로미터 이상은 돼야 호날두가 보여준 무회전킥 특유의 떨림과 낙차가 나타난다고 한다.

호날두를 비롯한 슈터들의 무회전킥 동작을 유심히 살펴보면, 발목을 틀어

호날두의 무회전킥 동작은, 발목을 틀어서 앞으로 내밀어 공에 임팩트를 가한다. 이때 발목관절이 골대 방향으로 수평직선적인 운동을 한다.

서 앞으로 내밀어 공에 임팩트를 가한다. 이때 발목관절이 골대 방향으로 수평직선적인 운동을 하는 특징을 읽을 수 있다. 이 경우 발목관절을 튼 상태에서 고관절을 앞으로 내밀어야 하는 데, 발목의 방향과 고관절이 서로 어긋나기 때문에 상당히 고난도의 자세를 취해야만 무회전킥이 가능하다는 결론에 이른다.

호날두의 무회전킥 동작을 해부학적으로 살펴보면, 공을 향하는 강력한 임팩트가 단지 발목이나 발등만으로는 불가능하다는 사실을 깨닫게 된다. 무회전킥을 제대로 구사하려면 골반에서 허벅지근육을 지나 종아리근육에 이르기까지 어디 하나 중요하지 않은 부위가 없다. 그 중에서도 필자는 종아리근육에 주목한다. 그 이유는 종아리근육을 이루는 긴발가락폄근(장지신근), 긴엄지폄근, 앞정강근이 발등은 물론 발가락의 움직임에까지 깊게 관여하기 때문이다.

축구경기를 보다보면 프리킥 찬스에서 무회전킥을 잘못 찬 선수가 종아리를 부여잡고 고통을 호소하는 장면을 볼 수 있는 데, 발등이나 발가락의 통증이 종아리까지 타고 올라온 탓이다. 무회전킥에서는 특히 종아리의 바깥쪽에 위치한 긴발가락폄근이 중요하다. 이 근육은 정강뼈와 종아리뼈 사이의 뼈사이막에서 시작하여 발목으로 내려와 위폄근지지띠와 아래폄근지지띠를 지나간다. 그리고 네 갈래로 갈라져서 엄지발가락을 제외한 4개의 발가락 움직임에 모두 관여한다. 이때 긴발가락폄근은 발가락을 펴고 발목을 발등 쪽으로 굽히는 작용까지 돕는 것이다.

무회전킥을 시도하기 위해 인프런트로 축구공의 아래쪽을 차다보면 발가락으로 땅을 긁는 경우가 종종 있는데, 이때 긴발가락폄근이 손상을

| 종아리근육 구조 |

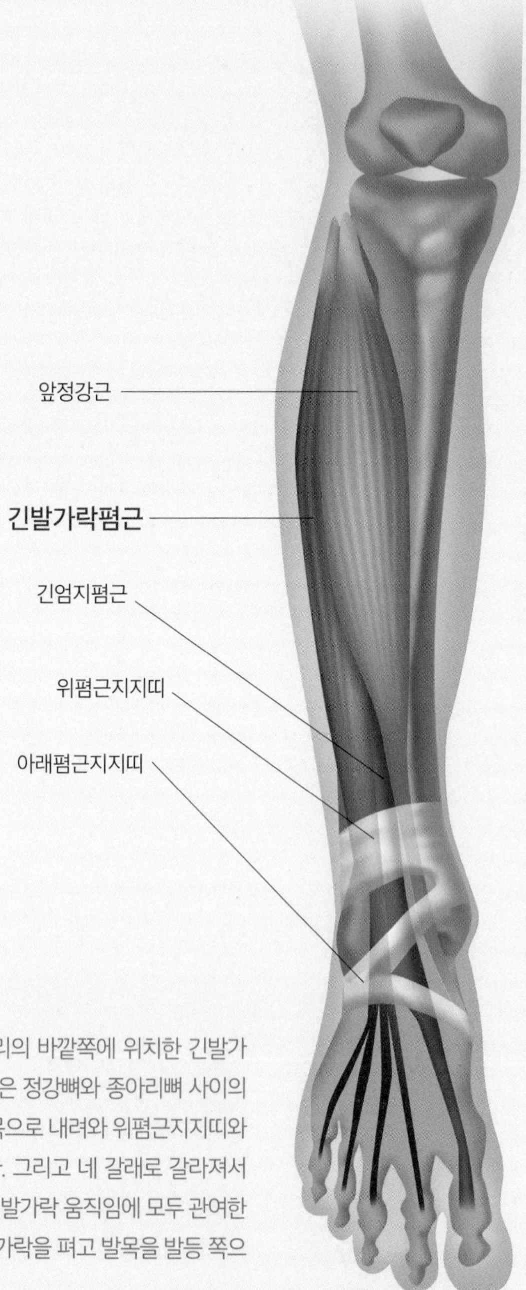

무회전킥에서는 특히 종아리의 바깥쪽에 위치한 긴발가락폄근이 중요하다. 이 근육은 정강뼈와 종아리뼈 사이의 뼈사이막에서 시작하여 발목으로 내려와 위폄근지지띠와 아래폄근지지띠를 지나간다. 그리고 네 갈래로 갈라져서 엄지발가락을 제외한 4개의 발가락 움직임에 모두 관여한다. 이때 긴발가락폄근은 발가락을 펴고 발목을 발등 쪽으로 굽히는 작용까지 돕는다.

입을 수 있다.

호날두의 위력적인 슈팅에 매료된 전 세계 수많은 선수들이 무회전킥을 시도하고 있지만, 아무나 성공할 수 있는 기술이 아니다. 오히려 무리한 동작으로 부상을 당하는 경우가 적지 않다는 얘기다.

한때 잉글랜드 프리미어리그는 물론 유럽 챔피언스리그까지 호령했던 맨체스터유나이티드의 알렉스 퍼거슨Sir. Alex Ferguson 감독은 한 인터뷰에서 이런 말을 한 적이 있다.

"나는 꽤 운이 좋은 사람이다. 베컴의 놀라운 킥 덕분에 우리 팀은 많은 승점을 따낼 수 있었다. 그런데 베컴이 팀을 떠난 뒤 그의 킥을 그리워할 겨를도 없이 또 다른 판타스틱 슈터가 우리 곁으로 왔다. 포르투갈에서 온 이 소년은 훨씬 더 위력적인 킥으로 나와 팬들을 흡족하게 했다."

회전킥시대의 정점에 베컴이 있었다면, 호날두는 무회전킥시대를 열어젖혔다. 퍼거슨은 두 기술의 가장 큰 수혜자였던 셈이다.

 돼지 방광과 무회전킥

축구가 전 세계에서 가장 인기 있는 스포츠라는 데 이의를 제기할 사람은 드물다. 축구와 자주 비교되는 야구의 스펙트럼은 미국을 포함한 북중미 대륙과 일본, 한국 정도에 한정된다. 그에 비하면 축구는 훨씬 더 광범위하다. FIFA에 따르면 전 세계 축구팬은 35억~40억 명으로 추산되는데, 이 가운데 직접 축구를 즐기는 인구는 2억6,500만 명 이상에 이를 것으로 보고 있다.

다만 올림픽에서 축구의 위상은 다소 아쉽다. 거의 모든 종목에서 올림픽 금메달은 세계 최고를 뜻하지만, 축구는 그렇지 못하다. 월드컵 때문이다. 월드컵 축구와 올림픽 축구 모두 대륙별 지역예선을 거치는 국가대항 토너먼트로 치러지지만, 두 대회는 출전 선수의 레벨이 다르다.

올림픽에서 축구가 정식종목으로 채택된 것은 1908년 런던 올림픽부터이지만, 아마추어 정신에 입각해 유럽의 프로구단 소속 스타플레이어들은 올림픽 출전이 제한됐다. 올림픽에서 축구가 주목을 받지 못한 이유다. 겉으론 드러나지 않았지만, IOC와 FIFA 간의 자존심 대립도 한몫했다.

하지만 올림픽에서 축구가 인기를 끌지 못하는 현실은 IOC와 FIFA 양쪽 모두에 손해가 아닐 수 없었다. 상업적 성과에 목마른 IOC는 축구가 올림픽의 흥행에 보탬이 되어주길 기대했고, FIFA는 올림픽에서 축구가 더 이상 자존심을 구기는 상황을 두고 볼 수 없었다.

결국 1992년 바르셀로나대회부터 프로나 아마추어에 상관없이 23세 이하 선수들이 자유롭게 출전할 수 있게 된 것이다. 이어 1996년 애틀랜타 올림픽부터는 국가마다 24세 이상 선수 3명을 추가로 선발할 수 있는 오버 에이지(over age. 우리나라에서는 와일드카드라고 부른다)가 도입되었다.

오버 에이지 덕분에 올림픽에서도 제한적이나마 세계적인 축구 스타들의 무회전킥을 볼 수 있게 됐다. 스타플레이어들의 수준 높은 기술을 감상하는 것은 흥분되는 일이지만, 그만큼 축구강국들의 금메달 승자독식(winner-take-all)도 두드러졌다. 그래서일까. "축구공은 둥글다"는 헤르베르거의 말은 올림픽에서도 갈수록 공허해지고 있다.

여담이지만, 실제로 축구공은 둥글지 않다. 12개의 오각형과 20개의 육각형 가죽조각으로 이루어진 공에 바람을 넣으면 공이 부풀어 올라 오각형과 육각형의 꼭짓점과 모서리가 희미해지면서 구(球) 모양에 가까워지는 것이다.

1872년경 잉글랜드축구협회가 가죽으로 축구공을 만들어야 한다는 규정을 처음으로 제정하기 훨씬 전에는 축구공 대신 돼지나 소의 방광을 사용했다는 기록도 있다. 가축의 방광은 너무 가벼우면 공을 차도 날아가지 않았다. 그래서 방광 속에 소변이 어느 정도 채워진 채로 두고 공기를 넣은 다음 입구를 묶어서 사용하기도 했다. 아마도 그 시절 무회전킥 기술을 알고 있었더라도 선뜻 시도할 사람은 없었으리라. 이기는 것도 중요하지만 방광이 터지기라도 하면 어쩌겠는가.

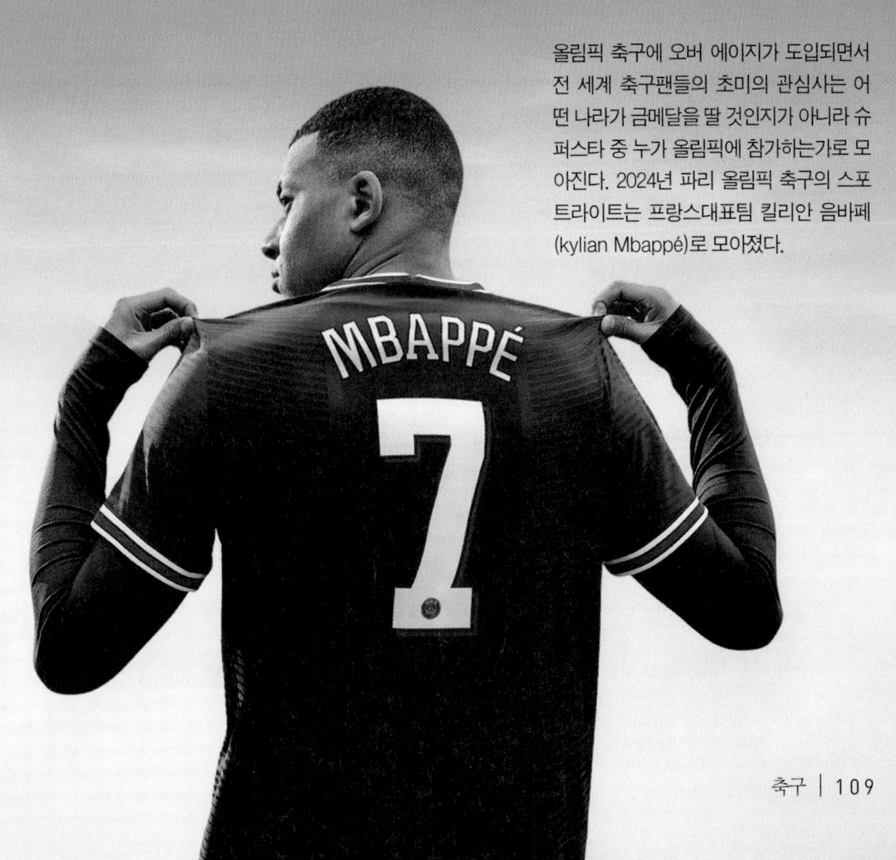

올림픽 축구에 오버 에이지가 도입되면서 전 세계 축구팬들의 초미의 관심사는 어떤 나라가 금메달을 딸 것인지가 아니라 슈퍼스타 중 누가 올림픽에 참가하는가로 모아진다. 2024년 파리 올림픽 축구의 스포트라이트는 프랑스대표팀 킬리안 음바페(kylian Mbappé)로 모아졌다.

07 OLYMPICS & ANATOMY

밀어야 산다? 믿어야 산다!

럭비 Rugby

누군가 필자에게 올림픽 종목 가운데 선수들의 부상이 가장 우려되는 구기종목을 꼽으라면 아마도 럭비를 선택할 것 같다. 럭비는 매우 거친 운동인 만큼 규칙이 엄격하고 심판의 권위도 절대적이다.

하지만 아이러니하게도 럭비의 시작은 축구경기 도중 규칙을 어기는 엉뚱한 행동에서 비롯했다. 1823년 잉글랜드 워릭셔주 럭비시에 소재한 한 공립학교에서 윌리엄 웹 엘리스William Webb Ellis라는 학생이 축구를 하다가 갑자기 손으로 공을 잡아 안은 채 상대방 골대로 달린 것에서 유래했다. 엘리스가 왜 그런 행동을 했는지에 대해서는 의견이 분분하다. 그 중 가장 설득력 있는 주장은 축구를 시작한 지 수십 분이 지나도 점수가 나지 않고 양 팀 사이에 지루한 공방만 이어지자 엘리스란 소년이 갑자기 공을 잡아들고 상대 진영으로 뛰었다는 것이다. 깜짝 놀란 동료들이 그를 제지하려 했지만, 엘리스가 너무 빨라 잡을 수가 없었다. 터무니없는 돌발행동이었지만, 그 순간 지리멸렬했던 그라운드가 들썩거렸고 학생들은 흥분했다. 이를 계기로 손과 발을 동시에 사용하는 놀이가 여러 학교로 퍼져나갔다. 엘리스가 다녔던 공립학교명이 럭비스쿨(Rugby School)인 까닭에 이 변형된 축구 게임의 명칭은 '럭비'가 됐다. 이후 럭비를 창안(?)한 엘리스를 기리기 위해 럭비월드컵에서 수여되는 우승컵의 이름을 웹 엘리스 컵(Webb Ellis Cup)이라 부르고 있다.

법으로 금지했을 정도로 난폭했다!

'엘리스 해프닝'에서 알 수 있듯이, 럭비는 축구와 밀접한 관계가 있다. 실제로 여러 사전을 뒤적여보면, 럭비가 '럭비식 축구(Rugby Football)'로 표기되어 있다. '풋볼'이란 단어가 공식적으로 처음 쓰이게 된 건 1314년경이다. 국왕 에드워드 2세Edward II는 풋볼이 사회질서를 해칠 정도로 난폭하다고 판단해 '풋볼금지법'을 제정했다. 당시 풋볼의 형태는 지금과 크게 달랐다.

잉글랜드 럭비시 럭비 스쿨에 조성된 엘리스 동상.

한 경기에 수백 명이 참가했고 그라운드도 사방이 몇 킬로미터에 이를 만큼 넓었다. 경기에 참가한 사람들의 모습은 마치 전쟁터에서 '공격 앞으로'를 외치며 뛰어드는 전사 같았다. 칼과 창 대신 맨 손으로 서로 공을 빼앗으며 수 킬로미터 전방에 있는 상대팀 골대로 진격했다. 스포츠 역사학자들은 초기 풋볼을 가리켜 '경기'보다는 마을 간 '축제'에 가까웠다고 했다. 이후 풋볼은 여러 우여곡절을 겪으며 지금의 현대식 축구(soccer)와 럭비로 나뉘어 진화했다.

럭비는 대서양을 건너 아메리카 대륙으로 전파되면서 미식축구(American Football)라는 새로운 종목을 탄생시켰다. 얼핏 보면 럭비와 미식축구는 닮은 것 같지만, 여러 면에서 차이가 있다. 럭비는 15인제와 7인제로 나뉘지만, 미식축구는 11명이 한 팀을 이룬다. 두 종목 간 가장 본질적인 차이점은 전진패스에 있다. 럭비는 전진패스가 금지되는 데 반해, 미식축구는 전진패스가 가능하다. 따라서 럭비는 오프사이드 규칙이 엄격하게 적용되지만, 미식축구는 느슨하다. 전진패스가 허용되는 만큼 미식축구는 럭비에 비해 훨씬 더 격렬하다. 미식축구선수들이 헬멧을 포함해 보호 장비를 온몸에 착용하는 것과 달리 럭비선수들은 맨몸으로 필드에 나선다.

럭비가 올림픽에서 첫 선을 보인 것은 1900년 파리 올림픽에서였다. 15인제로 진행되었고, 출전국은 종주국 영국과 개최국 프랑스 그리고 독일뿐이었다. 이후 파리에서 올림픽이 다시 열렸던 1924년을 마지막으로 럭비는 올림픽에서 자취를 감췄다. 럭비가 한동안 올림픽에서 퇴출된 이유는 역시 경기가 너무 거칠다는 데 있었다. 아울러 올림픽 결승전에서 벌어진 경기장 폭력 사태도 (퇴출에) 한몫했다.

세계 럭비계의 꾸준한 노력으로 럭비가 다시 올림픽에 등장한 건 세월이 한참 흐른 뒤인 2016년 리우데자네이루 올림픽에서다. 15인제 대신 7인제가 정식종목으로 채택되었다. 올림픽에서 7인제를 선택한 이유는 경기 시간 때문이었다.

15인제는 전후반 40분씩 총 80분을 뛰고 중간에 10분을 쉰다. 7인제는 전후반 7분씩 총 14분을 뛰고 하프타임 휴식은 단 1분만 주어진다. 7인제는 경기 시간이 짧은 만큼 팀 당 하루에 두 번 이상의 경기를 소화할 수 있다. 20일 안팎이 소요되는 올림픽 기간에 충분히 치러질 수 있는 것이다. 반면 경기당 80분을 소화해야 하는 15인제는 체력 소진이 많고 부상 위험도 큰 만큼 경기 후 최소한 4일의 휴식기가 필요하다. 결승전까지 치르기에는 올림픽 기간은 너무 짧다. 경기와 경기 사이에 최소 48시간을 쉬어야 하는 축구가 올림픽 개최 전부터 조별리그를 진행하는 것도 같은 맥락이다. 실제로 럭비월드컵은 15인제를 고수하고 있는데, 대회기간이 무려 45일 안팎이나 된다.

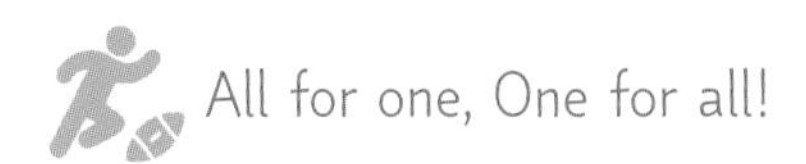

All for one, One for all!

럭비는 타원형의 공을 상대방 골라인으로 가져가면 골로 인정되는데, 이를 막기 위해 강한 태클을 통해 상대방을 붙잡거나 넘어뜨리는 경기다. 각 팀당 15명(올림픽은 7명)의 선수들이 세로 100미터 가로 70미터의 필드에서 상대방 골라인 너머 볼을 터치하는 '트라이(try)'를 위해 겨루는 스포츠다. 트라이(미식축구의 경우 '터치다운')에 성공하면 5점을 획득하는 데, 이 때 추가로 얻는 컨버전(conversion) 킥으로 H자 모양의 골대 사이로 공을 통과시키면 2점이 더해진다. 한 번의 트라이로 7점을 얻는 셈이다.

경기 도중 공을 바닥에 튀긴 후 튀어 오를 때 차는 드롭(drop) 킥으로 골대 사이를 통과시키면 3점을 얻는다. 또한 상대방의 반칙으로 얻은 페널티 킥을 차서 성공해도 3점을 얻는다.

흥미로운 건 트라이에 성공하거나 골을 넣은 선수가 별도로 세리머니를 하지 않는다는 점이다. 이 득점은 혼자만의 성취가 아니라 팀원들이 함께 이룬 것이기에 특정 선수가 세리머니를 하지 않는 게 하나의 애티튜드(attitude)로 굳어진 것이다. 이는 '하나를 위한 모두, 모두를 위한 하나(All for One, One for All)'라는 럭비 정신에서 나온 것이다.

'All for One, One for All'의 정신은 경기가 끝난 다음 상대팀을 향해서도 이어진다. 럭비는 아주 거친 스포츠이기 때문에 상대방에 대한 존중

트라이 이후 컨버전 킥을 차는 장면.

이 없으면 패싸움과 다를 바가 없다. 따라서 선수들은 경기가 끝나면 승패를 떠나 서로가 서로를 축하하고 위로한다. 아무리 불꽃 튀는 격렬한 경기였다고 해도 심판이 종료를 알리는 의미에서 큰소리로 노사이드(No-Side)를 외치면, 필드 위에는 승자와 패자는 사라지고 오직 럭비를 하는 사람들만 남는다. '럭비를 하는 동지'라는 의미에서 선수가 서로를 '러거(rugger)'라고 부르는 이유다. 경기가 끝나면 선수들은 '이겼다', '졌다'는 표현을 쓰지 않는다. 상대가 조금 더 '강했다'는 표현으로 대신한다. 이를 가리켜 럭비 고유의 '노사이드 정신'이라 부른다.

심지어 럭비 국가대표는 경기에서 자국 국기를 가슴에 달고 나올 수 없다. 국가대항전에서 애국심을 강조할 경우 경기가 지나치게 과열되면서 노사이드 정신에 위배될 수도 있기 때문이다. 대표팀 선수들은 유니폼에 자국을 상징하는 휘장(symbol)만 부착할 수 있다. 우리나라 럭비대표팀의 경우 무궁화를 휘장으로 사용한다.

이에 따라 럭비는 전 세계 여러 국가에서 국가대표를 선발할 때 '국적주의'를 배제하고 있다. 부모 혹은 조부모 가운데 1명이 대표팀 국가 국적자이거나 3년 이상(통산 10년 이상) 대표팀 국가에 거주하면 국가대표 자격이 주어진다.

러거들의 뇌는 안녕한가요?

럭비는 제아무리 노사이드 정신을 강조하고, 또 엄격한 규칙 아래 심판의 권위가 강하다고 해도, 그 자체의 격렬함에서 비롯하는 부상으로부터 자유롭지 못하다. 거의 모든 럭비선수들은 늘 중차대한 부상의 위험을 안고 있다. 그 가운데 유독 빈번한 부상으로 뇌진탕이 꼽힌다. 뇌진탕은 머리에 강한 충격을 받아 일시적으로 의식을 잃는 것으로, 어지러움과 두통 등의 증상이 나타날 수 있다.

럭비가 인기 스포츠인 뉴질랜드에서 언론인 벤 헤더Ben Heather는 매우 충격적인 사실을 탐사보도 했다. 해마다 전 세계 1,200여 명에 이르는 럭비선수들이 머리에 부상을 입는데, 그 중 약 2/3가 뇌진탕이라는 것이다.

호주에서는 뉴사우스웨일스대학 토머스 오웬스Thomas Owens 교수팀이, 럭비가 선수들의 인지기능에 어떤 영향을 미치는지 연구했다. 프로리그에서 활약한 21명의 선수를 대상으로 시즌 전후에 인지기능 등을 검사한 결과 뇌에 산소 공급이 줄어들고 인지기능이 저하되면서 총 6회의 뇌진탕이 발생한 것으로 나타났다. 특히 포워드를 맡은 선수 중에서 뇌진탕 위험이 컸다. 중요한 건 뇌진탕으로 인한 손상이 현역시절에 국한하지 않고 은퇴 후에도 후유증이 지속된다는 사실이다.

이에 따라 지난 2020년경 현역에서 은퇴한 럭비선수들 200명이 '영구적인 뇌 손상을 입었다'며 국제럭비풋볼연맹(이하 'IRB')을 상대로 소송을 제기했다. 이를 계기로 IRB는 럭비로 인한 뇌 손상에 대한 연구 활성화를 위해 재원을 늘리겠다는 입장을 밝히기도 했다.

뇌(brain)는 대뇌와 소뇌, 뇌줄기(중간뇌, 다리뇌, 숨뇌)로 구성된다. 뇌는 머리뼈 안의 공간에 뇌막으로 싸여서 뇌척수액과 함께 위치한다. 머리덮개뼈와 경질막 아래로, 구불구불한 대뇌이랑(대뇌회), 대뇌고랑(대뇌구)이 관찰된다. 이랑과 고랑을 기준으로 대뇌반구는 이마엽(전두엽), 관자엽(측두

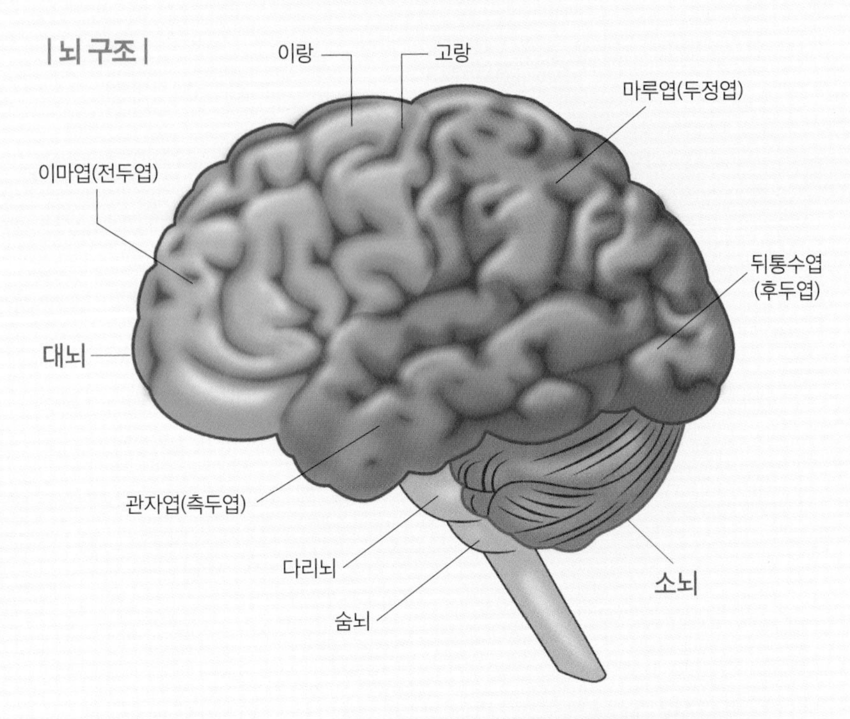

대뇌는 감각, 지각, 운동을 비롯해 기술, 상상력, 추리력, 언어능력, 통찰력과 같은 지적 능력을 담당한다. 럭비경기에서 흔하게 발생하는 뇌진탕은 선수들이 은퇴 후에도 심각한 후유증에 시달리게 한다.

엽), 마루엽(두정엽), 뒤통수엽(후두엽)으로 나뉜다.

이마엽은 대뇌에서 가장 큰 영역을 차지하며 운동과 언어기능을 담당한다. 관자엽은 대뇌의 양쪽에 위치하며 주로 청각기능을 담당한다. 마루엽은 대뇌의 윗부분에 위치하며 감각신호를 컨트롤한다. 뒤통수엽은 대뇌의 뒷면에 위치하며 시각기능에 관여한다.

대뇌의 아래쪽에는 시상, 시상하부, 바닥핵, 뇌하수체가 있다. 시상하부는 자율신경계 조절 및 호르몬 분비를 통해 우리 몸의 대사를 조절하여 항상성을 유지시킨다. 종합적으로 대뇌는 감각, 지각, 운동을 비롯해 기술, 상상력, 추리력, 언어능력, 통찰력과 같은 인간의 지적능력을 담당한다.

눈언저리가 아무리 부어오른다 해도

럭비에는 크게 스크럼(scrum)과 라인아웃(line out)이라는 기본 대형이 있다. 이 가운데 스크럼은 한 팀의 선수들이 서로 팔을 건 상태에서 상대 팀을 앞으로 밀치는 대형을 말한다. 대형을 이룬 상태에서 공이 양 팀 스크럼 사이로 던져지면, 선수들은 발을 이용해 그 공을 차지하기 위한 경쟁을 펼친다. 스크럼은 사소한 반칙 등으로 정지된 경기를 재개하기 위한 방법이다.

스크럼은 '럭비의 기초'라고 할 정도로 중요하다. 팀마다 스크럼에서의 역량에 따라 승패가 좌우된다고 해도 지나치지 않는다. 올림픽이 채택한 7인제 럭비에서는 3명만 스크럼을 형성하다보니, 공을 차지하는 것도 중요하지만 인원이 적은 만큼 자신의 라인을 지키기 위해 빠르게 복귀하는

스크럼은 럭비 전술의 기초를 이룰 만큼 중요하지만, 선수들 간에 서로 맞대고 있는 얼굴이 부딪히면서 안와골절이 자주 발생한다.

전략이 요구된다. 이 경우 스크럼으로 서로 맞대고 있는 선수들의 얼굴이 부딪히면서 안와골절이 자주 발생한다.

안와(眼窩)는 해부학에서 '눈확'이라고도 하며, 안구가 박혀 있는 구멍 주위를 가리킨다. 위턱뼈, 광대뼈, 이마뼈, 벌집뼈, 눈물뼈, 나비뼈, 입천장뼈로 구성되어 있다. 이들 뼈가 합쳐져 피라미드형의 공간이 만들어지고, 그 속에 안구, 신경, 혈관, 지방조직 등이 위치해 있다.

눈확의 윗벽을 형성하는 이마뼈(전두골)는 머리뼈의 앞부분을 이루는 볼록한 뼈로서 두 부분으로 구성되어 있다. 수직의 비늘부분은 이마의 볼록한 형태를 이루고, 수평의 눈확부분은 눈확과 코 안의 천장을 형성한다. 또한 이마뼈는 눈물뼈, 벌집뼈, 나비뼈들과 관절을 이루어 눈확의 안쪽벽을 형성한다.

| 눈확의 위치와 구조 |

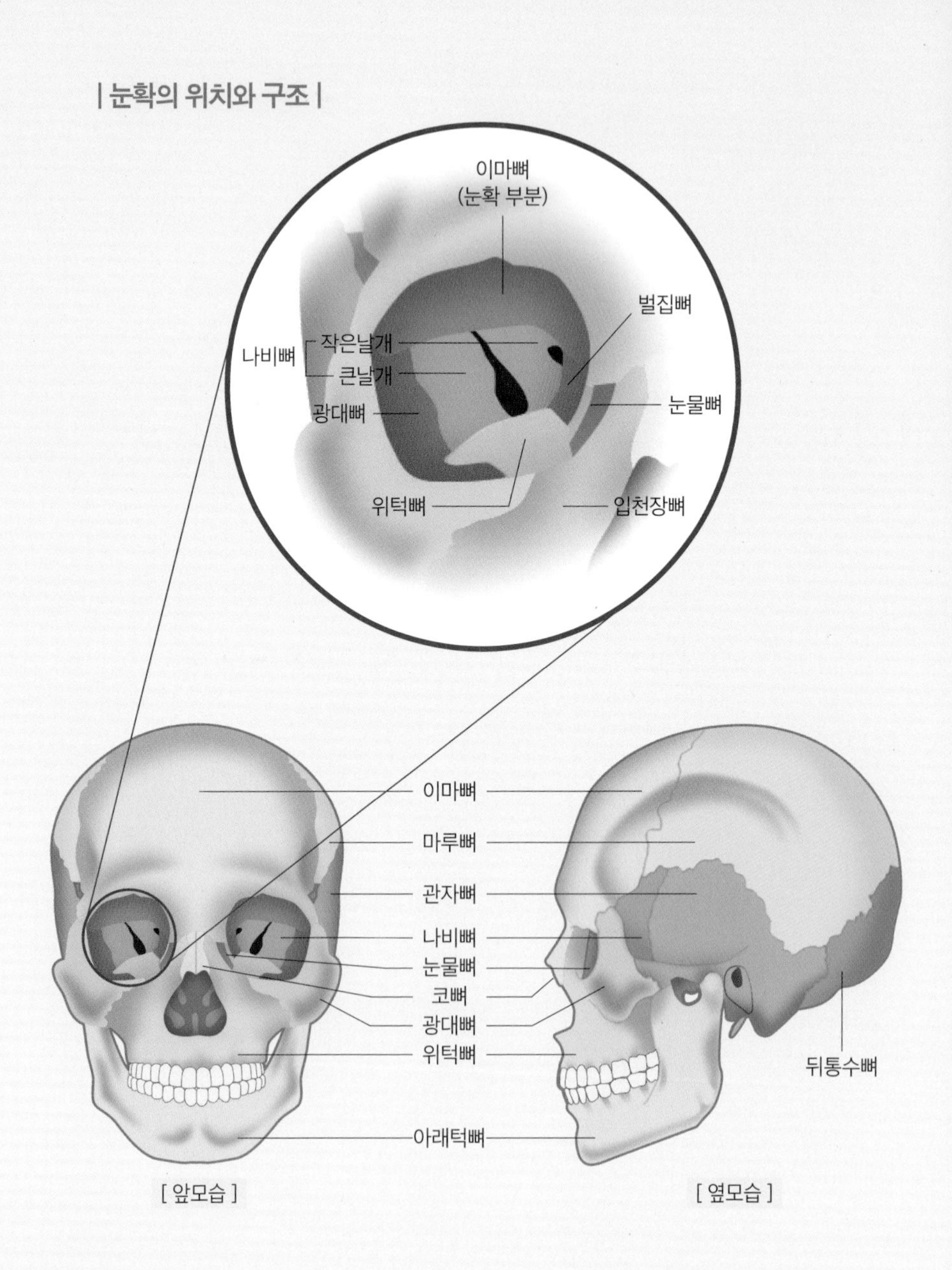
이마뼈
(눈확 부분)
벌집뼈
나비뼈
작은날개
큰날개
광대뼈
눈물뼈
위턱뼈
입천장뼈
이마뼈
마루뼈
관자뼈
나비뼈
눈물뼈
코뼈
광대뼈
위턱뼈
뒤통수뼈
아래턱뼈
[앞모습]
[옆모습]

광대뼈는 얼굴에서 가장 넓은 부분 양쪽에 있는 뼈로, 눈확의 아래 바깥쪽에서 뺨의 돌출부위를 형성하며 위턱뼈(상악골)와 연결된다. 눈확의 앞 바깥쪽 모서리, 벽, 바닥, 눈확의 아래 모서리 대부분은 광대뼈에 의해 형성된다.

위턱뼈(상악골)는 말 그대로 위턱을 이루는 뼈다. 위턱뼈는 뼛구멍을 둘러싸고 눈확 아래 모서리의 안쪽부분을 이룬다. 위턱뼈 이틀돌기는 위턱 치아(상악치)가 박혀있는 부분이다.

눈확을 형성하는 뼈들은 외부적으로는 상대적으로 두껍고 강하지만, 안구와 접하는 부위는 매우 얇고 약하다. 안구의 움직임을 위한 근육과 신경, 혈관이 있으며, 주위에 가해지는 압력을 흡수하고 보호하기 위해 푹신한 지방이 있다.

럭비선수의 경우 주로 외부 충격에 의해 눈확의 아래쪽이나 안쪽뼈에서 골절이 발생한다. 골절로 인해 뼈 사이로 눈을 움직이는 근육이나 신경 등이 끼일 경우 하나의 물체가 둘로 보이는 복시(複視)가 발생하는데, 안구의 움직임에 지장을 초래할 정도면 수술이 필요하다. 다만 안면 조직은 혈류가 좋아 경과도 빠르다. 물론 뼈가 붙으려면 최소 6주에서 최대 12주 정도 소요되지만, 경우에 따라 빠르게 회복하는 사례도 있다.

스프링복스의 기적

안와골절이란 의학용어가 한동안 포털 인기검색어에 자주 등장했던 적이 있었다. 의학용어가 언론에 자주 회자되는 경우는 스포츠 스타를 포함한 샐럽이 다쳤을 때다. 2022년 11월경 카타르 월드컵을 앞두고 국가대표 축구팀 주장 손흥민(토트넘핫스퍼) 선수가 프랑스 마르세유와의 유럽 챔피언스 경기에서 안와골절 부상을 입었다. 상대선수의 팔꿈치에 가격당한 순간 손흥민 선수의 눈 부위가 심하게 부어올랐다. 경기 종료 후 안와골절 진단을 받은 손흥민 선수는 최소 6주 안팎의 휴식이 필요했고, 월드컵을 앞둔 축구대표팀은 그야말로 비상사태에 직면했다. 누구나 다 아는 사실이지만, 손흥민 선수는 수술 후 마스크를 하고 월드컵에 출전해 국민들을 감동시켰다.

안와골절은 축구보다는 럭비에서 흔한 부상이다. 물론 럭비가 비인기 종목인 탓에 럭비선수들 사이에 자주 발생하는 안와골절은 (아무리 심각한 수준으로 발생해도) 언론에 거의 보도되지 않는다. 럭비선수 및 럭비를 좋아하는 사람들로서는 서운한 일이 아닐 수 없다.

하지만 세상이 알아주지 않더라도 럭비의 정신은 숭고하다. 럭비강국으로 꼽히는 남아프리카공화국(이하 '남아공')은 앞서 밝힌 노사이드 정신으로 인종차별에 맞서 싸웠다. 남아공의 정신적 지주 넬슨 만델라Nelson Mandela 대통령은 남아공 럭비대표팀 '스프링복스(Springboks)'가 럭비월드컵에서 우승을 차지한 역사적 순간을 되새기며 인종 간의 갈등을 봉합하면서 사회적 통합을 이뤄냈다. 럭비는 경기 내내 서로를 상대 진영으로 밀어내기 위해 온 힘을 쏟지만, 그 내면에는 서로에 대한 존중과 신뢰를 끌어당기는 정신이 살아있다.

세상이 알아주지 않더라도 럭비의 정신은 숭고하다.
럭비강국으로 꼽히는 남아프리카공화국은
노사이드 정신으로 인종차별에 맞서 싸웠다.
남아공의 정신적 지주 넬슨 만델라는 남아공 럭비대표팀이
럭비월드컵에서 우승을 차지한 역사적 순간을 되새기며
인종 간의 갈등을 봉합하면서 사회적 통합을 이뤘다.
럭비는 경기 내내 서로를 상대 진영으로
밀어내기 위해 온 힘을 쏟지만,
그 내면에는 서로에 대한 존중과 신뢰를
끌어당기는 정신이 살아있다.

1995년 럭비월드컵 당시
결승전에 오른 스프링복스
(남아공 럭비대표팀의 애칭)의
경기 장면.

08

OLYMPICS & ANATOMY

그 시절 에어 조던의 무릎은 안전했을까

농구 Basketball

지금까지 올림픽에 참가하는 선수들의 몸값이 가장 높은 팀은 어디일까. 미국 남자농구 대표팀이다. 2020년 도쿄 올림픽에 출전한 미국 남자농구 대표팀에 소속된 12명의 평균 연봉(ESPN 추산액 기준)은 약 2천469만 달러로, 우리 돈으로 환산하면 대략 330억 원에 이른다.

NBA에서 선발한 12명의 슈퍼스타들을 한 팀에서 볼 수 있는 만큼 올림픽에서 남자농구의 인기는 하늘을 찌른다. 어차피 우승은 미국이라는 빤한 결과를 두고 김빠진 맥주 같다는 푸념이 여기저기서 들려오기도 하지만, 마치 중력을 거스르듯 바스킷 위로 치솟는 점퍼(jumper)들을 보고 있으면 승패를 가리는 게 무슨 의미가 있을까 싶기도 하다. 조금 과장해서

'뛰는 자 위에 나는 자 있다'는 옛말이 올림픽에서 입증되는 순간이랄까. 아무튼 2미터가 넘는 거구를 이끌고 공중을 부유하듯 마법을 부리는 점퍼들의 무릎에는 스프링처럼 튀어 오르는 특별한 연골이라도 붙어있는 듯하다.

드림팀의 탄생

"보다 빠르게, 보다 높게, 보다 강하게!(Citius, Altius, Fortius!)"

아르퀼 대학의 학장이자 목사인 헨리 디데옹Henri Martin Dideon이 학원 스포츠 선수들의 공로를 치하하면서 남긴 말이다. 이 구호는 근대 올림픽 창시자인 피에르 쿠베르탱Pierre Coubertin이 인용하면서 올림픽 정신을 상징하는 표어가 됐다.

농구를 처음 고안한 제임스 나이스미스가 양손에 각각 복숭아 바구니와 축구공을 들고 있다. 농구가 태동한 1891년부터 약 50년 동안은 축구공으로 농구를 했다.

농구는 위 문장 중에서 '보다 높게'에 방점이 찍히는 종목이다. 5명으로 구성된 두 팀이 직사각형 코트에서 상대방의 바구니(basket)에 공을 던져 넣어 점수를 많이 얻은 팀이 승리하는 단체 종목인데, 중요한 건 바구니의 높이가 3.05미터라는 사실이다. 인간의 신체조건상

미국 농구 명문 버틀러대학의 감독인 토니 힝클은 1950년대 후반에 지금의 주황색 농구공을 처음 개발했다.

아무리 키가 크고 팔이 길어도 닿을 수 없는 높이다. '보다 높게' 뛰어 오를 수 있는 점프력이 중요한 이유다.

농구의 역사를 거슬러 올라가 보면 왜 겨울 스포츠인지 알 수 있다. 1891년 미국 매사추세츠에 있는 YMCA 트레이닝 스쿨 강사 제임스 나이스미스James Naismith가 겨울동안 학생들의 건강을 위한 실내 게임을 구상했던 것이 농구의 시초가 되었다. 처음에는 골대로 복숭아 바구니를 사용한 탓에 득점을 한 후 직접 공을 꺼내야 했다. 백보드가 달린 금속 림(rim, 테)은 1906년경에 개발되었다.

농구의 역사에서 재미있는 사실은 최초로 농구에 사용된 공이 축구공이라는 것이다. 약 50년 동안 축구공을 사용하다가 1950년대 후반에 이르러 지금과 같은 주황색 공이 도입됐다. 당시 미국의 농구 명문 버틀러대학 감독인 토니 힝클Tony Hinkle의 제안에 따라 선수들의 눈에 잘 띄는 주황색 공으로 교체된 것이다.

미국인들의 전유물인 농구가 전 세계로 확산된 계기는 올림픽이라 할 수 있다. 1904년 세인트루이스 올림픽에서 처음 시범종목이 된 이후 우여곡절 끝에 1936년 베를린 올림픽에서 남자농구가 정식종목으로 채택되었다. 여자농구는 그로부터 40년이 지난 1976년 몬트리올 올림픽에서 볼 수 있었다.

미국은 종주국답게 올림픽에서 여러 차례 금메달을 목에 걸었지만, 매번 우승을 차지하진 못했다. 1970년대부터 유럽, 특히 동구권 선수들의 실력이 크게 향상되면서 프로가 아닌 선수로 구성된 미국대표팀의 금메달 행보에 제동이 걸린 것이다. 가시밭길의 시작은 1972년 뮌헨 올림픽에서부터였다. 결승전에서 미국이 유고슬라비아(지금의 세르비아, 몬테네그로 등)에 1점차로 지고만 것이다. 미국은 1976년 몬트리올 올림픽에서 다시 정상을 탈환했지만, 동서진영의 첨예한 갈등으로 반쪽짜리 대회가 된 모스크바(1980년, 소비에트연방(지금의 러시아) 우승)와 로스앤젤레스(1984년, 미국 우승)를 거쳐 1988년 서울 올림픽에서는 다시 소비에트연방에게 금메달을 내주고 말았다. 심지어 미국은 서울 올림픽에서 결승에도 오르지 못하고 동메달에 그치는 수모를 겪어야 했다.

미국의 자존심은 구겨질 대로 구겨졌다. 1980년대는 소비에트연방 즉, 소련과 군사적 · 외교적 대립이 첨예하던 냉전시대였다. 당시 올림픽은 국가 권력간 정치적 자존심 대결의 장이라 해도 지나치지 않았다. '스포츠에 의한 인간의 완성과 경기를 통한 국제 평화의 증진'이라는 올림픽 정신은 상투적 수사로 전락했다.

1990년대 들어 베를린장벽과 함께 소련을 중심으로 한 동유럽 현실사회주의가 무너지면서 냉전시대가 종식되었다. 이는 올림픽에도 적지 않은 영향을 미쳤다. 서구 자유진영의 자본주의가 올림픽까지 집어삼킨 것이다. 국가주의 스포츠는 사라지고 자본주의 이벤트가 그 자리를 차지했다. 글로벌 기업들은 경쟁하듯 올림픽을 통한 프로모션에 열을 올렸고, IOC와 미디어 재벌들은 엄청난 부를 축적했다. 올림픽의 본격적인 상업화가 시작된 것이다.

이러한 영향은 선수들에게도 미쳤다. (제한적이지만) 프로선수들도 올림픽에 출전할 수 있게 된 것이다. 변화에 가장 적극적으로 반응한 곳은 미국 농구계였다. 1992년 바르셀로나 올림픽부터 NBA(미국농구협회) 소속 프로선수들을 국가대표팀에 차출함으로써 바로 전 대회인 서울 올림픽에서 훼손된 농구종주국의 자존심 회복에 나선 것이다. 더불어 NBA는 자국 프로리그를 전 세계에 알릴 글로벌 마케팅 기회로 올림픽을 활용했다. 올림픽의 흥행에 목말랐던 IOC로서도 NBA의 계획을 마다할 이유가 없었다. 그렇게 1992년 여름 '드림팀'이라 불렸던 미국 농구대표팀은 이베리아 반도를 향하는 비행기에 몸을 실었다.

1992년 바르셀로나 올림픽 당시 드림팀으로 불렸던 미국 남자농구 대표팀.

당시 드림팀은 그야말로 판타스틱 라인업 자체였다. 농구황제 마이클 조던Michael Jordan을 비롯해 매직 존슨Magic Johnson, 래리 버드Larry Bird, 데이비드 로빈슨David Robinson, 패트릭 유잉Patrick Ewing, 칼 말론Karl Malone, 찰스 바클리Charles Barkley, 존 스탁턴John Stockton, 스카티 피펜Scottie Pippen에 이르기까지 NBA의 슈퍼스타들이 라인업에 이름을 올렸다. 발군의 실력은 코트 위에서 유감없이 증명됐다. 드림팀은 압도적인 실력으로 매 경기를 평균 40점 이상 이겼다.

올림픽과 NBA의 콜라보는 한마디로 대성공이었다. 심지어 농구가 비인기종목인 나라에서조차 자국 대표팀 선수는 몰라도 마이클 조던에 대해서는 열광했다. 조던이 림을 향해 새털처럼 가볍게 뛰어올라 뒷줌에 숨겼던 공을 바스킷에 내리꽂았을 때 전 세계 사람들은 그의 이름 마이클 대신 '에어(air)'라는 닉네임을 연호하며 화답했다. '에어 조던'이 세계적인 신드롬이 되는 순간이다. 전 세계 젊은이들은 에어 조던이 브랜드가 된 나이키 농구화를 신고 다녔고, NBA의 거의 모든 경기가 위성으로 지구촌 곳곳에 송출되었다.

에어 조던의 탄생

농구에서 3미터가 넘는 높이의 바스킷 림 안에 공을 손쉽게 넣으려면 당연히 키가 클수록 유리하다. 그런데 이 말은 반은 맞고 반은 틀리다. 아무리 키가 크더라도 몸이 둔하면 수비에 둘러싸여 골을 넣기가 쉽지 않기 때문이다. 키도 크면서 동시에 유연성과 파워 등 운동신경까지 고루 갖추면 좋겠지만, 그런 경우는 흔치 않다. 농구에서 키만큼 중요한 게 점프력

조던의 제자리 높이뛰기 기록(서전트 점프)은 무려 122센티미터에 이른다. 일반인들의 서전트 점프는 40센티미터를 넘는 게 쉽지 않다. 현역 농구선수들은 일반인의 2배인 평균 80센티미터 정도를 뛴다고 한다. 조던은 일반인의 3배 이상을 뛰는 셈이다.

이라는 말이 자주 회자 되는 건 이 때문이다.

NBA선수치고는 단신에 속하는 조던(198센티미터)은 이를 방증했다. 조던의 트레이너 팀 그로버Tim S. Grover가 쓴 책 〈점프 어택(Jump Attack)〉에 따르면, 조던의 제자리 높이뛰기 기록(서전트 점프)은 무려 48인치(122센티미터)에 이른다. 일반인들의 서전트 점프는 40센티미터를 넘는 게 쉽지 않다. 현역 농구선수들은 일반인의 2배인 평균 80센티미터 정도를 뛴다고 한다. 조던은 일반인의 3배 이상을 뛰는 셈이다.

조던이 더욱 놀라운 건 순간적으로 공중에 3초 이상 떠 있을 수 있는 능력이다. 최소한 3초 동안만큼은 조던이 공중부양을 한다는 얘기다. 비행기(airplane)의 '에어'가 그의 성(姓) 앞에 붙게 된 연유다. 실제로 1992년 바르셀로나 올림픽 당시 한 기자가 조던에게 "당신은 하늘을 날 수 있나요?"라고 물었다. 그러자 조던은 망설임 없이 재치 있게 답했다. "조금은요!"

이쯤 되면 해부학자인 필자는 조던의 무릎이 궁금할 수밖에 없다. 그가 뛰어 날아올라 시원하게 덩크를 하는 모습을 보고 있으면, 인간이 운동이나 훈련을 통해 얼마나 높게 점프를 할 수 있을까 궁금해진다. 조던, 아니 인간의 몸을 해부해 보지 않을 수 없다.

조던 무릎의 해부학적 명암

인간의 근육은 일반적으로 속근(速筋)과 지근(遲筋)으로 나뉜다(168쪽). 속근은 근육의 수축이 빠르게 이뤄지기 때문에 순간적인 스피드나 점프에 지대한 영향을 미친다. 반면 지근은 근육의 수축력이 속근만큼 강하지는 않지만 근지구력이 뛰어나서, 오랫동안 지속적으로 운동을 해도 근육이 피로를 덜 느낀다.

일반적으로 조던을 비롯한 흑인은 백인이나 동양인에 비해 속근이 훨씬 발달된 것으로 알려져 있다. 흑인의 신체가 순간적인 스피드나 점프가 중요한 농구에 유리한 이유다. 또한 흑인은 탄력과 순발력에 필요한 근육인 허벅지 앞쪽의 넙다리네갈래근(대퇴사두근)과 뒤쪽의 햄스트링 근육이 훨씬 길고 강하다. 100미터 달리기와 같은 육상 종목에서 유독 흑인이 강세를 보이는 것도 같은 이유다. 점프력 역시 근육을 사용하는 것이므로 일반인의 경우에도 반복된 훈련으로 무릎 주변의 속근육을 강화할 경우(조던만큼은 아닐지라도) 어느 정도 점프력을 향상시킬 수 있다.

하지만 과유불급(過猶不及)이라 했던가. 조던만큼의 강력한 속근을 지녔다 하더라도 이것을 놓치게 되면 아무 쓸모가 없어진다. 바로 안정된 '착지(着地)'다. 높게 뛰어 오르고 나서 착지를 할 때 모든 충격이 무릎과 발목에 집중되기 때문에 그만큼 부상의 위험이 크다. 농구선수들이 유독 무릎 주변에 치명적인 부상을 입는 것은 그러한 이유 탓이다. 스포츠 뉴스 기사에서 '전방십자인대손상'이라는 의학용어를 들어보았을 것이다.

무릎은 넙다리뼈, 정강뼈, 무릎뼈가 연결된 구조로 넙다리(허벅지)와 정강이 사이의 관절 부분을 가리킨다. 무릎은 온 몸의 무게를 지탱함은 물론, 해당 부위의 운동까지 담당하는 중요한 관절이다. 이러한 이유로 무릎 속에는 관절을 보호하기 위해 인대와 연골판이 있다. 특징적으로 십자 모양으로 엇갈리게 위치한 앞십자인대(전방십자인대)와 뒤십자인대(후방십자인대)가 있어 무릎이 앞뒤로 흔들리지 않도록 안정성을 유지할 수 있다.

| 무릎관절을 보호하는 인대들 |

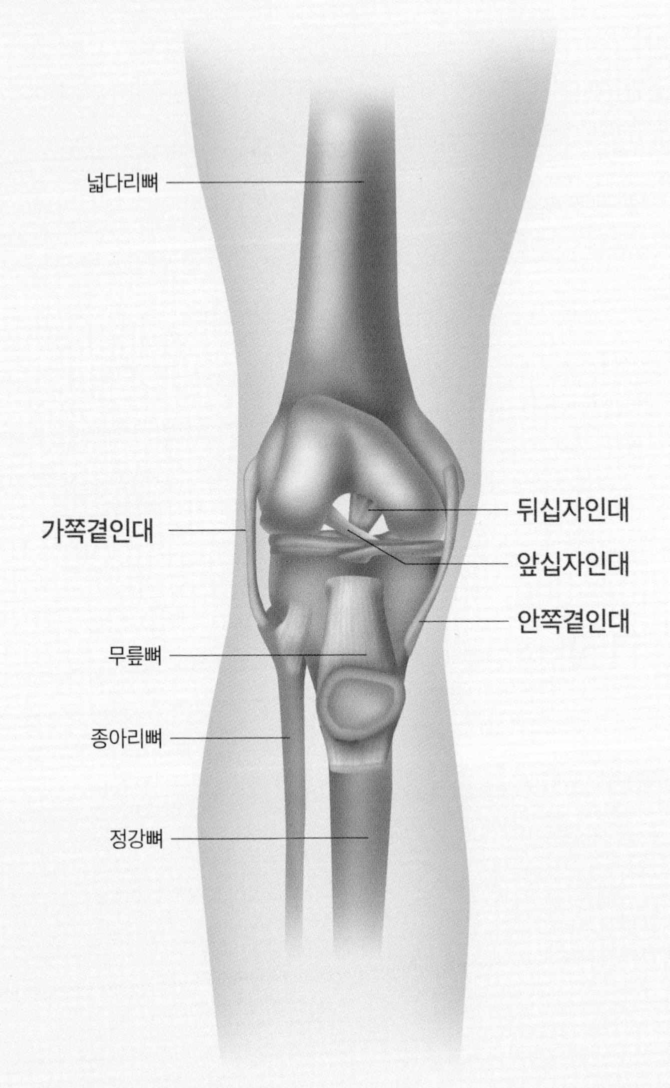

앞십자인대는 무릎에서 종아리뼈가 앞으로 밀려가거나 내회전(안쪽으로 돌아감)하지 않도록 막아주는 역할을 한다. 하지만 농구에서 빈번한 급감속, 갑작스러운 방향전환, 점프 후 착지 등의 무리한 동작으로 앞십자인대의 손상이 자주 일어난다.

또한 무릎의 안쪽에는 안쪽곁인대, 바깥쪽에는 가쪽곁인대가 있어 좌우로 흔들리는 것을 잡아준다.

앞십자인대는 종아리뼈가 앞으로 밀려가거나 내회전(안쪽으로 돌아감)하지 않도록 막아주는 역할을 한다. 하지만 농구에서 많이 하는 급감속, 갑작스러운 방향전환(피봇, pivot), 점프 후 착지와 같은 동작으로 앞십자인대의 손상이 자주 일어난다. 또한 점프 후 한쪽 다리로 불안정하게 착지하거나 양쪽 다리가 X자로 꺾이면서 착지할 때도 인대 손상이 발생한다.

흥미로운 것은 여자선수에 비해 점프가 높은 남자선수에게서 앞십자인대 손상의 발생빈도가 더 높을 것 같지만, 결과는 그 반대다. 여자선수들의 골반이 남자선수들에 비해 큰 편이기 때문에 골반에서 무릎을 향하는 각도가 안쪽으로 향해 있어 여자선수가 앞십자인대 부상을 당할 확률이 남자선수보다 약 3배 정도 높다.

농구와 같은 고강도 운동에서는 십자인대 부상이 연골판이나 다른 인대 등의 손상을 동반하기도 한다. 연골판이란 무릎관절 속에 있는 구조물로서 위에서 보면 초승달 모양처럼 보인다고 해서 반월연골판이라 부른다. 무릎에는 각각 안쪽반달과 가쪽반달의 반월연골판이 있다. 일반적으로 뼈의 관절면을 덮고 있는 관절연골과는 달리 주로 탄력성 있는 섬유연골로 이뤄져 있어 무릎관절로 전달되는 충격을 흡수하는 쿠션 같은 역할을 한다.

반월연골판은 특히 점프를 한 후 무릎관절에 전달되는 체중을 넓게 분산시켜 관절연골에 가해지는 충격을 줄여준다. 이를 통해 관절의 안정성에 도움을 주는 동시에 관절의 움직임을 부드럽게 하는 윤활작용을 한다.

연골은 과도한 운동으로 닳거나 찢어질 수 있다. 또 노화에 따른 퇴행성 변화로 딱딱하게 변성되기도 한다. 노화에 따른 퇴행성 관절염을 앓고 있는 어르신들의 무릎관절을 살펴보면, 연골이 딱딱하게 변성된 경우가 적지 않다.

과도한 운동과 노화는 농구황제 조던의 무릎도 피할 수 없었다. 은퇴와 복귀를 반복하던 조던이 삼십대 후반에 마지막으로 몸담았던 팀은 워싱턴 위저즈다. 만년 하위팀이던 위저즈는 조던의 합류로 플레이오프 진출까지 목표로 삼을 정도로 상승무드를 탔다. 하지만 당시 서른아홉 살 조던의 무릎은 이미 온전치 못한 상태였다. 급기야 심각한 무릎 부상에 주저앉은 조던은 얼마 남지 않은 시즌을 일찍 마감하면서 위저즈의 플레이오프 희망까지 날려버려야 했다. 2002년 4월의 일이다. 그로부터 1년 뒤인 2003년 4월 16일 조던은 필라델피아 세븐티식서스와의 경기를 마지막으로 공식 은퇴했다.

| 무릎의 반월연골판 |

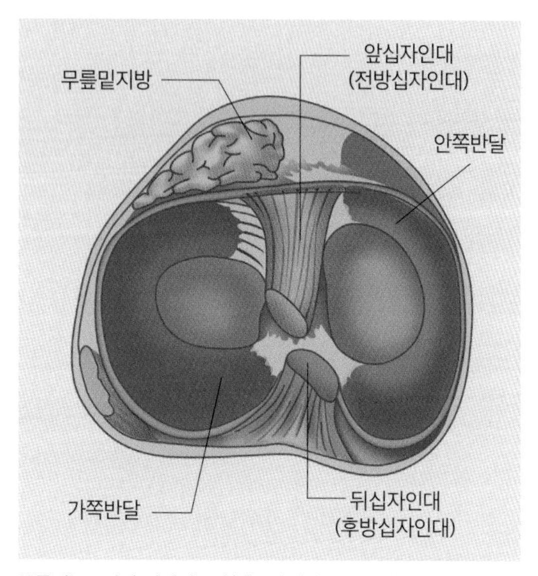

무릎에는 2개의 반월연골판(안쪽반달과 가쪽반달)이 있다. 반월연골판은 탄력성 있는 섬유연골로 이뤄져 무릎관절로 전달되는 충격을 흡수하는 쿠션 같은 역할을 한다.

말년의 조던은 무릎에 물이 차는 증세로 고통을 겪어야 했다. 무릎에 물이 찬다는 것은 무릎 주변을 덮고 있는 활막에서 나오는 끈적한 액체인

활액이 필요 이상으로 분비되는 증상을 말한다. 무릎에 외상이 나타나면 관절에 염증이 생기고 이때 무릎의 관절을 보호하기 위해 활액의 분비가 필요 이상으로 늘어나면서 무릎 주변이 심하게 붓게 된다.

조던의 몸에 에어를 촉진시켜 공중으로 뛰어오르게 한 게 속근육이었다면, 그의 몸에서 에어를 빼내 코트에 주저앉힌 건 무릎 주변의 물이었던 셈이다. 조던의 무릎에 차올랐던 물은 아마도 세월의 흔적 아니었을까.

키와 점프력은 거들 뿐 결국 팔에 달렸다

농구에서 키와 속근육 못지않게 중요한 신체적 특징 가운데 하나로 팔의 길이가 꼽힌다. 슛을 쏘고 패스를 하고 블록이나 인터셉트를 하는 것은 (손을 포함한) 팔이다. 키와 점프력은 거들 뿐 결국 팔에 달렸다고 해도 지나치지 않다.

조던이 농구황제가 된 이유 중 하나도 긴 팔이었다. 양팔을 벌린 길이를 윙스팬(wing span)이라고 하는데, 보통 이 길이는 키와 비슷하다. 르네상스시대 이탈리아 출신의 화가 레오나르도 다빈치Leonardo da Vinci는 인체의 해부에도 조예가 깊었는데, 인체비례를 그린 〈비트루비우스적 인간〉에 다음과 같은 코멘트를 붙였다.

"인체의 중심은 배꼽이다. 등을 대고 누워서 팔다리를 뻗은 다음 배꼽을 중심으로 원을 돌리면 두 팔의 손가락 끝과 두 발의 발가락 끝이 원에 붙는다 …… 정사각형으로도 된다. 사람 키를 발바닥에서 정수리까지 잰 길이는 두 팔을 가로 벌린 너비와 같기 때문이다."

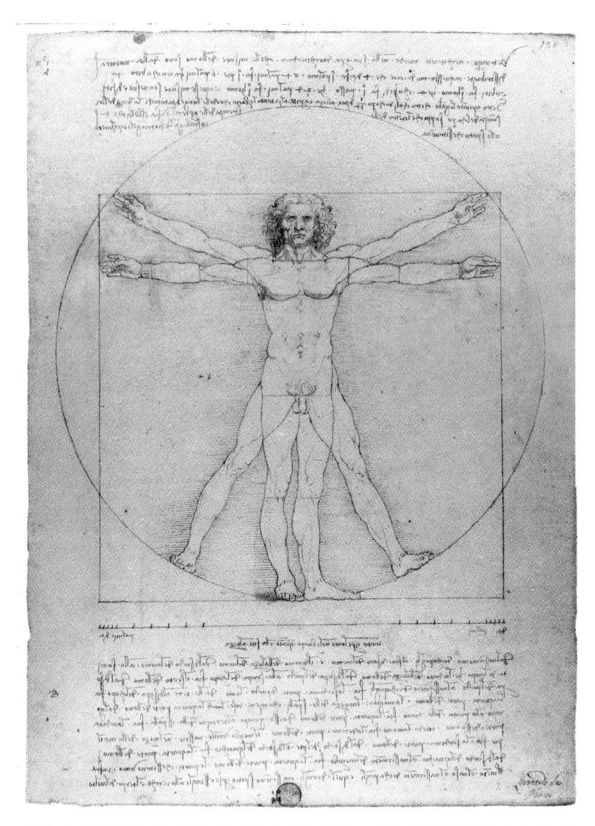

레오나르도 다빈치, 〈비트루비우스적 인간〉, 1490년, 펜화(브라운 잉크), 34.4×24.5cm, 아카데미아 미술관, 베니스

흥미로운 건 농구선수 중에 다빈치의 인체비례를 깬 이들이 유독 많다는 사실이다. 마이클 조던도 그 중 하나인데, 198센티미터의 키에 윙스팬이 무려 211센티미터나 된다. '슈퍼맨'이라 불리는 드와이트 하워드Dwight David Howard 또한 208센티미터의 신장에 윙스팬은 233센티미터에 이른다. 2023년 NBA 드래프트 1순위에 오른 프랑스 출신 2004년생 괴물센터 빅

터 웸반야마Victor Wembanyama는 223센티미터의 키에 윙스팬이 무려 243센티미터로 NBA 역사상 가장 긴 윙스팬으로 기록되기도 했다.

신장, 속근육, 점프력, 윙스팬……

물론 농구를 잘하기 위한 신체조건은 이것 말고도 더 있을 것이다. 그런데 이러한 신체조건을 두루두루 만족하는 동양인은 드물다. 농구가 미국에서 시작되었으니 미국인들의 신체에 적합한 스포츠임은 부정할 수 없다. 결국 한국이 농구 변방에서 벗어나는 일은 요원한 걸까.

하지만 농구에서도 언더독은 있어왔다. 지난 2020년 도쿄 올림픽에서도 이변은 일어났다. 주인공은 일본 여자농구 대표팀이다. 일본 여자농구 대표팀은 8강에서 벨기에를, 4강에서는 프랑스를 누르고 결승에 진출했다. 비록 미국의 올림픽 7연패 행진은 막지 못했지만, 열악한 신체조건으로도 얼마든지 농구를 잘할 수 있음을 방증한 것이다. 일본 여자농구 대표팀의 성과는 신체적 한계를 뛰어넘을 수 없다고 여겨온 농구계의 고정관념을 깨트렸다.

신체적 핸디캡을 극복한 사례는 NBA에서도 볼 수 있다. 흑인 혹은 서양인이라고 다 키가 크고 팔이 긴 것은 아니다. 키는 작지만 민첩한 드리블 실력과 정확한 슈팅력으로 코트 위 마천루(!) 사이를 휘젓고 다니는 플레이어들이 적지 않다. 188센티미터의 키로 NBA 최고의 슈터가 된 스테픈 커리Stephen Curry가 대표적이다. 커리는 3점 슛으로 NBA 농구의 흐름을 바꿨다는 평가를 받는다. 그는 종종 10여 점 차이로 뒤지고 있다가도 서너 번의 대담한 3점 슛 성공으로 전세를 뒤바꾼다. 아무리 강력한 슬램덩크를 꽂아 넣어도 결국 2점이다. 3점 슛을 따라잡을 수가 없는 셈이다.

3점 슛이 승리를 결정짓는 경우가 빈번해지면서 이제는 센터까지 외곽으로 나와 3점 슛을 던진다. 3점 슛이 슈팅가드와 스몰포워드의 전유물이란 소리는 옛말이 됐다. 바스킷 밑에서 승부가 갈렸던 농구의 트렌드가 바뀐 것이다. 매 경기당 3점 슛이 급증하면서 득점도 크게 늘어났다.

스테픈 커리가 NBA를 지배하기 20여 년 전에는 앨런 아이버슨Allen Iverson이라는 단신 슈터가 있었다. 그의 키는 183센티미터로 커리보다 5센티미터나 더 작았다. 대학 때부터 최고 골게터로 주목받았던 아이버슨은 1996년 NBA 드래프트 1라운드 1순위로 필라델피아 세븐티식서스에 지명되었고, 데뷔 첫 해에 리그 신인왕에 올랐으며, 모두 네 차례에 걸쳐 리그 전체 평균 득점 1위를 차지했다. 그의 주무기 역시 3점 슛이다. 아이버슨의 자신감 넘치는 3점 슛은 긴박한 상황일수록 폭발했다. 특히 98/99시즌에는 NBA 역사상 최단신으로 득점왕에 올랐다. 아이버슨은 00/01시즌에는 득점왕과 함께 MVP까지 거머쥤는데, 그가 남긴 말을 되새겨보면 어떻게 그런 신체조건으로 NBA를 제패했는지 고개가 끄덕여진다.

"농구는 신장(height)이 아니라
심장(heart)으로 하는 것이다!"

09 OLYMPICS & ANATOMY

우리 생애 최고의 순간

핸드볼 Handball

〈국가대표〉와 〈우리 생애 최고의 순간〉(이하 '우생순')이란 영화가 있다. 두 영화는 올림픽을 소재로 했다는 공통점이 있다. 둘 다 비인기종목을 다뤘다는 것도 같다(〈국가대표〉 스키점프, 〈우생순〉 핸드볼).

다행인 건 두 영화는 흥행에 성공했다. 누적관객 기준 〈국가대표〉는 839만 명, 〈우생순〉은 401만 명의 성적을 거뒀다. 불행한 건 영화의 흥행에도 불구하고 영화가 다룬 종목들은 여전히 비인기종목의 굴레에서 벗어나지 못했다는 사실이다. 스키점프도 마찬가지겠지만, 핸드볼은 좀 더 억울하다. 역대 올림픽에서 한국이 가장 많은 메달을 딴 구기종목은 핸드볼이다(금 2개, 은 4개, 동 1개). 그야말로 효자종목인데 말이다.

영화 〈우생순〉이 개봉한지 벌써 16년이 지났지만, 한국 핸드볼의 현실은 크게 나아지지 않았다. 실업리그가 있지만 (농구나 배구에 비하면) 경기장을 찾는 사람은 많지 않다. 일부 선수들 사이에서는 '한데' 취급을 받는 핸드볼의 현실을 빗대어 '한데볼'이라 부르기도 한다.

7인제 핸드볼이 처음 정식종목으로 채택되었던 1972년 뮌헨 올림픽의 핸드볼 포스터.

핸드볼은 역사적으로도 우여곡절이 많았던 종목이다. 고대 그리스 · 로마에서 핸드볼과 유사한 놀이가 행해졌다는 기록이 있지만, 지금과 같은 스포츠로서의 형태는 20세기 초 독일에서 출발했다. 체육 교사 칼 셸렌츠Karl Schelenz는 제1차 세계대전에서 희생된 수많은 남성들을 대신해 여성들이 할 수 있는 스포츠를 고안했다. 11명이 골대에 공을 넣는 방식은 축구와 다르지 않지만, 여성을 고려해 발 대신 손을 사용하고 경기장의 크기도 축구보다 훨씬 줄였다. 셸렌츠가 만든 경기는 처음에는 토르발(Torball)이라는 이름으로 불리다가 1919년부터 핸드볼로 명칭이 바뀌었고, 1936년 베를린 올림픽에서 정식종목으로 채택되었다.

지금처럼 7명이 하는 핸드볼은 독일보다 조금 앞선 19세기 후반에 덴마크의 펜싱선수 닐센Holger Nielsen이 창안했다. 7인제 핸드볼은 1972년 뮌헨 올림픽에서야 비로소 정식종목으로 채택되었는데, 그 사이 11인제 핸드볼은 '전범국가의 스포츠'이라는 이유로 올림픽에서 퇴출되는 아픔을 겪어야 했다.

잡힐 듯 말 듯 악력의 비밀

핸드볼은 자주 비교되는 농구 못지않게 체력 소모가 많은 종목이다. 무엇보다 경기장의 규격(길이 40미터×너비 20미터)이 농구(길이 28미터×너비 15미터)에 비해 넓다. 이런 이유로 경기에 선발로 나서는 선수는 7명이지만 나머지 5명을 수시로 교체할 수 있다. 경기시간도 전·후반 각각 30분씩 60분으로 농구에 비하면 20분이나 길다. 정규시간 안에 승부가 나지 않으면 연장전(전·후반 각각 5분)을 치르고, 그래도 동점이면 양 팀이 5명씩 번갈아 던지는 7미터 스로(throw)로 승패를 가린다. 공격선수들은 코트 위에 표시된 골에어리어 밖에서 슛을 던져야 하며, 골에어리어 안에서는 상대팀의 골키퍼만이 수비할 수 있다.

핸드볼공의 둘레는 남성용 58~60센티미터, 여성용 54~56센티미터로 약간 차이가 있고, 무게는 425~475그램이다. 야구공보다는 크고 농구공에 비하면 훨씬 작지만, 한손으로 잡아 강력한 슛을 던지기에는 만만치 않은 크기다.

핸드볼은 거친 몸싸움도 농구 못지않다. 특히 골에어리어 주변에서 슛을 던지기 위해 자리싸움이 치열하다. 심판은 위험한 반칙을 한 선수에게 2분간 퇴장을 명할 수 있으며, 한 경기에서 2분간 퇴장을 3회 받으면 해당 경기에서 뛸 수 없다. 핸드볼에서 선수들의 퇴장은 중요한 승부처가 되곤 한다.

그런데 해부학적인 관점에서 바라본 핸드볼의 승부처는 따로 있다. 선수들이 공을 쥐는 힘, 즉 악력(握力)이다. 악력은 핸드볼공의 크기 및 선수들의 손 크기와 관계가 깊다. 실제로 지난 2017년경 실업리그 개막에 앞서 진행된 미디어데이에서는 각 팀의 핵심선수들이 참석해 서로 공을 쥐고 빼앗는 악력테스트 이벤트를 진행해 화제를 모으기도 했다.

핸드볼공의 둘레는 남성용 58~60센티미터, 여성용 54~56센티미터로 약간 차이가 있고, 무게는 425~475그램이다. 야구공보다는 크고 농구공에 비하면 훨씬 작지만, 한손으로 잡아 강력한 슛을 던지기에는 만만치 않은 크기다. 한국인을 기준으로 손 한 뼘의 길이는 남성 20~25센티미터, 여성 15~20센티미터이다. 둘레가 50센터미터를 훌쩍 넘는 핸드볼공을 한 손으로 쥐는 게 쉽지 않다는 얘기다.

그럼에도 불구하고 대표급 선수들 중에는 시속 100킬로미터의 슛을 던지는 이들이 적지 않다. 강력한 슈팅력을 위해서는 여러 기술과 체력 조건이 갖춰져야 하겠지만, 그 중에서도 특히 공을 쥐는 힘인 악력은 아무리 강조해도 지나치지 않다. 그런데 악력은 손 자체에서 나오지 않는다. 손가락에는 근육이 존재하지 않기 때문이다. 손가락은 힘줄로 움직이게 되는데, 힘줄은 전완근(前腕筋)과 연결되어 있다. 쉽게 말해 악력이 전완근에서 나온다는 얘기다.

악력에는 크게 무언가를 으깨는 힘과 사물을 쥐고 버티는 힘으로 나뉘는 데, 호두를 쥐어서 깨트리는 악력이 전자라면 핸드볼공을 쥐는 힘은 후자에 속한다. 이때 전완근은 버티는 악력과 좀 더 관계가 깊다.

전완근은 아래팔에 있는 여러 소근육을 통틀어 일컫는 데, 해부학에서 사용하는 개념은 아니다. 해부학적으로 악력을 살펴보면, 가장 먼저 얕은손가락굽힘근을 만나게 된다. 이 근육은 아래팔의 중간층에 위치하며, 위팔뼈와 자뼈, 노뼈에서 일어나 손가락의 중간마디뼈에 닿는다. 주로 몸쪽손가락뼈사이관절을 굽히며, 팔꿈치관절과 손허리손가락관절 및 손목관절의 굽힘에도 일부 작용한다.

깊은손가락굽힘근은 말 그대로 얕은손가락굽힘근보다 더 깊은 층에 위치하며, 자뼈에서 일어나 손가락의 끝마디뼈에 닿는다. 주로 먼쪽손가락뼈사이관절을 굽히며, 손허리손가락관절과 몸쪽손가락뼈사이관절의 움직임에도 관여한다.

두 번째 손가락을 길게 편 상태에서 끝마디뼈만 굽히려고 하면 중간마디뼈도 함께 굽혀지는 것을 관찰할 수 있다. 깊은손가락굽힘근의 힘줄이 얕은손가락굽힘근의 힘줄 사이로 지나가기 때문에 나타나는 현상이다. 두 근육이 분리해서 움직일 수 없는 까닭이다.

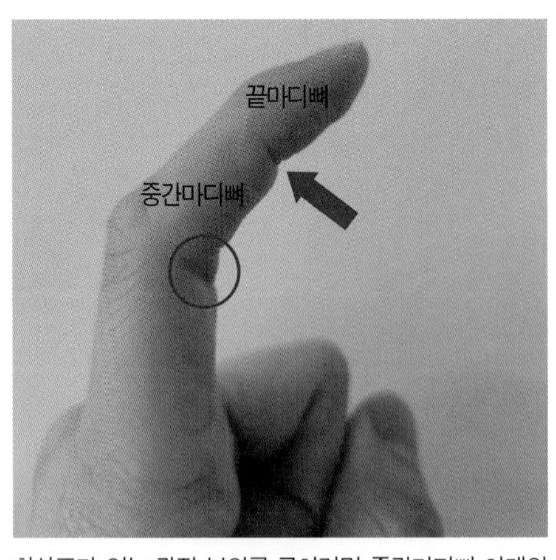

화살표가 있는 관절 부위를 굽히려면 중간마디뼈 아래의 관절(원 표시)까지 함께 굽혀진다.

손가락을 펴는 근육인 손가락폄근의 힘을 잘 이용할 수 있다면 중간마디뼈는 펴고 끝마디뼈만 굽힐 수 있게 된다. 하나의 힘줄이 다른 근육의 힘줄을 뚫고 지나

| 손가락굽힘근 구조 |

핸드볼에서 시속 100킬로미터의 강슛을 던지려면 아귀의 힘, 즉 악력이 중요하다. 그런데 악력은 손 자체에 있지 않다. 손가락에는 근육이 존재하지 않기 때문이다. 손가락은 힘줄로 움직이게 되는데, 힘줄은 전완근과 연결되어 있다. 악력이 전완근에서 나온다는 얘기다.

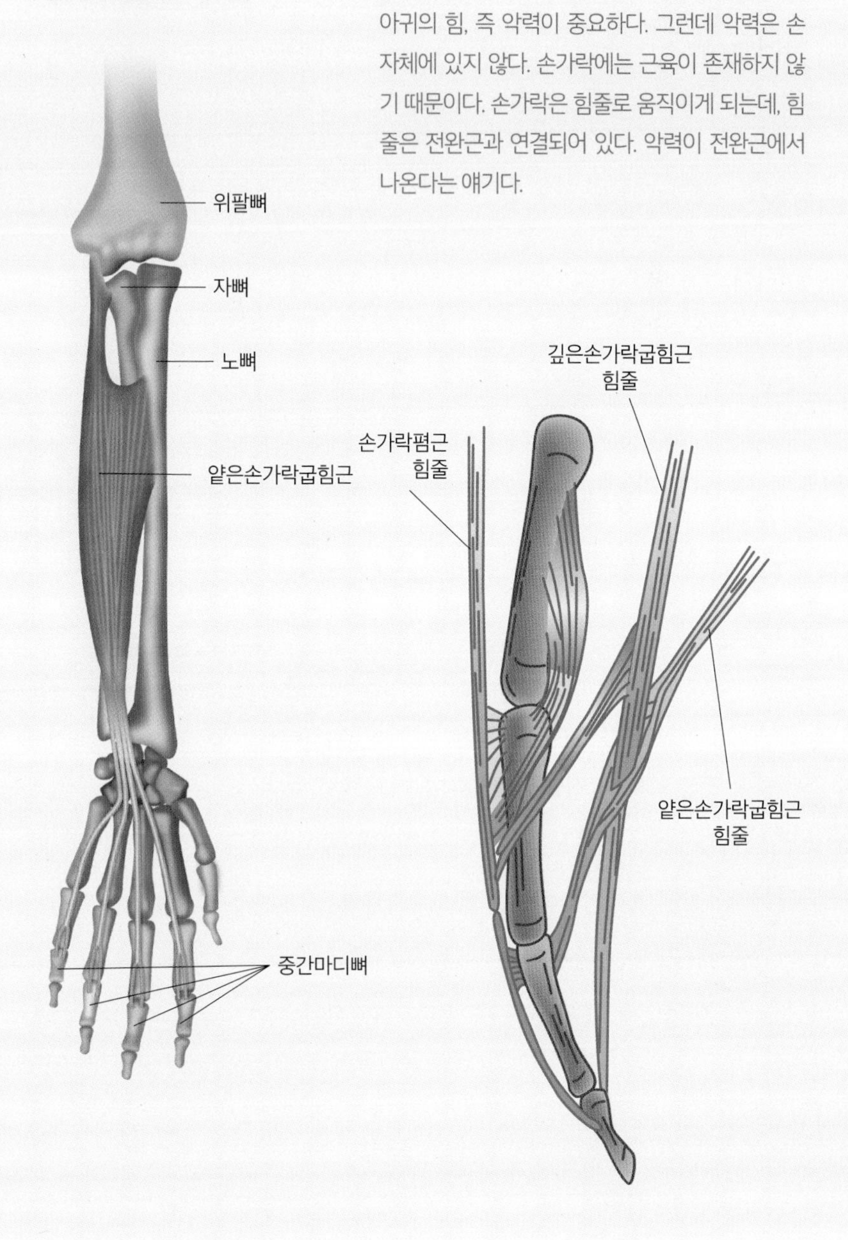

가는 형태가 불편해보이지만, 이 두 근육의 연결된 움직임에 따라 다양한 형태로 손가락관절을 굽힐 수 있어 손가락을 유용하게 사용할 수 있다.

이마엽에서 비롯한 창의적인 팀워크의 진실

핸드볼처럼 몸싸움이 심하고 악력을 비롯한 신체조건이 중요한 구기종목의 경우, 서양선수에 비해 동양선수는 여러모로 불리한 게 사실이다. 그럼에도 불구하고 한국 핸드볼대표팀이 올림픽 등 국제무대에서 유럽팀과 맞붙어 좋은 성적을 거둘 수 있었던 건 예사롭지 않은 일이다.

영화 〈우생순〉의 배경이 되었던 2004년 아테네 올림픽에서 한국 여자 핸드볼대표팀은 덴마크와의 결승전에서 전·후반을 25대25로 마치고 연장전에 돌입했다. 1차 연장 29대29 다시 동점, 2차 연장 33대33 또 다시 동점…… 드라마는 쉽게 끝나지 않았다. 두 시간이 넘는 경기는 결국 승부던지기까지 이어졌고, 한국팀은 아쉬운 은메달을 목에 걸었다.

하지만 그날의 경기를 지켜본 이들은 모두 알고 있었다. 유럽 심판의 비열하고 노골적인 봐주기가 아니었다면 금메달은 한국의 차지였음을 말이다. 경기 전까지만 해도 거의 모든 해외 언론은 우승후보 덴마크의 낙승을 예상했다. 그런데 경기가 끝나자 우승팀 덴마크가 아닌, 한국대표팀을 향한 찬사가 이어졌다. 각국 미디어에서는 놀라운 성적을 거둔 한국팀만의 노하우를 집중 보도했다. 당시 분석가들이 주목했던 건 한국대표팀의 '창의적인 팀워크'였다.

동·서양을 막론하고 단체경기에서 팀워크는 늘 강조되는 덕목이다. 그

스카이슛의 핵심은 동료와의 호흡일치다. 밀집된 수비벽의 틈을 찾아 패스와 슛이 반박자 빠르게 이뤄져야 한다(팀워크). 여기에 상대팀의 허를 찌르는 창의적인 전술이 맞아떨어져야 한다. 이를 위해서는 각고의 팀훈련이 요구되는데, 무작정 강도 높은 훈련만으로 이뤄지는 게 아니라 선수들의 전술이해도를 위한 인지능력까지 극대화시켜야 한다.

런데 팀워크 앞에 '창의적인'이란 수식어가 붙는 건 매우 이례적이다. 창의성이란 단체가 아니라 개인에게서 강조되는 능력이기 때문이다. '창의'와 '팀워크'는 모순형용에 가까운 표현이란 얘기다.

당시 한국팀의 창의적인 팀워크를 거론할 때 빼놓을 수 없는 게 '스카이슛'이다. 골에어리어 라인 안으로 띄운(패스된) 볼을 점프하면서 잡아 공중에 뜬 상태에서 던지는 슛으로, 핸드볼에서 가장 어려운 기술이자 가장 아름다운 동작이다.

스카이슛은 신체조건이 열악한 한국선수가 유럽선수를 제압하기 위한 최고의 기술로 꼽힌다. 스카이슛의 핵심은 동료와의 호흡일치다. 밀집된 수비벽의 틈을 찾아 패스와 슛이 반박자 빠르게 이뤄져야 한다(팀워크). 여기에 상대팀의 허를 찌르는 창의적인 전술이 맞아떨어져야 한다. 이를 위해서는 각고의 팀훈련이 요구되는데, 무작정 강도 높은 훈련만으로 이뤄지는 게 아니라 선수들의 전술이해도를 위한 인지능력까지 극대화시켜야 한다.

스포츠의학에서는 선수들의 뇌가 신체운동으로 어떻게 발현되는지를 중요하게 다룬다. 이를테면 야구에서는 소뇌의 중요성을 지적한다. 개인의 무한한 연습을 통해 무의식적으로 반응하는 능력을 최대한 끌어올리는 것이 중요하다. 물론 야구에서도 수비조직력 등의 팀플레이를 무시할 수 없지만, 벤치에서 요구하는 사인을 정확하게 인지하거나 날아오는 타구의 목표지점을 오차 없이 포착하기 위해선 소뇌가 발달되어야 한다는 얘기다.

반면 축구나 핸드볼에서는 이마엽(전두엽)이 강조된다(117쪽). 경기 내내 자신을 포함한 선수들의 위치가 순간순간 어떻게 바뀌는지를 간파해서 창의적으로 공간을 만들어야 하기 때문이다. 이마엽은 대뇌반구의 일부로 중심구(中心溝)보다 전방에 위치하며 기억력이나 사고력 등의 고등행동을 관장한다.

이마엽의 기능은 1948년경 미국의 한 철도노동자의 사고를 통해 밝혀지게 되었다. 피니어스 게이지Phineas Gage는 현장에서 불의의 폭발사고로 기다란 쇠막대가 눈을 관통해 이마를 뚫고 나오는 끔찍한 부상을 당했다. 당시 현장에서 상황을 목격한 사람들은 게이지가 살아날 수 없을 거라 생각했지만, 그는 오랜 치료 끝에 다시 현장으로 돌아왔다. 비록 한쪽 시력을 잃긴 했지만, 의사들은 그의 생환(生還)을 기적이라고 말했다.

하지만 게이지는 사고의 충격에서 벗어나지 못하고 심각한 정신적 장애를 겪어야 했다. 무엇보다 이해심 많고 온순한 성향은 사라지고 갈수록 난

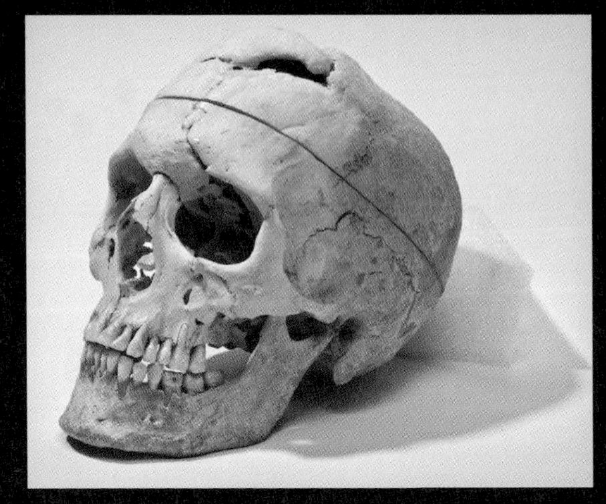

게이지의 죽음은 의학계에 중대한 질문을 던져주었다. 게이지의 안타까운 부음을 접한 의사들은 유족의 동의 하에 부검을 진행했다. 게이지의 사례는 인간의 뇌에서 이마엽의 역할을 밝히는 단서가 됐다. 이미지는 하버드 의과대학 박물관에 전시되어 있는 게이지의 두개골.

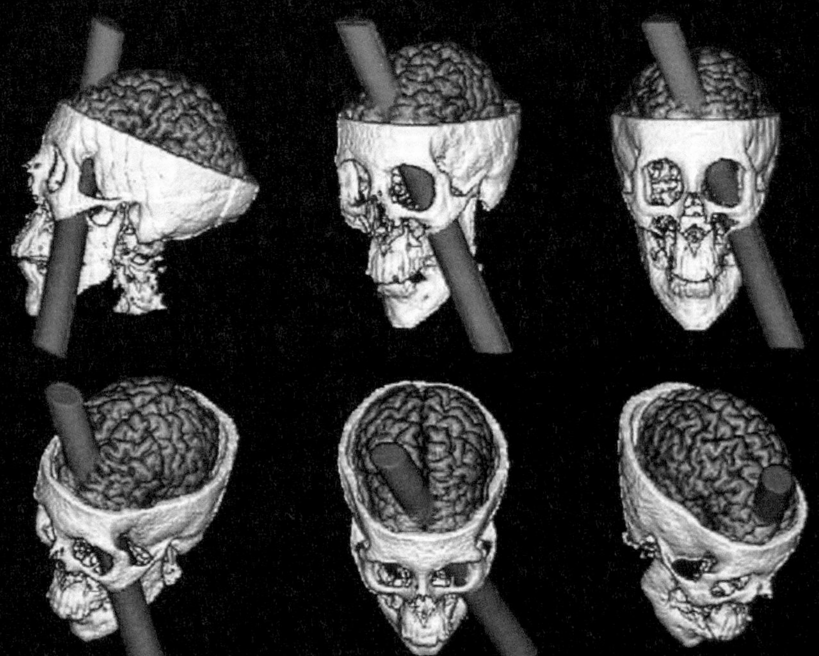

신경과학자 안토니오 다마지오는 게이지의 두개골을 3차원 영상으로 재현해 〈사이언스〉에 발표했다. 영상 속 게이지의 두개골을 보면 문제의 쇠막대가 중요 부위를 비켜갔음을 알 수 있다. 즉 쇠막대가 뇌에서 언어기능을 담당하는 브로카 영역(말하기 기능)과 베르니케 영역(알아듣는 기능)을 피해간 덕분에 게이지는 사고 후에도 타인과의 의사소통에 문제가 없었다.

폭해져갔다. 게이지는 극심한 정신분열 및 후유증에 시달리는 등 건강이 극도로 쇠약해지면서 결국 37살의 나이로 유명을 달리했다.

게이지의 죽음은 의학계에 중대한 질문을 던졌다. 당시 뇌 연구에서는 두 가지 이론이 맞서고 있었다. 하나는 뇌가 부위별로 각각 다른 기능을 하는 게 아니라, 뇌 전체가 하나로 연결돼 모든 기능을 수행한다는 이론이다. 따라서 특정 부위가 손상되더라도 다른 부위에서 그 기능을 대신해 정상생활이 가능하다는 것이다. 다른 하나는 뇌가 부위별로 각각 다른 기능을 담당한다는 이론이다. 어떤 부위가 손상되면 그 부위에 관련된 기능에만 문제가 생길 뿐 다른 기능에는 이상이 없다는 것이다.

게이지의 안타까운 부음을 접한 의사들은 유족의 동의하에 부검을 진행했다. 게이지의 사례는 인간의 뇌에서 이마엽의 역할을 밝히는 단서가 됐다. 인간은 이마엽을 통해 상황을 인지하고 판단하며 이를 기반으로 사회적 상호작용을 하게 된다. 게이지처럼 이마엽이 손상되면 감정조절에 심각한 장애가 발생해 원만한 대인관계를 어렵게 한다.

신경과학자 다마지오Antonio Damasio는 쇠막대에 손상된 게이지의 뇌를 3차원 영상으로 재현했다. 영상 속 게이지의 두개골을 보면 문제의 쇠막대가 중요 부위를 비켜갔음을 알 수 있다. 비록 쇠막대가 뇌에서 언어기능을 담당하는 브로카 영역(말하는 기능)과 베르니케 영역(알아듣는 기능)을 피해간 덕분에 게이지는 사고 후에도 의사소통에는 문제가 없었지만, 사회생활이 불가능해질 정도로 심각한 감정기복을 겪어야 했다.

언젠가 우연히 골볼(goalball)이란 경기를 본 적이 있다. 골볼은 시각장애인들이 하는 스포츠다(독일에서는 골볼을 토르발이라 부르는데, 초기 핸드볼의 명칭과 같다). 3명의 팀원이 안대로 눈을 가리고 공소리에 집중하면서 상대 팀 골대를 공략하는 종목이다. 선수마다 장애의 정도가 다르기 때문에 똑같이 안대를 쓰고 전·후반 각각 12분씩 총 24분을 경기한다.

골볼의 한 장면.

한국 골볼대표팀은 2023년 12월 포르투갈에서 열린 세계대회에서 준우승을 차지했다. 8강에서 세계 1위 일본을 3대2로 꺾었고, 캐나다와 준결승전에서는 5대2로 이겨 2024 파리패럴림픽 출전권을 따냈다.

골볼대표팀과 2004년 아테네 올림픽 여자 핸드볼대표팀 사이에는 묘한 공통점이 있다. 두 팀 선수들은 유난히 '소리'에 집중했다. 코트 위를 휘감는 동료들의 거친 숨소리는 배려와 믿음의 소리였다. 동료들의 소리에 귀를 기울이는 순간 우리 팀을 가로막는 상대 팀의 거대한 수비벽 사이로 골문을 향하는 길이 보였을 것이다. 창의적인 팀워크란 결국 동료를 존중하고 신뢰하는 자세에서 출발하는 게 아닐까.

또다시 올림픽이다. 작지만 한국인 특유의 야무진 손으로 공을 힘껏 쥐고 위대한 이마엽을 열어야 할 때다. 그 순간 우리 생애 최고의 순간이 열릴 것이다.

10

OLYMPICS & ANATOMY

주먹보다 강한 손바닥의 위력

배구 Volleyball

구기종목은 대체로 남자리그가 여자리그보다 인기가 높다. 국내 프로농구만 봐도 여자리그(WKBL)보다는 남자리그(KBL)가 관중 규모나 시청률에서 앞선다. 미국도 마찬가지다. 남자리그인 NBA의 인기는 세계적이지만 여자리그(WNBA)는 그렇지 못하다. 축구는 아예 비교대상이 되지 않는다. 축구종주국인 잉글랜드에 여자 프리미어리그(FA WPL)가 있는지조차 모르는 이들이 적지 않다.

그런데 남자리그의 인기를 뛰어넘는 여자리그가 국내에 있다. 여자배구다. 국내 프로배구 여자리그는 (조금 과장하면) 프로야구에 필적할 만 하다. 국내에서 여자배구의 인기가 높은 이유는 올림픽 때문이었다. 2020년 도쿄 올림픽에서 한국 여자배구 대표팀은 동메달 결정전에서 세르비아에 져 4위에 그쳤지만, 스포츠가 보여줄 수 있는 최고의 감동을 국민들에게 선사했다. 여자배구 대표팀 경기는 올림픽에서 가장 재밌게 시청한 종목으로 뽑혔으며, 심지어 브라질과의 준결승전은 축구와 야구를 제치고 시청률 1위를 기록하기도 했다. 이후 배구 여제 김연경이 국내리그로 복귀하면서 여자배구의 인기는 여전히 뜨겁다.

미국에서도 여자배구의 인기는 대단하다. 2023년 7월 30일 네브래스카대학 여자배구팀 콘허스커스와 오마하 매버릭스의 경기가 메모리얼 스타디움에서 열렸는데, 무려 9만2,003명의 관중이 입장했다. 이 수치는 공식집계로 전 세계 여자 스포츠 역대 최다 관중 신기록에 해당한다. 당시 경기는 실내 배구 코트가 아닌 미식축구 경기장에서 치러졌다. 구기종목에서 여자경기는 재미없다는 고정관념을 한순간에 무너트리는 순간이었다.

이처럼 유독 여자배구의 인기가 높은 이유는 왜 일까. 축구와 농구는 상대팀과 뒤엉켜 심한 몸싸움을 피할 수 없지만 배구는 네트를 경계로 상대팀과의 몸싸움이 없는 스포츠다. 몸싸움에 취약한 여성에게 유리하단 얘기다. 몸싸움이 없다고 역동성이 떨어지는 건 아니다. 배구는 그 어떤 구기종목에 뒤지지 않을 만큼 높은 점핑과 몸을 날리는 허슬플레이가 속출한다. 또 강력한 스파이크와 그에 맞선 블로킹이 불을 뿜는다. 무엇보다 코트 위에서 펼쳐지는 여자선수들의 동작은 다이내믹함에 더해 '우아함'까지 자아낸다.

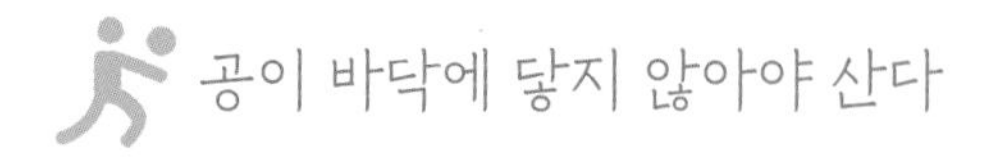

공이 바닥에 닿지 않아야 산다

배구는 6명의 선수로 구성된 두 팀이 네트를 사이에 두고 경기를 펼치는 종목이다. 초기에는 네트 위로 공을 넘기는 것이 배드민턴과 비슷해서 '민토네트(Mintonette)'라고 불렸다.

배구는 종종 농구와 비교되는 종목인데, 시작도 농구와 비슷했다. 1895년 매사추세츠주 홀리요크의 YMCA 체육관장 윌리엄 모건Williams G. Morgan은, 몸싸움이 격렬한 농구보다 훨씬 안전한 운동이라는 데 초점을 맞춰 배구를 창안했다. 이는 많은 여성들이 배구를 부담 없이 즐기는 중요한 모티브가 됐다.

1896년 열린 첫 시범경기에서 할스테드Alfred T. Halstead 목사는 공을 떨어뜨

2023년 7월 30일 네브래스카대학 여자배구팀 콘허스커스와 오마하 매버릭스의 경기가 메모리얼 스타디움에서 열렸는데, 무려 9만2,003명의 관중이 입장했다. 이 수치는 공식집계로 전 세계 여자 스포츠 역대 최다 관중 신기록에 해당한다. 경기는 실내 배구 코트가 아닌 미식축구 경기장에서 치러졌다.

리지 않고 넘겨야 하는 배구만의 특성을 발견했다. 할스테드 목사의 발견은 배구의 명칭을 민토네트에서 '발리볼'로 변경하는 계기가 됐다. 축구의 발리(volley)슛처럼 공이 지면에 닿기 전에 치는 것에서 착안해 배구를 발리볼로 부르게 된 것이다.

배구는 양팀이 네트를 사이에 두고 공이 바운드되기 전에 온 몸을 사용하여 공을 받아 3번 이내에 네트 너머 상대 코트로 되돌려보내 득점을 겨루는 스포츠다. 2점 이상 차이를 내면서 25점을 먼저 득점한 팀이 한 세트를 선취한다. 5세트 중에 3세트를 먼저 따내는 팀이 승리하며, 마지막 5세트에서는 15점만 얻으면 된다. 이때도 역시 2점차 이상으로 승리해야 한다. 배구경기는 세트 단위로 측정되기 때문에 정해진 시간제한은 없다.

배구가 올림픽에 처음 등장한 것은 지금으로부터 100년 전인 1924년 파리 올림픽에서다. 당시 시범종목으로 채택되었다가 1964년 도쿄 올림픽에서 남녀 모두 정식종목이 되어 현재에 이르고 있다.

스파이크의 파워는 어디에서 비롯하는가

농구와 축구의 백미가 슛이라면, 배구는 스파이크다. 스파이크(spike)의 사전적 의미는 '뾰족한 못'(명사), '못을 박다'(동사) 등이다. 미끄럼 방지를 위해 축구화나 육상화에 박히는 징을 가리켜 스파이크라 부르기도 한다. 배구에서 공격수가 높이 뛰어올라 내리꽂는 모습은 바닥에 못을 박는 것처럼 위력적이다. 그야말로 스파이크가 아닐 수 없다.

| 손가락뼈 구조 |

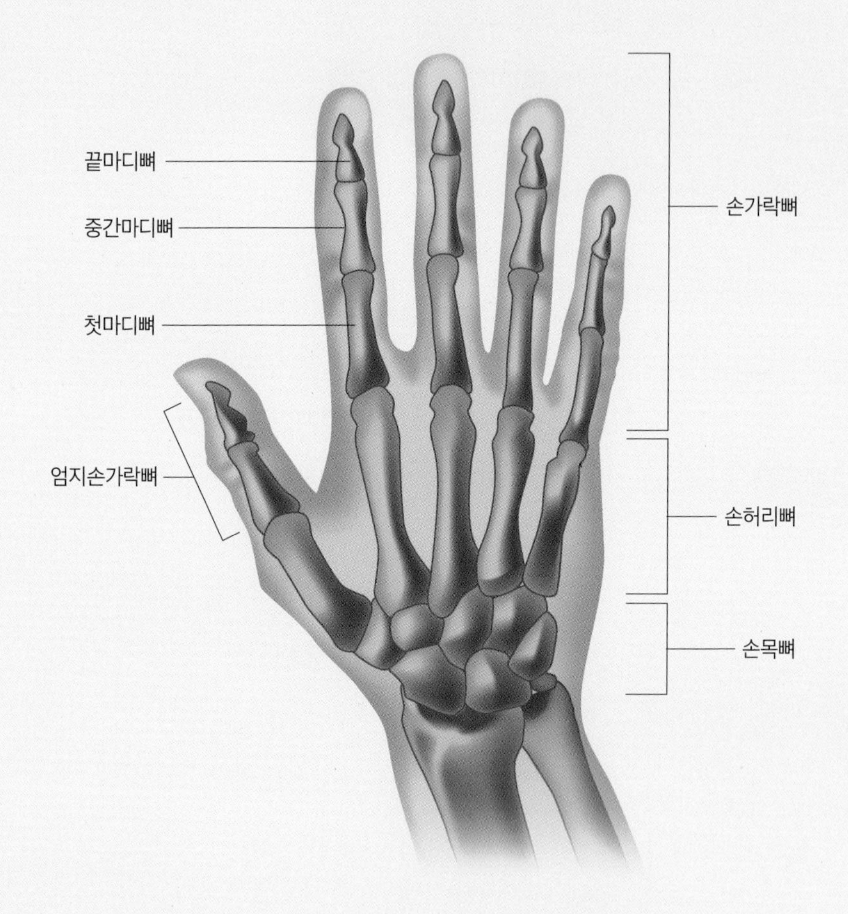

손은 인체에서 단위면적 당 뼈의 개수가 27개로 가장 많은 부위에 해당한다. 그만큼 다양한 기능을 수행한다. 다섯 손가락 중에서 특히 엄지손가락의 역할이 중요하다. 엄지손가락이 중심이 되어 물건을 잡거나 기구를 조작할 수 있다(도구의 인간). 글씨를 쓸 수도 있다(지적인 인간). 타인과 악수를 할 수도 있다(사회적 인간). 손의 역할은 그야말로 무궁무진하다.

스파이크는 배구에서 가장 역동적인 기술이다. 세터가 토스한 공을 공격수가 점프해 네트 위에서 강하게 때려 상대의 코트로 넣는 것이다. 강력한 스파이크는 시속 120킬로미터를 넘나든다. 꽉 쥔 주먹도 아닌 펼친 손바닥에서 이런 '위력'이 나온다고 하니 새삼 놀랍기도 하다. 하지만 손바닥의 위력을 해부학적으로 접근해보면 수긍이 간다.

손은 인간의 신체에서 기능적으로 매우 중요한 부분이다. 다섯 손가락 중에서 특히 엄지손가락으로 다양한 기능을 수행할 수 있다. 엄지손가락이 중심이 되어 물건을 잡거나 기구를 조작할 수 있다(도구의 인간). 글씨를 쓸 수도 있다(지적인 인간). 타인과 악수를 할 수도 있다(사회적 인간). 손의 역할은 그야말로 무궁무진하다.

손은 인체에서 단위면적 당 뼈의 개수가 가장 많은 부위이기도 하다. 모두 27개의 뼈로 구성되어 있다. 손뼈는 크게 손목관절을 이루는 손목뼈, 손바닥 부위의 손허리뼈(중수골), 손가락을 형성하는 손가락뼈로 나누어진다. 손바닥에는 5개의 손허리뼈가 손가락뼈와 이어져 있다. 손가락뼈는 다시 첫마디뼈, 중간마디뼈, 끝마디뼈로 나뉘는데, 엄지손가락에는 중간마디뼈가 없다. 엄지손가락은 2개, 나머지 네 손가락은 각각 3개의 손가락뼈가 있다. 엄지손가락은 한 번, 나머지 손가락은 두 번 접히는 이유는 손가락뼈의 개수 때문이다.

물론 강력한 스파이크가 뼈의 존재만으로 가능한 건 아니다. 뼈 주위를 형성하는 근육이 골고루 발달되어야 하는데, 이때 손가락굽힘근, 고유근육, 손목폄근 등이 복합적으로 사용된다. 이 가운데 손가락굽힘근은 아래팔에서 손가락까지 길게 연결되어 엄지를 제외한 네 손가락의 움직임에 관여한다.

손 안에만 있는 근육을 고유근육이라고 하는데, 이는 다시 엄지두덩칸과 새끼두덩칸, 모음근칸, 손의 짧은 근육(벌레근)으로 나뉜다. 엄지두덩칸에는 엄지손가락으로 이어지는 짧은엄지굽힘근, 짧은엄지벌림근, 엄지맞섬근이 있으며, 이들을 합쳐서 엄지두덩근육(무지구근)이라 한다. 이 근육에 의해 손바닥 바깥쪽이 엄지두덩을 형성하고 엄지의 맞섬운동을 가능하게 함으로써 물건을 잡을 수 있는 것이다.

엄지의 맞섬운동이란 엄지의 끝이 다른 손가락과 만나는 것을 가리킨다. 매우 복합적인 근육작용으로 엄지를 벌린 상태인 폄상태에서 시작하며 처음에는 엄지맞섬근의 작용에 의해서 첫째손허리뼈가 손목손허리관절에서 안쪽돌림(내측회전)을 일으키고, 이어서 벌림(외전), 굽힘(굴곡), 모음(내전) 순으로 움직여 물건을 잡게 된다.

새끼두덩칸에는 새끼손가락으로 이어지는 새끼굽힘근, 새끼벌림근, 새끼맞섬근이 새끼두덩근육(소지구근)을 형성한다. 모음근칸에는 엄지모음근이 있고, 손의 짧은 근육인 벌레근은 중심칸에, 뼈사이근은 손허리뼈 사이에 있다.

배구에서 강력한 스파이크는 어깨의 스윙을 이용하여 손바닥의 두덩근육 부분이 공을 때리는데서 비롯한다. 이 원리는 폭탄주의 원리와 비슷하다. 폭탄주 잔을 손바닥에 놓고 강력하게 쳐도 손뼈가 부러지지 않고 괜찮은 이유는 두툼한 두덩근육이 있기 때문이다. 강력한 스파이크가 마치 폭탄처럼 코트 바닥에 꽂히는 것은 정신이 어질해지는 폭탄주와 같은 위력이지 않을까 싶다.

| 손바닥의 엄지두덩과 새끼두덩 근육 |

엄지두덩근육
짧은엄지굽힘근
짧은엄지벌림근
엄지맞섬근

새끼두덩근육
새끼굽힘근
새끼벌림근
새끼맞섬근

엄지손가락과 새끼손가락의 아래 부분은 근육이 두툼하게 형성되어 있는데, 해부학에서는 이를 두덩근육이라고 한다. 두덩근육은 배구에서 강스파이크와 이를 막는 블로킹을 가능하게 한다.

리베로의 비밀

배구의 매력은 스파이크를 때리는 공격수에만 있지 않다. 강력한 스파이크로 내리친 공을 묘기를 부리듯 받아내는 '리베로'에게 시선을 빼앗겼다면 당신은 배구를 즐길 줄 아는 사람이다. 리베로는 같은 팀 선수임에도 혼자 다른 색 유니폼을 입는 전문수비수로, 주로 상대팀의 스파이크와 서브를 받는 리시버(receiver) 역할을 수행한다. 배구에서 한 세트당 한 팀이 할 수 있는 교체는 6회이지만 리베로는 자유롭게 교체할 수 있다. 이탈리아어로 자유를 뜻하는 'libero'로 불리게 된 이유다.

리베로는 시속 120킬로미터의 빠른 스파이크를 받아내려면(리시브) 순발력과 위치선정 능력을 갖춰야 한다. 이와 함께 팔에 타고난 감각이 있어야 한다. 리시브는 양손을 서로 포개어 감싸 잡은 상태에서 공을 양팔의 아래팔 끝부분과 손목 사이에 맞혀야 하기 때문이다. 정확하게 공을 받아내야 날아오는 공의 탄력과 스피드를 죽여서 세터에게 공을 전달할 수 있다.

리시브 부위는 해부학적으로도 매우 중요하다. 아래팔에는 자뼈(ulna)와 노뼈(radius)가 있는데, 팔의 안쪽에 있는 자뼈는 길이의 척도가 되는 뼈로, 척(尺)골이라고도 한다. 바깥쪽(가쪽)에 있는 노뼈는 모양이 마치 배에서 사용하는 '노'와 비슷하다고 해서 붙여진 명칭이다(392쪽). 실제로 공이 닿는 곳은 노의 물갈퀴와 같이 뼈가 넓어지는 부위다. 특히 노뼈는 손목의 엎침과 뒤침 작용을 하는데 관여하므로, 손가락을 중심에서 사방으로 내뻗침으로써 방사(放射)시킨다. 노뼈가 요골(橈骨, radius)이라 불리며

| 아래팔에서 자뼈와 노뼈 구조 |

리베로는 120킬로미터에 이르는 빠른 스파이크를 받아내려면(리시브) 순발력과 위치선정 능력을 갖춰야 한다. 이와 함께 팔에 타고난 감각이 있어야 한다. 리시브 부위는 해부학적으로도 매우 중요한데, 특히 아래팔뼈를 구성하는 자뼈와 노뼈를 둘러싼 근육과 신경이 발달되어 있어야 한다.

방사선(radiation)이나 라디오(radio)와 같은 어원을 가지는 이유가 여기에 있다.

노뼈 위로 손목과 손가락을 움직이는 근육들의 힘줄이 지나가고 아울러 노동맥(radial artery)이 위치해 있어 맥박이 뛰는 것을 쉽게 찾을 수 있다. 겨드랑이에서 위팔로 이어지는 동맥은 팔꿈치 부위에서 두 갈래로 나누어지는데, 그 중 엄지손가락 방향으로 지나가는 것이 노동맥이다. 노동맥은 아래팔의 먼 쪽 부분에서 노뼈의 앞면에 위치하면서 피부와 근막으로만 덮여있다. 따라서 맥박을 확인하거나 동맥혈가스분석을 위해 동맥을 채혈할 때 이용되기도 한다.

노동맥은 손목의 바깥쪽 모서리를 휘돌아 손등쪽으로 넘어간다. 엄지손가락을 쭉 펴보면, 엄지손가락의 손등 부위에 삼각형의 오목한 홈이 보이는데 이곳을 해부학코담배갑(anatomical snuffbox)이라 부른다. 엄지손가락을 움직이는 근육의 힘줄에 의해 형성된 부위로, 오목한 공간의 피부 바로 아래로 노동맥이 지나간다. 가루로 된 담배를 오목한 해부학코담배갑 부위에 올려놓고 코로 흡입을 해서 '코담배갑'이라 불리게 된 것이다. 동맥이 뛰는

| 노동맥 위치 |

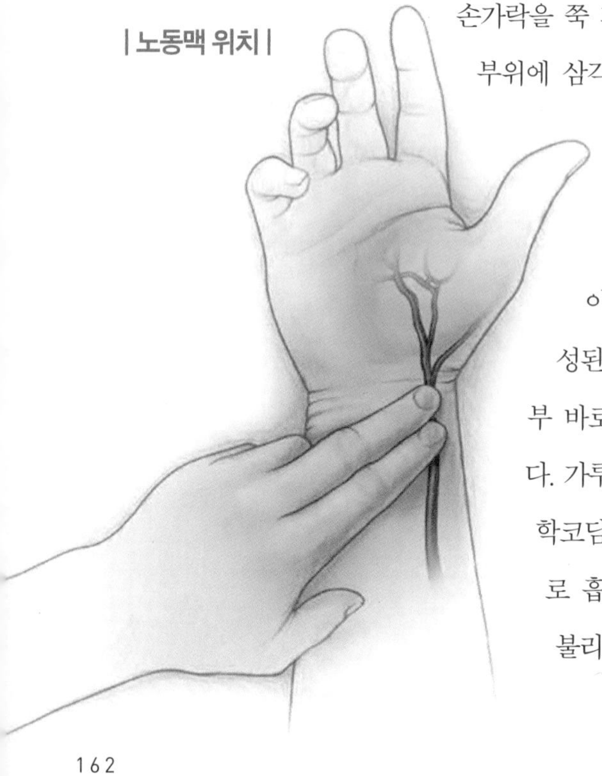

해부학코담배갑은 엄지 손가락을 움직이는 근육의 힘줄에 의해 형성된 부위로, 오목한 공간의 피부 바로 아래로 노동맥이 지나간다. 가루담배를 오목한 부위에 올려놓고 코로 흡입을 해서 해부학에서 '코담배갑'이란 명칭이 붙었다.

것이 잘 느껴지는 안쪽 손목이나 코담배갑 부위에 향수를 뿌린 뒤 코를 대고 향을 확인하는 것도 같은 이치다.

배구경기를 보다보면, 강력한 스파이크를 리시브 하다가 노동맥에 손상을 입으면 어쩌나 하는 걱정이 들기도 한다. 하지만 인간의 몸은 그리 허술하지 않다. 노동맥 주위를 피부감각신경인 얕은노신경이 감싸며 안전하게 보호하고 있기 때문이다.

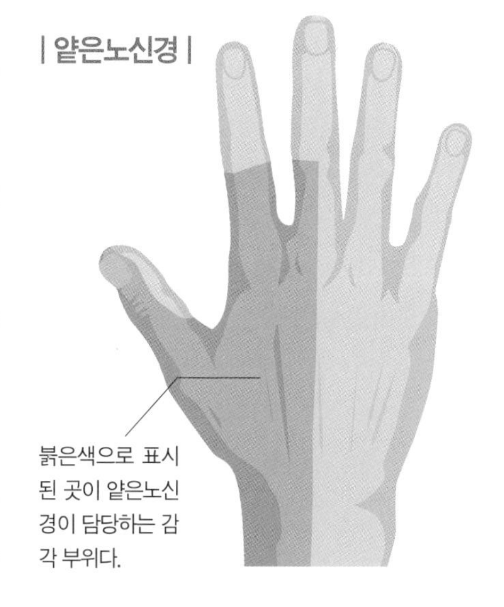

붉은색으로 표시된 곳이 얕은노신경이 담당하는 감각 부위다.

얕은노신경은 배구에서 리시브를 하는 부위의 감각을 담당한다. 얕은노신경의 예리한 감각은 강한 스파이크를 적절한 충격으로 받아내는데 있어서 매우 중요하다.

JOOLA

볼트의 근육

11 OLYMPICS & ANATOMY

아프니까 스포츠다

육상 Track and Field

1960년대 말 민중을 폭압했던 정권에 맞서 광장에 나가 자유를 외쳤다가 육상코치직을 박탈당한 올림픽 영웅이 있었다. 체코의 에밀 자토펙Emil Zatopek이다. 그는 1952년 헬싱키 올림픽에서 주 종목인 5,000미터와 10,000미터를 석권하더니 며칠 뒤엔 마라톤에까지 출전해 금메달을 목에 걸었다. 단거리에서는 한 명이 같은 대회에서 여러 종목을 석권하는 경우가 종종 있지만, 마라톤을 포함한 장거리에서는 전무후무한 기록이었다. 20년이 넘는 정치탄압으로 한때 청소부가 되어 새벽마다 청소차를 쫓아 뛰어야 했던 자토펙에게 거리의 시민이 다가와 조용히 물었다.

"세상이 미쳐 돌아가도 당신은 여전히 뛰고 있군요."

자토펙은 쓴웃음을 지으며 말했다.

"새는 날아야 하고, 물고기는 헤엄쳐야 하며, 인간은 달려야 하지요."

자유가 인간의 정신적 본능이라면, 달리기는 자유를 표출하는 가장 원초적인 본능이다. 신체의 자유로운 활동에 뿌리를 둔 올림픽의 중심에 육상이 자리하고 있는 까닭이다.

육상의 기원은 동서양의 문명마다 보는 시각이 제각각인데, 올림픽이 열렸던 고대 그리스를 중심으로 살펴보면, 신의 제전 즉 종교 행사에서 비롯했다는 게 정설이다. 육상의 역사적 발자취를 되짚어보면 여기저기에서 그리스 문명의 흔적이 읽힌다. 육상경기를 뜻하는 'athletics'는 '경쟁'을 의미하는 그리스어 'athlos'를 어원으로 하고, 육상경기가 열리는 'stadium(스타디움)'은 고대 그리스에서 '거리'를 나타내는 단위 'stadion'에서 유래한다(1stadion은 약 180미터 정도가 된다).

고대 올림픽에서 꾸준히 이어져왔던 육상은 로마시대 이후 자취를 감췄다. 육상은 기사들의 검술이 강조되었던 중세에도 존재감이 미미하다가 첫 근대 올림픽인 1896년 아테네대회부터 일부 세부종목이 채택되면서 다시 조명받기 시작했다.

육상은 올림픽과는 떼려야 뗄 수 없는 관계에 있다. 올림픽에서 가장 많은 메달이 걸려있는 만큼 세부종목도 가장 많다. 과거에는 육상을 신체활동에 따라 달리기, 뛰기, 던지기 정도로 구분했지만, 최근에는 경기가 열리는 장소에 따라 트랙(track)과 필드(field), 도로(road)로 나눠 분류하고, 여기에 혼성경기(남자 10종, 여자 7종)가 추가된다.

| 올림픽 육상 세부종목 분류 |

* 2024년 파리 올림픽 기준

트랙	경주	단거리	100m, 200m, 400m
		중거리	800m, 1500m
		장거리	5000m, 10000m
		릴레이	4×100m, 4×400m, 4×400m 혼성
		허들(H)	110mH(여자 100mH), 400mH
		장애물	3000m
필드	도약		멀리뛰기, 높이뛰기, 세단뛰기, 장대높이뛰기
	투척		창던지기, 원반던지기, 포환던지기, 해머던지기
도로	경보		20km, 42.195km 혼성계주
	마라톤		42.195km
혼성	남자 10종		100m, 110mH, 400m, 1500m 멀리뛰기, 높이뛰기, 장대높이뛰기, 원반던지기, 창던지기, 포환던지기
	여자 7종		100mH, 200m, 800m 높이뛰기, 멀리뛰기, 포환던지기, 창던지기

스프린트와 마라톤에 사용하는 근육은 어떻게 다를까

육상의 트랙경기는 단거리와 중거리, 장거리 등 세부종목에 따라 근육의 발달 정도에 차이가 있다. 농구에서 간략하게 살펴봤듯이(131쪽) 우리 몸의 근육은 크게 속근(速筋)과 지근(遲筋)으로 나뉜다. 속근은 수축 속도가 빠른 근육으로, 순간적으로 힘을 낼 때 사용되는 만큼 100미터와 200미터 등 단거리선수일수록 발달해 있다. 반면 지근은 수축 속도가 느린 근육이므로, 지속적으로 긴장 상태를 유지하는 데 사용되는 만큼 장거리와 마라톤 선수일수록 좋다.

속근과 지근의 조직은 서로 모자이크 형태로 얽혀 있다. 속근은 백색을

| 속근과 지근의 구조 |

근육조직에서 속근과 지근은 서로 모자이크 형태로 얽혀 있다. 단거리선수의 근육조직을 살펴보면, 속근섬유 75%와 지근섬유 25%의 비율로 구성돼 있고, 장거리선수는 근육조직 중 80%가 지근섬유로 이뤄져 있다.

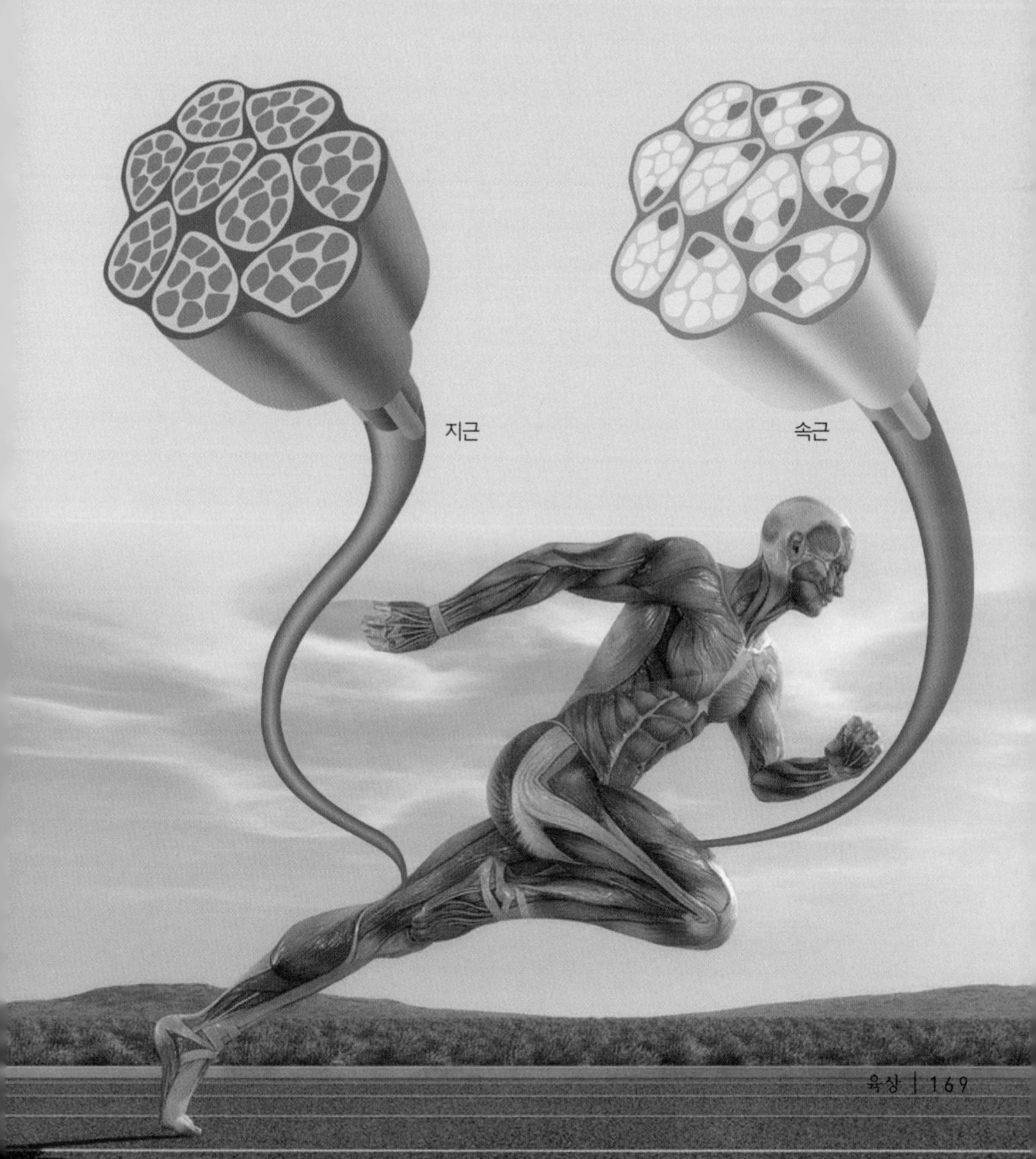

띠는데, 모세혈관과 미오글로빈(myoglobin)*의 함유량이 적은 탓이다. 반면 붉은색을 띠는 지근은 산소를 옮기는 모세혈관과 미오글로빈을 다량 함유하고 있다.

단거리선수의 근육조직을 살펴보면, 속근섬유 75%, 지근섬유 25%의 비율로 구성돼 있고, 장거리선수는 근육조직 중 80%가 지근섬유인 것으로 알려져 있다. 단거리선수의 다리 근육이 발달한 것은 속근섬유의 수가 훨씬 많고, 이를 지배하는 신경세포도 크기 때문이다. 또 속근섬유는 강한 훈련에 훨씬 잘 반응하기 때문에, 단거리선수의 경우 강도 높은 훈련을 거듭할수록 점점 더 근육질이 된다.

반대로 근육에 지근섬유가 많이 포함된 장거리선수는 아무리 강도 높은 연습을 해도 단거리선수에 비해 근육의 크기가 작게 나타난다. 마라톤 선수의 신체는 작고 호리호리한 데 비해, 100미터 스프린터(sprinter)의 몸이 훨씬 근육질인 건 이 때문이다.

그러면 속근과 지근이 동시에 발달할 수는 없을까. 그럴 경우 단거리와 장거리에 모두 유리할 텐데 말이다. 아쉽게도 속근과 지근이 동시에 발달하는 경우는 매우 드물다. 근육조직의 구조상 둘은 서로 대립적인 관계를 형성하고 있기 때문이다. 이를테면 어떤 운동선수가 웨이트 트레이닝의 비중을 늘리면 속근이 발달하면서 순간적인 파워를 내는 데 유리해진다. 다만 이러한 파워를 지속적으로 내는 건 곤란하다. 지구력에 취약해진다는 얘긴데, 쉽게 말해서 속근이 발달할수록 상대적으로 지근은 그렇지 못

---

* 근육 세포 안에 있는 붉은 색소 단백질로, 철을 함유하며 산소를 저장하는 역할을 한다.

100미터 세계기록 보유자인 우사인 볼트(Usain Bolt)가 순간적으로 폭발력 넘치는 스피드를 내는 건 탁월한 속근 때문이다.

한 상태가 된다. 따라서 일정한 속도로 꾸준한 러닝을 늘려나가면 마라톤처럼 장시간 달리는 지구력이 강화되지만, 순간적인 스피드까지 함양되는 건 아니다.

이처럼 속근과 지근의 속성상 우리 몸의 근육이 순발력과 지구력을 모두 갖추는 건 쉬운 일이 아니다. 속근과 지근이 골고루 발달해야 하는 중거리(800미터, 1500미터)가 육상에서 가장 어려운 종목으로 꼽히는 이유가 여기에 있다.

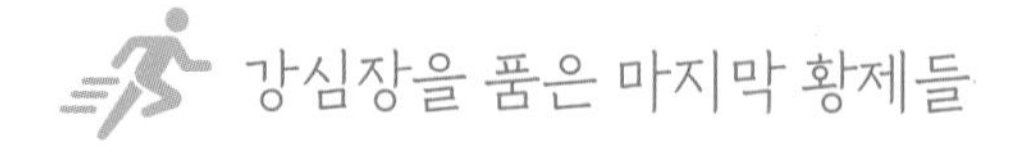

강심장을 품은 마지막 황제들

올림픽 육상 100미터 달리기에서 속근의 최강자가 가려진다면, 지근의 끝판왕은 마라톤에서 탄생한다. 올림픽에서 마라톤은 폐회식 직전인 가장 마지막에 열린다. 종착지도 폐회식이 열리는 메인 스타디움이다. 폐회식을 보기 위해 모인 수만 명 앞에서 시상식이 치러지는 만큼 마라톤 우승자는 수백 명의 올림픽 메달리스트 중에서 가장 스포트라이트를 받는 인물이다. 시상식에서 월계관을 쓴 모습은 마치 마지막 황제의 대관식을 떠오르게 한다.

하지만 마라톤은 화려한 영광만큼 그 과정은 매우 혹독하다. 올림픽에서 우승을 다투려면 40킬로미터가 넘긴 장거리를 2시간 5분 안팎의 시간에 주파해야 한다. 경우에 따라서는 목숨까지 걸어야 한다.

목숨까지 걸어야 한다고? 얼핏 과한 얘기 같지만 마라톤의 기원이 된 설화에서도 죽음은 있었다. 기원전 490년 마라톤 들판에서 벌어진 전투에서 페르시아를 무찌른 승전보를 알리려고 약 40킬로미터*를 쉬지 않고 달려간 아테네 전사 필리피데스Philippides는 결국 숨을 거뒀다.

실제로 마라톤을 뛰다가 목숨을 잃은 뉴스를 종종 접하곤 한다. 원인은 심장 때문이다. 과도한 신체적 활동으로 팔이나 다리 근육이 파열될 경우 통증도 심하고 한동안 거동에 불편을 겪기도 하지만 생명에는 지장이 없다. 그런데 심장은 다르다. 심장은 목숨과 직접적인 연관이 있는 신체부

* 훗날 필리피데스가 달린 거리를 실측해 보니 36.75킬로미터로 확인되었다.

| 심장 구조 및 스포츠심장 크기 |

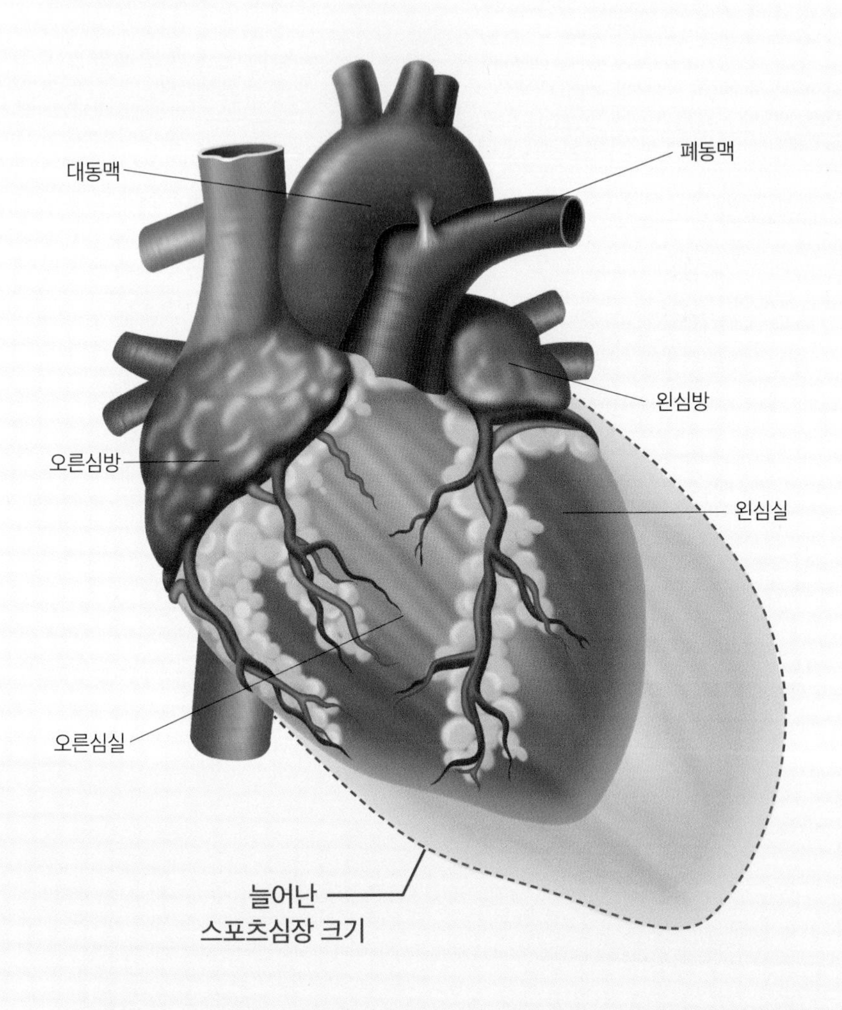

일반인의 심장은 1분에 70~80번 박동하지만, 스포츠심장은 40~50번 박동한다. 심장에 영양과 산소를 공급하는 관상동맥이 발달되어 있어 적은 횟수에도 과도한 운동을 견디는 것이다. 일반인의 심장 크기는 직경이 10센티미터 안팎이지만, 마라톤선수는 16센티미터 이상으로 알려져 있다. 왼심실이 전체적으로 넓어지면서 수축능력이 매우 뛰어난 상태를 유지할 수 있게 한다.

위다. 세계적인 마라톤대회인 보스턴 마라톤 코스에는 약 32킬로미터 지점에 '심장파열 언덕(heartbreak hill)'이란 구간이 있다. 마라톤 코스마다 '마(魔)의 구간'은 있기 마련인데, 이를 가리켜 '심장파열 언덕'이라고 하는 까닭은 그만큼 마라토너에게 있어서 심장의 중요성을 강조하는 대목이기도 하다.

심장은 주기적인 펌프 운동으로 산소와 영양소가 포함된 혈액을 온몸으로 보내거나 받는 순환기관이다. 심장은 크기가 주먹만 하고, 왼쪽 가슴 아래에 위치해 있다. 심방(atrium)과 심실(ventricle)이 4개의 방(오른심방, 오른심실, 왼심방, 왼심실)으로 되어 있는데, 심방은 혈액이 들어오는 곳, 심실은 혈액이 나가는 곳이다. 심방과 심실 사이, 심실과 동맥 사이에는 '판막'이라는 얇은 막이 있어서 혈액이 거꾸로 흐르는 것을 막아 준다.

심장이 뛰는 것을 가리켜 '박동'이라 하는데, 달리기와 같은 운동을 할 때 심장 박동이 빨라지는 까닭은 온몸에 혈액을 더 빨리 공급하려고 심장이 평소보다 많은 일을 하기 때문이다. 그런데 마라톤처럼 장거리를 오랜 시간에 걸쳐 뛸 경우 심장은 엄청난 과부하를 극복해야 한다. '마라톤은 심장으로 하는 스포츠'라는 말이 나오게 된 배경이 여기에 있는 것이다.

스포츠의학에서는 마라톤처럼 고도의 지구력을 요하는 종목에 특화된 심장을 가리켜 '스포츠심장(athletic heart)'이라고 부른다. 1899년 스웨덴 출신의 의사 헨셴Salomon Eberhard Henschen이 처음 사용한 개념이다. 일반인의 심장은 1분에 70~80번 박동하지만, 스포츠심장은 40~50번 박동한다. 심장에 영양과 산소를 공급하는 관상동맥이 발달되어 있어 적은 횟수에도 과도한 운동을 견디는 것이다. 일반인의 심장 크기는 직경이 10센티미터 안

퐉이지만, 마라톤선수는 16센티미터 이상으로 알려져 있다. 왼심실이 전체적으로 넓어지면서 수축능력이 매우 뛰어난 상태를 유지할 수 있게 한다.

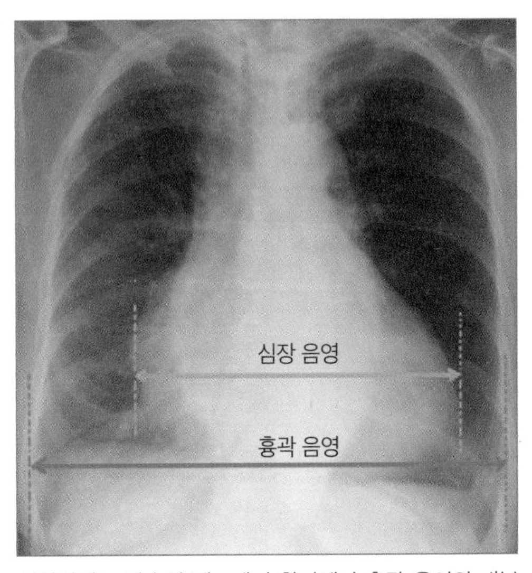

심장비대는 가슴의 엑스레이 촬영에서 흉곽 음영의 내부 길이에 비해 심장 음영의 길이가 절반 이상을 차지한다.

일반인의 경우 무리해서 달리기를 하면 혈액량을 늘리기 위해 심박동이 빨라지면서 심박출량을 증가시켜 호흡곤란이나 흉통을 겪게 된다. 하지만 스포츠심장을 가진 선수들은 왼심실의 근육이 두꺼워지고 용량이 커져있기 때문에 한 번의 심박동으로도 다량의 심박출량을 공급할 수 있다.

이때 스포츠심장과 구별해야 할 증상으로 심장비대가 있다. 심실벽이 두꺼워짐으로써 심근의 무게가 증가한 상태로, 일반인의 심장이 지속적으로 무리한 일을 하거나 고혈압 혹은 동맥경화로 인해 나타나는 증상이다. 장시간 달리기 등으로 커졌던 선수들의 스포츠심장은 다시 본래의 크기로 돌아오지만, 일반인의 심장비대는 다른 기전에 따른 것은 아닌지 확인해 봐야 한다.

아무리 강한 스포츠심장을 지녔다고 해도 마라톤을 완주하는 것은 쉬운 일이 아니다. 특히 올림픽에 출전할 정도의 정상급 마라토너일수록 완주는 더욱 힘들다. 그들에게는 단지 완주만이 목표가 아니라, 경쟁에서 이기고 또 기록도 깨야 하는 완주여야 하기 때문이다.

마라톤에서 경쟁과 기록은 양날의 검이다. 마라토너는 경쟁에서 이기고 기록을 깨기 위해 극도의 인내력을 발휘하지만, 경쟁과 기록에 발목이 잡혀 무리한 페이스로 완주마저 실패할 수도 있기 때문이다.

1992년 바르셀로나 올림픽 마라톤 금메달리스트 황영조 선수는 탁월한 스포츠심장과 폐활량의 소유자였다. 황 선수의 동료이자 마라톤 한국기록(2시간7분20초) 보유자인 이봉주 선수는 한 인터뷰에서, "그의 강심장이 미치도록 갖고 싶었다"고 했을 정도다.

하지만 몬주익의 영웅은 20대의 나이에 이른 은퇴를 해야만 했다. 원인은 발바닥이었다. 스피드형 마라토너인 황 선수는 앞꿈치로 밀어주는 '킥' 때문에 유독 발바닥 부상이 잦았고, 이로 인해 선수시절 2번이나 수술대에 올라야 했다. 황 선수는 한 언론과의 인터뷰에서, "수술 후 충분한 휴식을 갖고 재활에 임해야 했지만, 세계 정상을 향한 압박감은 이를 허락하지 않았다"고 고백했다.

황 선수를 괴롭혔던 부상은 족저근막염이다. 족저근막염이란 발꿈치에서 시작해 발가락으로 이어지는 족저근막에 염증이 생기는 질환이다. 족저근막은 발의 아치를 유지하고 발바닥이 받는 충격을 흡수하는 역할을 한다.

| 발바닥 근육 구조 |

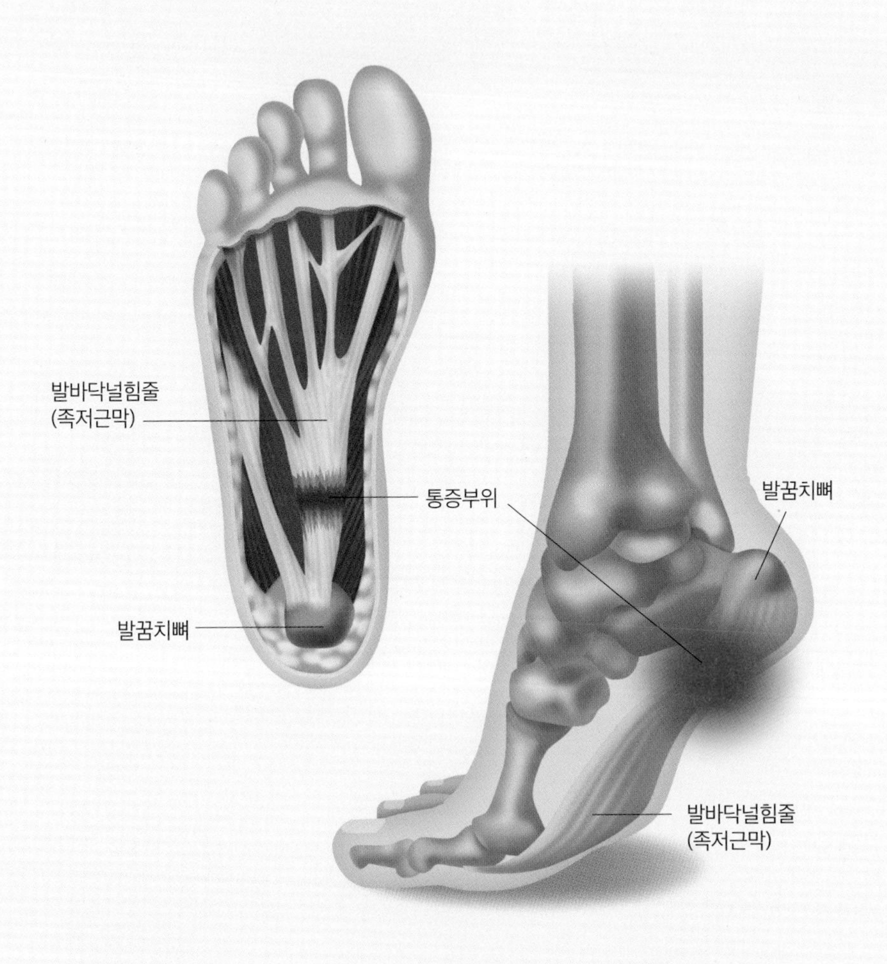

족저근막염은 마라토너 사이에서 가장 흔한 질환이기도 하다. 초기에는 발바닥의 힘줄이 미세하게 파열되면서 염증이 생기는데, 이를 방치하고 계속 무리할 경우 힘줄이 두꺼워지는 등 변성이 생기게 된다. 스피드형 마라토너인 황영조 선수는 앞꿈치로 밀어주는 '킥' 때문에 유독 발바닥 부상이 잦았고, 이로 인해 선수시절 2번이나 수술대에 올라야 했다.

지난 2019년 10월 오스트리아 비엔나에서 열린 '이네오스 1:59 챌린지'에서 케냐의 마라톤 영웅 엘리우드 킵초게는 1시간59분40.2초만에 완주해 2시간의 벽을 깼다. 하지만 세계육상연맹은 기술도핑 등을 이유로 그날 캡초게가 세운 기록을 공식적으로 인정하지 않았다. 오른쪽 사진은 킵초게 앞에서 V자 형태로 달리며 공기 저항을 줄여준 페이스메이커들.

족저근막염은 마라토너 사이에서 가장 흔한 질환이기도 하다. 초기에는 발바닥의 힘줄이 미세하게 파열되면서 염증이 생기는데, 이를 방치하고 계속 무리할 경우 힘줄이 두꺼워지는 등 변성이 생기게 된다.

세계 정상급 마라토너 중에서 발바닥 부상을 호소하는 경우가 잦아지면서 2시간 벽을 깨기 위해서는 무엇보다 그들의 발바닥이 안전해야 한

다는 우스갯소리가 돌기도 했다. 언제나 그래왔듯이 신기록 달성을 향한 인간의 노력은 눈물겹도록 가상할 때가 있다. 지난 2019년 10월 오스트리아 비엔나에서 열린 '이네오스 1:59 챌린지'라는 비공식 마라톤대회도 그랬다. 대회의 주인공은 케냐의 마라톤 영웅 엘리우드 킵초게Eliud Kipchoge였는데, 결론부터 말하면 그날 킵초게는 1시간59분40.2초만에 완주했다. 인간의 한계라는 2시간 벽을 19초8이나 단축한 것이다.

당시 대회를 기획한 주최 측은 2시간 벽을 깨기 위한 스포츠과학적 실험이 얼마나 효과가 있는가에 초점을 맞췄던 모양이다. 주최 측은 2017년 미국 휴스턴대와 콜로라도대 공동연구팀이 〈스포츠의학 저널(The Journal of Sports Medicine and Physical Fitness)〉에 공개해 화제를 모았던 연구결과를 실험했다. 연구의 골자는 당시 세계기록 보유자인 마라토너 데니스 키메

2024년 5월 현재 남자마라톤 세계기록은 故켈빈 킵툼(Kelvin Kiptum)이 2023년 10월 8일 시카고 마라톤대회에서 세운 2시간 0분35초이다. 안타깝게도 킵툼은 2024년 2월 11일 불의의 교통사고로 유명을 달리했다.

토Dennis Kimetto의 신체능력과 기록을 토대로 공기저항을 낮춰 에너지 소비를 줄이면 약 3분, 운동화 무게를 100그램 줄이면 약 57초 가량 기록을 단축할 수 있다는 것이었다.

이를 위해 킵초게 앞에는 5명의 페이스메이커(pacemaker)가 V자 형태로 달리며 공기저항을 낮췄다. 여기에 2명의 페이스메이커가 킵초게의 좌우에서 함께 달리며 페이스 조절을 도왔다. 페이스메이커들은 킵초게의 속도를 따라가지 못하기 때문에 4킬로미터를 달릴 때마다 교체됐다.

그날 페이스메이커만큼 화제를 모았던 건 킵초게가 신은 러닝화였다. 나이키는 킵초게만을 위해 '줌엑스 베이퍼플라이'라는 신발을 특별제작해 제공했다. 런닝화의 밑창 부분은 탄소섬유 4장으로 만들어졌는데, 이것이 스프링 역할을 함으로써 뛰는 탄력을 10% 이상 높여줬다.

킵초게의 기록은 세계육상연맹(이하 'WA')에게서 공식기록으로 인정받지 못했다. 공식경기에는 페이스메이커를 3명 이상 동원할 수 없다. 킵초게가 신은 러닝화도 결격사유에 해당했다. WA 측은, 특정 선수를 위해 제작된 신발은 공식대회에서 사용할 수 없다는 규정을 들었다. 킵초게의 러닝화는 이른바 '기술도핑'(342쪽 각주) 논란을 일으킬 만한 혐의가 충분하다고 WA는 판단한 것이다.

스포츠과학의 진화와 성취는 눈이 부실 만큼 경이롭다. 다만 기록 갱신에 함몰된 스포츠과학은 공허하다. 기록의 주인공이 인간인지 과학인지 모호해질수록 스포츠는 길을 잃고 만다. 십리도 못가서 발병이 나는 마라토너의 상황은 안타깝지만, 그것도 스포츠의 일부가 아닐까.(선수들에겐 가혹하게 들릴지 모르겠지만) '아프니까 스포츠'인 까닭이다. 백리든 천리든 아무리 뛰어도 발병이 나지 않는 러닝화는 과학적 성취가 분명하지만, 한편으론 인간의 한계에 도전하는 스포츠 본연의 정신을 희석시킨다.

무엇이 그들의 발목을 잡는가

체조 Gymnastics

"Impossible, it is nothing."

이 말은 세계적인 스포츠 브랜드 아디다스가 오랫동안 내세워온 캐치프레이즈다. 우리말로 하면, "불가능, 그것은 아무것도 아니다" 정도가 되겠다. 아디다스는 해당 문구를 가지고 무하마드 알리Muhammad Ali, 리오넬 메시Lionel Messi 등 당대 최고의 스포츠 스타들을 모델로 세워 광고를 제작했다. 그 중에서 개인적으로 가장 기억에 남는 모델은 1976년 몬트리올 올림픽 체조 금메달리스트 나디아 코마네치Nadia Elena Comăneci다.

올림픽에 참가했을 당시 코마네치는 불과 14살의 앳된 소녀였다. 기적은 이단평행봉에서 시작됐다. 2개의 평행봉을 넘나드는 코마네치의 '신들린' 연기에 체조경기장을 찾은 수많은 관중들은 술렁거렸다. 이윽고 소녀의 경연이 끝나자마자 엄청난 환호가 쏟아졌다. 그리고 장내의 시선은

몬트리올 올림픽 당시 스코어보드는 올림픽 체조 사상 최초의 10점 만점을 읽어내지 못해서 1.0으로 표시되는 해프닝이 발생했다. 주인공은 루마니아 출신 14살 소녀 코마네치였다.

일제히 전광판으로 향했다. 모두가 숨을 죽이는 순간 스코어보드에 1.0이라는 숫자가 찍혔다. 터무니없는 숫자에 관중들은 어리둥절했다. 바로 그때 심사위원 중 하나가 일어나 외쳤다. "1.0이 아니라 10이오!" 이단평행봉 사상 최초의 10점을 스코어보드가 수용하지 못한 것이다. 체조경기장엔 다시 한 번 거대한 함성이 폭발했다.

이것으로 끝이 아니었다. 코마네치는 다른 종목에서도 줄줄이 만점을 이어나갔다. 말 그대로 '10점 만점에 10점'의 향연이었다. 그 순간 불가능, 그것은 정말로 아무 것도 아닌 듯 했다. 현란한 기술로 하늘을 유영하다 바닥에 사뿐히 내려앉는 동작은 '코마네치 착지'란 신조어가 나올 정도로 완벽했다. 당시 미국의 〈타임〉지는 코마네치를 가리켜 "인간의 몸을 빌려

지상에 나타난 요정"이라고 했다. '인간계를 넘어 신계에 가장 가까운 종목'은 그렇게 탄생했다. 이제 사람들은 요정과의 황홀한 조우를 기대하며 체조경기장을 찾았다.

코마네치가 등장하기 수천 년 전부터 체조는 인간의 원초적 아름다움을 가장 적극적으로 발현하는 행위였다. 고대 그리스에서는 인간의 몸이야말로 가장 아름다운 예술 그 자체로 생각했다. 심지어 고대 올림픽에서는 선수들이 벌거벗은 채로 경기에 출전했다. 체조를 뜻하는 gymnastics는 '벌거숭이'를 뜻하는 고대 그리스어 'γυμνός(gymnós)'에서 유래한다. 이것이 현재 체육관을 의미하는 gym으로 발전한 것이다. 플라톤Plato과 아리스토텔레스Aristoteles는 신체 운동이 지적 활동과 결합될 때에만 정신과 육체의 조화가 가능하다고 여겼는데, 이에 가장 부합하는 운동으로 체조를 지목했다.

몬트리올 올림픽 이단평행봉에서 신들린 연기를 펼치는 코마네치

체조가 근대적 스포츠의 모습을 갖춘 것은 19세기 독일에서였다. '독일 체조의 아버지'라 불리는 프리드리히 얀Friedrich L. Jahn은 베를린 외곽에 실외 체조장을 열어 안마 · 철봉 · 평균대 · 평행봉 등을 개발해 교육했다. 이를 토대로 독일에서는 1881년 국제체조연맹(이하 'FIG')의 모체인 유럽 체조연맹이 결성되어 1896년 아테네 올림픽에서 체조가 정식종목으로 채택되는 기반을 마련했다.

체조는 이후 올림픽에서 세부종목이 수시로 바뀌는 우여곡절을 겪다가 1952년 헬싱키 올림픽부터 지금의 철봉 · 평행봉 · 안마 · 링 · 마루 · 도마 등으로 정해졌는데, 이들을 묶어 '기계체조'라고 부른다. 1984년 로스앤젤레스 올림픽부터 무용과 음악을 체조에 접목시킨 리듬체조가 정식종목으로 채택되었지만, 이는 기계체조에는 포함되지 않는다.

 신계에 가장 가까운 스포츠

기계체조는 성별에 따라 세부종목에 차이가 있다. 남자부에는 철봉 · 평행봉 · 안마 · 링 · 마루 · 도마까지 6개 종목이 있고, 여자부는 도마 · 마루 · 이단평행봉 · 평균대 등 4개 종목으로 구성돼 있다.

'마루'는 12제곱미터 규격의 탄성매트 위에서 50~70초 동안 공중돌기와 재주넘기, 물구나무서기, 구르기 등의 다양한 동작을 겨루는 종목이다. 여자부는 음악에 맞춰 율동적인 연기를 펼치는 반면, 남자부에서는 음악 없이 파워와 역동성 등이 강조된다. 경기장을 골고루 사용하되 경계선을 밟거나 벗어나면 감점된다. 연기의 클라이맥스는 공중회전인데, 회전수

등 기술 난이도와 함께 안정적인 착지가 중요하다.

'도마'는 로마에서 군인들이 말타기 훈련에 목마를 사용한 것에서 유래했다. 달리면서 도움닫기를 하여 'vault'라 불리는 뜀틀(높이 : 남자 135센티미터, 여자 125센티미터)을 넘으면서 화려한 공중동작을 펼친 다음 안정적으로 착지해야 한다.

'링'은 2.9미터 높이에서 줄로 연결된 고리(링)를 잡고 줄의 진동을 이용해 연기를 펼치는 남자종목이다. 기계체조 중에서 가장 많은 힘을 필요로 한다. 특히 링이 전혀 흔들리지 않는 정지된 상태를 2초 이상 연기하는 '십자버티기(iron cross)'에서 힘의 사용이 극대화된다. 이때 2초 이상 정지하지 못하면 감점된다. 연기 도중 줄이 꼬이거나 흔들리는 것도 감점 요인이다.

'안마'는 손잡이가 달린 말안장 모양의 구조물 위에서 몸과 다리를 회전하거나 교차하는 연기를 펼치는 남자종목이다. 모든 동작은 반드시 스윙으로 이뤄져야 하는데, 연기 도중 동작을 멈추면 감점된다.

'철봉'은 철제 봉에 매달려 다양한 동작을 연기하는 남자종목이다. 봉에서 손을 교차해 방향을 바꾸기도 하고, 양손을 놓았다가 다시 봉을 잡는 등 화려한 공중동작을 연기한 뒤 안정적으로 착지해야 한다.

'평행봉'은 마루면에서 2미터 높이에 설치된 2개의 평행한 봉 위에서 연기를 펼치는 남자종목이다. 2개의 봉 사이에 양팔로 몸을 지지한 상태에서 균형을 잡고, 몸을 흔들고 회전하는 동작을 하면서 각 동작 끝에 균형감을 극대화하는 정지동작을 연기해야 한다.

'이단평행봉'은 1.7미터와 2.5미터 높이의 봉에 매달려 흔들면서 연기

리듬체조 중 리본 연기

트램펄린

하는 여자종목이다. 2개의 봉을 왔다 갔다 하면서 오르기, 물구나무서기, 스윙, 회전, 비행, 내리기 등의 기술을 연기한다.

'평균대'는 길이 5미터, 폭 10센티미터, 높이 120센티미터의 평균대 위에서 70~90초 동안 구르기, 돌기, 공중돌기 등의 연기와 균형감 있는 자세를 겨루는 여자종목이다. 서커스의 곡예사가 줄타기를 하듯이 폭이 좁은 평균대 위에서 균형을 유지하는 게 기본이다.

기계체조가 파워와 기술을 바탕으로 한 역동성을 강조한다면, 리듬체조는 음악과의 조화를 통한 예술적 아름다움을 겨루는 여자종목이다. 후프, 볼, 곤봉, 리본 4가지 도구를 이용하여 연기를 펼치는데, 이때 도구를 떨어뜨리거나 매트 밖으로 나가면 감점된다.

리듬체조는 6명의 선수가 한 팀을 이루는 단체경기와 개인경기로 나누어 치러지며, 단체경기는 2분 15초에서 2분 30초 사이, 개인경기는 각 종목당 1분 15초에서 1분 30초 사이에 연기를 마쳐야 한다. 신체의 유연성이 강조되는 만큼 출전선수들의 평균 연령이 10대 후반에서 20대 초반으로 올림픽에 출전하는 선수 중 낮은 편에 속한다.

기계체조에 포함되지 않는 유니크한 종목으로 트램펄린(trampoline)도 주목할 만하다. 트램펄린은 우리가 어릴 때 많이 뛰어놀던 방방이 스프링 같은 구조물에서 탄력을 이용해 도약하여 공중제비를 돌고 몸을 비틀어 회전하는 등의 연기를 겨루는 종목이다.

트램펄린은 1936년경 미국 아이오와대학교 체조선수 조지 니센George Nissen이 서커스의 공중그네 곡예사들이 탄력 있는 받침대를 안전네트로 사용하면서 묘기를 연출하는 것에서 영감을 얻어 고안했다. 처음에는 우주 비행사의 훈련도구로 활용되다가 차츰 공중에서 다양한 연기를 펼치는 경연으로 발전하면서 독립한 스포츠종목으로 자리매김했다. 2000년 시드니 올림픽에서 정식종목으로 채택되었지만, 국내에서는 아동용 놀이기구나 일반인의 운동기구로 보급되어 있을 뿐 경기종목으로는 불모지에 가깝다.

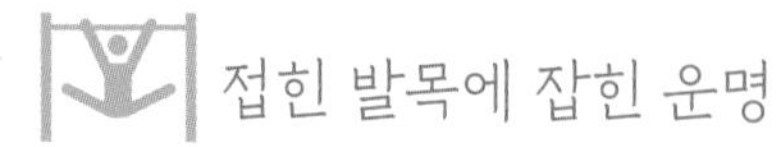

접힌 발목에 잡힌 운명

기계체조는 누가 더 고난도의 기술을 안정적으로 연기하는가를 겨루는 스포츠다. 각 세부종목마다 펼치는 기술의 난이도는 상상을 초월할 정도로 엄청난 숙련 과정을 요구한다. FIG는 기존에 없던 고난도 기술을 처음 개발해 성공한 선수의 이름을 따서 해당 기술을 각종 국제대회의 채점 규

런던 올림픽 도마종목 금메달리스트 양학선 선수가 FIG에 등재된 'Yang Hak Seon' 기술을 연기하는 장면.

칙(Code of Points)으로 삼기도 한다.

2012년 런던 올림픽 도마 금메달리스트 양학선 선수는 2011년 세계체조선수권대회에서 본인이 개발한 공중에서 세 바퀴(1,080도)를 비틀어 돈 다음 정면으로 내려와 착지하는 기술을 성공했는데, FIG는 기술을 개발한 선수의 이름을 따서 'Yang Hak Seon'이라는 명칭으로 최고 난이도 7.4의 공식 신기술로 등재했다.

다만 제아무리 고난도의 현란한 기술이라도 한 가지 철칙이 있다. 바로 '안정적인 착지'다. 공중에서 세 바퀴를 비틀어 돌든 그 이상을 비틀어 돌든 바닥에 내딛는 순간 제대로 중심을 잡지 못하고 엉덩방아를 찧거나 심하게 비틀거리면 적지 않은 감점을 각오해야 한다. 선수건, 코치건 심지어 관중이건 착지하는 그 순간까지 마음을 졸이는 이유다. 코마네치가 위대했던 건 공중에서의 고난도 기술 이후 사뿐히 내려앉는 안정적인 착지 때문이었다.

'유종의 미(!)'를 거두려는 마지막 통과의례에 대한 부담감 탓에 체조선수들은 착지 과정에서 심각한 발목부상에 시달린다. 올림픽 2연패를 위해 4년 내내 고난도 기술을 연마해온 양학선 선수가 리우데자네이루 올림픽 출전을 포기한 것도 발목인대 부상 때문이었다. 4~5미터 높이에서 역동적으로 착지하는 선수의 몸을 안전하게 지지해주는 건 결국 발목이다. 발목이 받는 하중이 매우 클 수밖에 없다는 얘기다.

해부학에서 발목은 종아리와 발 사이를 연결하는 관절로 체중을 지면에 전달하는 역할을 한다. 발목관절 위로 종아리뼈와 정강뼈, 아래로 발목뼈가 모여 관절을 형성한다. 발목뼈(족근골)는 목말뼈, 발꿈치뼈, 발배뼈, 입방뼈에 3개의 쐐기뼈를 합쳐 모두 7개의 뼈로 구성된다. 이때 발목뼈 중에서 목말뼈 만이 종아리뼈와 관절을 이룬다. 목말뼈(거골)는 발목뼈 중에서 힘줄이나 근육이 붙지 않는 유일한 뼈인데, 윗쪽과 안쪽은 정강뼈와, 바깥면은 종아리뼈와 연결되어 몸무게를 지탱한다.

발꿈치뼈(종골)는 발에서 가장 크고 강한 뼈인데, 목말뼈에서 받은 대부분의 몸무게를 바닥으로 전달한다. 이 부위의 안정성을 위해 다양한 인대가 존재하는데, 우리가 보통 발목을 삐었다고 할 때는 발목이 안쪽으로 접질리는 상황이다. 이 경우 발목 바깥의 앞목말종아리인대가 늘어나면서 손상을 입게 된다. 인대가 심하게 손상될 경우, 발꿈치종아리인대 부근까지 통증을 느끼게 된다. 반대로 발목이 바깥쪽으로 꺾일 경우 발목안쪽의 삼각인대에 손상이 발생한다.

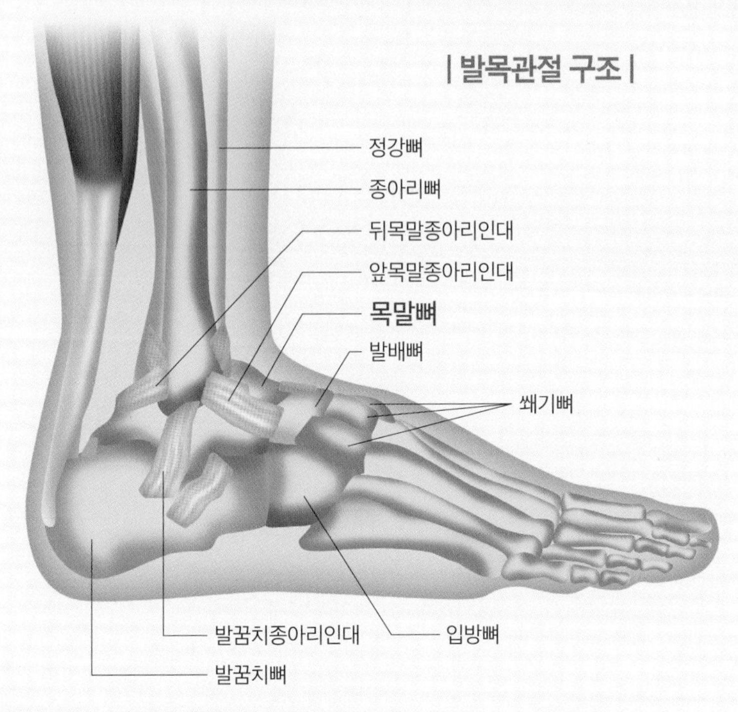

해부학에서 발목은 종아리와 발 사이를 연결하는 관절로 체중을 지면에 전달하는 역할을 한다. 발목의 위로 종아리뼈, 정강뼈, 아래로 발목뼈가 모여 관절을 형성한다. 체조경기에서 4~5미터 높이에서 역동적으로 착지하는 선수의 몸을 안전하게 지지해주는 건 결국 발목이다. 발목이 받는 하중이 상당한 만큼 부상의 위험도 크다.

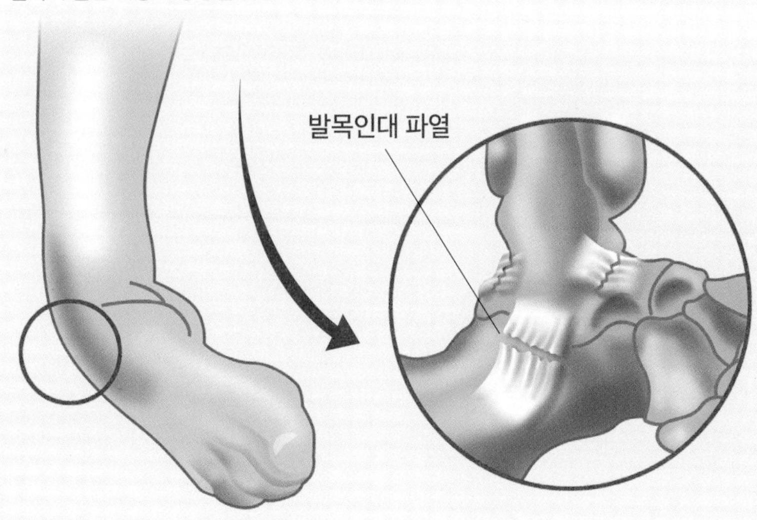

우리는 흔히 타인으로부터 자신의 약점을 빌미로 공격을 받았을 때 '발목이 잡혔다'고 표현한다. 약점을 발목에 빗댄 이유는 우리 몸에서 발목이 유독 약한 부위이기 때문이다. 아울러 발목이 잡히면 한걸음도 앞으로 나갈 수 없기 때문이기도 하다. 체조선수들은 착지 과정에서 발목관절을 지탱하는 인대가 늘어나는 '발목염좌'에 취약하다. 발목이 '접혀서' 발목이 '잡히고' 마는 셈이다.

체조선수들은 착지에서 발목이 받는 하중을 줄이기 위해서라도 체중 조절에 엄격할 수밖에 없다. 하지만 지나친 체중 조절은 체조선수들의 또 다른 발목을 잡는 부작용을 초래하곤 한다.

REDs 증후군의 공포

최근 스포츠의학에서 주목하는 연구과제 중에 'REDs'라는 게 있다. 단어만 보면 혈액과 연관된 게 아닐까 싶지만 'Relative Energy Deficiency in Sports'의 이니셜 조합이다. 우리말로 하면, '스포츠에서 상대적 에너지 부족' 정도가 되겠다.

REDs는 가용 에너지가 낮은 상태로 오래 지속됐을 때 면역력, 뼈조직, 심혈관 심지어 생식기능에 이르기까지 심각한 저하를 초래하는 증후군을 말한다. 체조나 피겨스케이팅 등 체중 조절의 부담이 큰 종목일수록 REDs에 빠질 위험이 높다. 무리한 다이어트를 하거나 체중 관리가 엄격한 아이돌 연습생에게도 나타날 수 있다. REDs 상태가 심해지면 경기력 저하는 물론 부상의 위험이 급격히 올라간다.

실제로 체조선수들은 현역생활 내내 체중과의 전쟁을 치러야만 한다. 좀 더 정확하게 말하면 체지방과의 전쟁이다. 양학선 선수는 한 언론과의 인터뷰에서 국제대회에 출전하기 전에는 엄청난 훈련과 철저한 식사조절로 2%대의 체지방률을 유지한다고 했다. 일반 남성의 평균 체지방률이 약 20%라고 했을 때 10분의 1에 해당하는 수치다. 군살 없는 몸매가 고난도 기술 연마에 유리한 건 사실이지만, 지방이 너무 없으면 오히려 근육 부상이 잦다는 연구결과도 있다. 지방은 근육을 외부 충격으로부터 보호하는 역할을 하기 때문이다.

신체를 구성하는 지방조직인 체지방은 피부밑조직(피하조직), 유방, 콩팥 주위 등에 널리 분포한다. 저장지방으로 에너지에 이용되는 것 외에 내장 보호와 체온 조절기능도 한다. 저장지방이 과잉으로 축적된 '비만'은 건강에 여러 경고음을 내지만, 적절한 지방은 우리 몸에서 순기능 역할을 한다. 지방조직은 주로 지방세포와 물로 구성되며 성인은 약 6~25킬로그램을 차지한다. 지방 1킬로그램에는 약 7,300칼로리의 에너지가 있는 것으로 추산된다.

체조선수들이 체지방의 지나친 감량으로 겪는 고통은 비단 어제오늘의 일이 아니다. 코마네치도 한때 은퇴를 고민할 정도로 극심한 슬럼프에 빠졌었는데, 지나친 식단조절 등 어린 나이에 감내해야 할 것들이 상상을 초월했기 때문이었다. 코마네치는 몬트리올 올림픽 이후 폭식과 단식을 반복하면서 심각한 우울증을 겪어야 했다. 그런데 다음 올림픽인 모스크바대회에 출전한 코마네치는 과거의 깡마른 체형에서 벗어나 있었다. 다소 살이 붙은 몸매에 주변에서는 우려를 표했지만 그녀의 표정은 그 어느 때보다 밝았다. REDs를 극복했던 것이다.

훗날 코마네치는 자서전에서 모스크바대회에서는 과도한 긴장과 부상 스트레스에서 벗어나 진정으로 체조를 즐길 수 있었다고 했다. 비록 몬트리올대회에서 거둔 성적에는 미치지 못했지만, 평균대와 마루운동에서 각각 금메달을 따내며 녹록치 않은 실력을 유감없이 발휘했다. 당시 언론은 코마네치의 연기에 대해, "힘차면서도 부드럽고, 과감하면서도 우아했

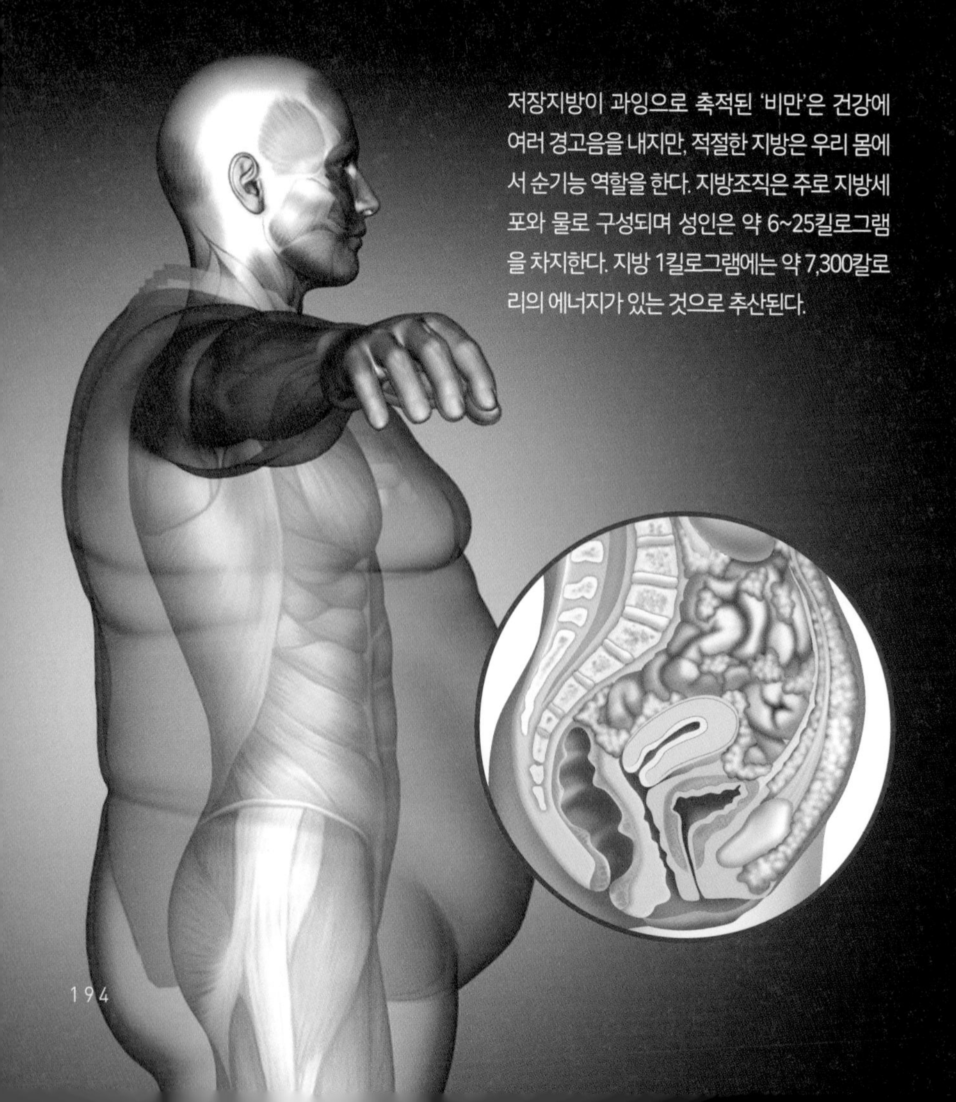

저장지방이 과잉으로 축적된 '비만'은 건강에 여러 경고음을 내지만, 적절한 지방은 우리 몸에서 순기능 역할을 한다. 지방조직은 주로 지방세포와 물로 구성되며 성인은 약 6~25킬로그램을 차지한다. 지방 1킬로그램에는 약 7,300칼로리의 에너지가 있는 것으로 추산된다.

다"며 호평했다. 인간의 몸을 빌려 지상에 나타난 요정은 사라졌지만, 그 대신 그 누구보다도 행복한 체조선수가 탄생한 순간이었다.

지난 2023년 3월 국가인권위원회(이하 '인권위')는 중·고교에 재학 중인 기계체조선수들이 무리한 체중 조절과 과도한 훈련으로 부상과 피로 누적 및 성장발달 지연 등을 겪고 있다며, 이를 개선해야 한다는 의견을 냈다. 엘리트 체육을 강조하는 한국에서는 REDs의 위험이 청소년 시절부터 시작되고 있는 것이다.

생각건대 앞서 소개한 '불가능, 그것은 아무것도 아니다'란 캐치프레이즈는 다시 읽을 필요가 있겠다. 이 말은 '인간에게 불가능한 것은 없다'가 아니라 '인간이기에 불가능할 수도 있으니 넘어져도 괜찮다. 불가능, 그것은 아무것도 아니다. 중요한 건 당신의 행복이다'라고 읽혀야 하지 않을까. '행복한 인간' 코마네치가 보내온 따뜻한 교훈이다.

13 OLYMPICS & ANATOMY

아틀라스의 정신을 들어올리다

역도 Weightlifting

“나는 선수 생활 통틀어 5톤 트럭 6만 대 분의 바벨을 들었다.”

1992년 바르셀로나 올림픽에서 한국 역도 사상 첫 금메달리스트가 된 전병관 선수가 언론과의 인터뷰에서 밝힌 소회다. 역도 국가대표팀 코치를 지낸 한 지도자는 역도야말로 훈련의 질과 양이 오롯이 결과로 나타나는 종목이라고 했다. 역도에서만큼은 운칠기삼(運七技三)이란 말이 통용되지 않는다는 얘기다. 그날 운이 좋다고 해서 갑자기 무거운 쇳덩이를 들어올릴 힘이 솟는 건 아니기 때문이다. 5톤 트럭 6만 대 분량의 바벨은 쉽게 상상이 되지 않지만, 올림픽 금메달의 무게와 등치함을 전병관 선수가 증명한 셈이다.

역도는 인류 역사상 가장 고전적인 힘겨루기 중 하나다. 격투가 사람을 대상으로 힘을 발산하는 종목이라면, 역도는 그 대상이 사물(쇳덩이)인 점에서 근본적인 차이가 있다. 규격화된 무쇠재질인 덤벨(dumbbell, 바벨보다 작은 크기의 쇳덩이)을 처음 사용한 것은 19세기 무렵 영국에서였는데, 당시 산업혁명으로 철의 보급이 크게 늘어난 것과 무관하지 않다. 역도를 체력 증진을 위한 운동으로 발전시킨 것은 독일 출신 체육지도자들이었다. 그 중 아이젤렌Ernst W. B. Eiselen은 1837년에 펴낸 체육교본에서 아령을 든 운동 자세를 삽화로 그려 구체적으로 기술하기도 했다.

한국 역도의 화양연화

역도가 스포츠의 형태로 널리 알려진 계기는 역시 올림픽이다. 근대 올림픽의 문을 연 1896년 아테네대회부터 역도는 체조의 한 분야로 정식종목으로 채택되었다. 하지만 역도는 경기 규칙이 통일되지 못한 채 자주 바뀌면서 한동안 올림픽에서 퇴출되는 신세를 겪어야 했다.

역도가 올림픽에 다시 모습을 드러낸 건 1920년 벨기에 앤트워프 올림픽에서였는데, 체조에서 독립하여 5개 체급으로 경기가 진행되다가 1928년 암스테르담 올림픽부터는 인상과 용상, 추상으로 나눠 진행되면서 지금의 모습을 갖추게 되었다(추상은 1973년부터 폐지되었다). 2000년 시드니 올림픽부터 여자경기가 신설되었고, 2024년 파리 올림픽에는 남녀 각각 5체급에서 10개의 금메달이 걸려 있다.

역도는 우리에게 매우 뜻 깊은 종목이 아닐 수 없다. 역도는 일본 제국

주의의 서슬이 퍼렜던 1928년에 역기(力技)라는 이름으로 한반도에 상륙했다. 역도는 바벨 말고는 특별한 장비나 도구를 필요로 하지 않았기에 가난한 조선인들도 큰 부담 없이 할 수 있는 운동이었다. 1939년 제10회 메이지신궁(明治神宮) 국민체육대회에서는 (한국 역도에 있어서) 매우 역사적인 사건이 일어났다. 대회에 참가한 조선인들이 각 체급에서 일본선수들을 이긴 것이다. 특히 남수일 선수는 총 335킬로미터의 바벨을 들어올려 세계신기록을 세우기도 했다.

한국 역도는 해방 이후에도 놀라운 성과를 이어갔다. 1947년 필라델피아 세계역도선수권대회에서 종합 2위를 차지했고, 1948년 런던 올림픽에서는 김성집 선수가 동메달을 목에 걸었는데, 이는 대한민국이라는 독립국가로 올림픽에 출전해 따낸 최초의 메달이었다.

1948년 런던 올림픽에서 한국 최초로 메달을 딴 김성집 선수.

하지만 한국 역도는 1960년대 후반부터 오랜 침체기에 들어갔다. 세계 역도가 과학적인 훈련과 치밀한 전술로 진화하는 동안 한국은 과거의 영광에 젖어 안일한 방식을 고수했다. 그 사이 소련

(지금의 러시아)을 비롯한 동구 유럽과 미국 선수들은 세계기록을 경신하며 멀찍이 앞서갔다.

한국 역도가 다시 세계 무대에서 정상에 선 것은 1992년 바르셀로나 올림픽에서 56킬로그램급에 출전한 전병관 선수가 금메달을 목에 걸면서다. 이후 2008년 베이징 올림픽에서 75킬로그램급에 출전한 장미란 선수가 금메달을 따면서 과거의 영광을 재현했다.

스포츠과학 전문가들은 한국 역도가 올림픽에서 메달 행진을 이어가려면 인체과학적인 분석과 훈련이 중요하다고 한목소리를 낸다. 해부학자로서 백번 공감하지 않을 수 없다. 역도에서 특히 강조되는 근육과 신체부위를 해부학의 시선으로 들여다보면 매우 중요한 사실들을 마주하게 된다.

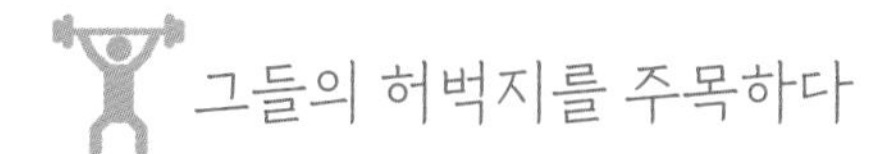

그들의 허벅지를 주목하다

역도는 금속 재질의 바벨을 머리 위로 들어올려 힘이 센 장사(壯士)를 가리는 스포츠다. 얼핏 보면 역도만큼 단순한 종목이 또 있을까 싶지만, 한 걸음 들어가 보면 역도만큼 섬세하고 계산적이며 과학적인 종목도 없을 것이다.

역도선수는 자신의 몸무게보다도 무거운 쇳덩이를 아주 짧은 시간에 온 힘을 모아 들어올린 뒤 균형을 잃지 않고 일정한 자세를 유지해야 한다. 이때 중력을 거슬러 바벨을 들어올리는 동작에서 물리학에 나오는 뉴턴Sir. Isac Newton의 제2운동법칙이 적용된다. 물체에 힘이 가해졌을 때 가 속도의 크기는 힘의 크기에 비례하고 질량에 반비례한다. 이를 그대로 역도에 적용하면, 바벨을 들어올리는 순간의 힘이 바벨의 질량에 반비례하기 때문에 역도선수는 대체로 성공보다 실패할 확률이 높은 것이다.

역도를 원시적인 형태의 힘겨루기 정도로 생각하기 쉽지만, 리프팅(lifting)에 앞서 바(bar)를 잡거나 스타트(start)를 취하는 가장 기본적인 자세에서부터 근육에 대한 해부학적 이해가 중요하다.

역도는 결국 바벨을 머리 위로 들어 올리는 운동이기 때문에 팔과 어깨를 비롯한 상체 근육이 중요할 것 같지만, 200킬로그램이 넘는 바벨의 질량을 감당하려면 허벅지와 허리로 연결되는 코어근육이 몸을 지탱해주어야 한다. 역도선수들은 지면을 박차고 순간적으로 바벨을 들어올리기 위해 작용-반작용의 원리를 활용해야 하는데, 허벅지 근육이 안정감 있게 받쳐주어야 가능하다는 얘기다.

최근 연구결과에 따르면, 바벨을 들어올리는 순간 넙다리(대퇴부) 근육이 많이 수축되는 것으로 나타났다. 보통 넙다리 앞쪽에는 넙다리네갈래근(대퇴사두근)이, 뒤쪽에는 햄스트링이 발달해 있다.

넙다리 안쪽의 모음근도 역도선수들에게 매우 중요한 부위로 꼽힌다. 넙다리안쪽칸에는 두덩근, 긴모음근, 짧은모음근, 큰모음근, 두덩정강근이 있는데, 이들은 기능적으로 다리를 모으는 역할을 한다.

두덩근(치골근)은 납작한 네모꼴의 근육으로 엉덩관절에서 넓적다리를 모으고 굽히는 작용을 돕는 동시에 안으로 돌리는 운동의 보조역할을 한다.

긴모음근(장내전근)은 부채꼴 모양으로 모음근 무리의 가장 앞쪽에 얕게

| 허벅지 근육 구조 |

역도선수에게 허벅지 근육이 중요한 이유는 바로 순발력 때문이다. 순발력은 근육이 순간적으로 빨리 수축하거나 팽창하는 힘으로, 고도의 민첩성이 요구되는 역도에서 특히 강조된다. 역도는 아주 짧은 시간에 폭발적인 힘을 발휘해 엄청난 무게의 바벨을 들어올리는 운동이다. 달리기에 비유하면 100미터보다도 짧은 최단거리 경주에 해당한다.

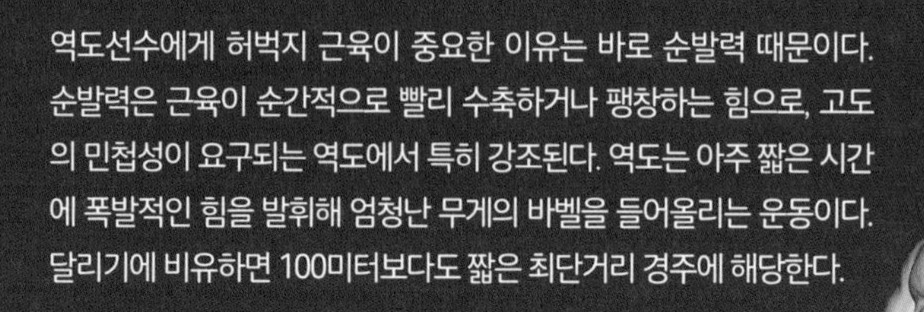

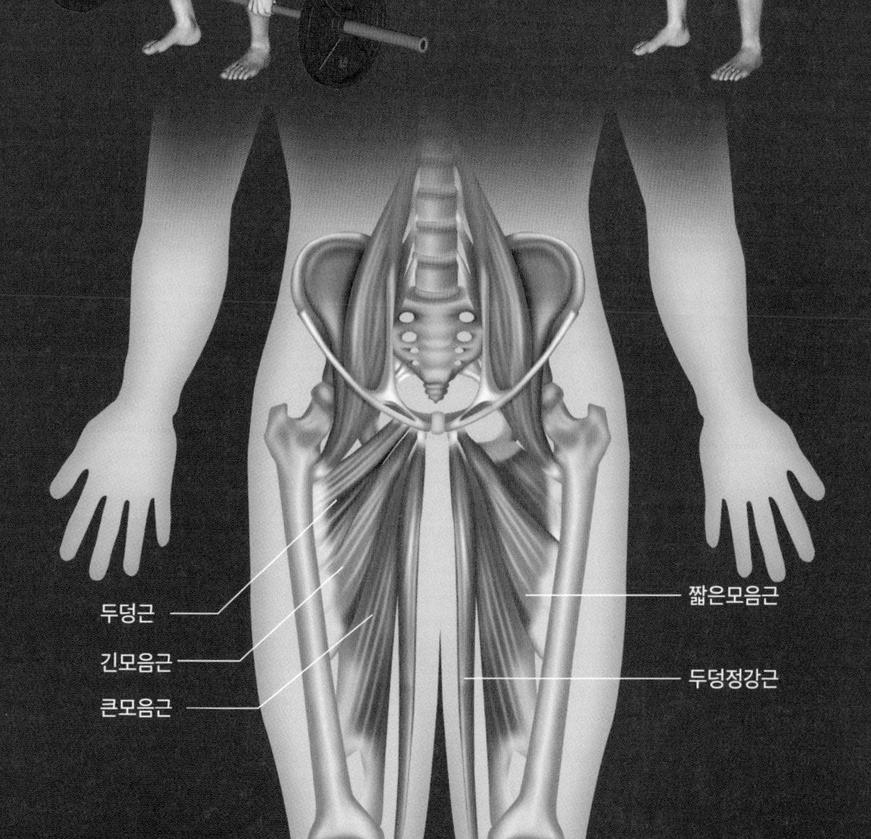

위치해 있고, 짧은모음근(단내전근)은 세모꼴로 두덩근과 긴모음근으로 덮여 있다.

큰모음근(대내전근)은 모음근 중에서 가장 큰 세모꼴 근육으로, 1차적으론 모음근으로 작용하지만 일부는 폄근이 되기도 한다. 이 밖에 두덩정강근(박근)은 얇고 긴 띠 모양으로, 넓적다리와 무릎의 안쪽면에서 작용한다.

역도선수에게 허벅지 근육이 중요한 또 다른 이유는 바로 순발력 때문이다. 순발력은 근육이 순간적으로 빨리 수축하거나 팽창하는 힘으로,

세계에서 가장 무거운 바벨을 들어올린 인간 기중기 라샤 탈라카제(Lasha Talakhadze, 조지아)는 2020년 도쿄 올림픽에서 합계 488킬로그램(인상 223킬로그램+용상 265킬로그램)으로 종전 자신이 세웠던 세계 기록을 모두 갈아치우며 2연패를 달성했다.

고도의 민첩성이 요구되는 육상이나 구기종목에서 특히 강조된다. 몸의 동선이 크지 않은 역도선수들에겐 순발력이 크게 요구되지 않을 거라 생각하면 오산이다. 역도는 아주 짧은 시간에 그야말로 폭발적인 힘을 발휘해 엄청난 무게의 바벨을 들어올리는 운동이다. 달리기에 비유하면 100미터보다도 짧은 최단거리 경주에 해당한다. 따라서 역도선수들은 순발력을 기르기 위해 다양한 훈련을 소화한다.

오랜 세월 역도선수들을 지도해온 어떤 지도자는 "종목 구분 없이 국가대표 선수들끼리 최단거리 달리기 시합을 하면 역도선수가 3등 안에 들 것"이라고 했다. 그는 이어 "휴대폰을 바닥에 떨어트렸을 때 가장 빨리 반응해 허리를 숙이는 이들도 역도선수일 것"이라면서, 역도선수들의 순발력을 에둘러 강조했다.

인체과학적으로 한국이 용상에, 중국이 인상에 강한 이유

역도에 담긴 인체과학 속으로 한걸음 더 들어가 보면, 세부종목인 인상과 용상에 큰 차이가 있음을 알게 된다. 인상(引上, snatch)은 한 번의 동작으로 바벨을 머리 위까지 들어 올리는 종목이다. 용상(聳上, clean and jerk)은 먼저 바벨을 가슴까지 들어 올린 다음 잠시 멈췄다가 팔과 다리를 뻗고 팔꿈치를 곧게 펴서 바벨을 머리 위로 들어 올리는 종목이다.

특히 인상은 바벨이 선수의 다리 앞에 수평으로 놓인 상태에서 손바닥이 밑으로 향하는 방향으로 바벨을 잡고 다리를 벌리거나 구부리면서 한 번의 동작으로 바닥에서 머리 위까지 바벨을 들어 올려야 한다. 선수는 바벨을 들어 올린 다음 심판이 신호를 보낼 때까지 팔과 다리를 쭉 펴야 하고, 발이 동일선상에 있는 상태에서 최종적으로 부동자세를 유지해야 한다. 인상은 1초도 안 되는 순간에 승부가 갈림에 따라 순간적인 힘과 스피드를 내는 기술이 중요하다.

반면 용상은 제1동작인 클린과 제2동작인 저크로 이뤄진다. 클린 동작은 바벨이 선수의 다리 앞에 수평으로 놓인 상태에서 손바닥이 바닥을 향하는 방향으로 바벨을 잡고 한 번의 동작으로 바닥에서 어깨까지 끌어올린다. 클린은 말 그대로 역기를 바닥에서 깨끗하게(clean) 치워 올리는 동작이다. 저크(jerk)에서는 하체의 반동을 이용해 양팔을 수직으로 뻗어 완

전히 편 상태까지 바벨을 들어올린 다음 양팔과 양다리를 편 채로 양발을 동일선상으로 복귀시키고 바벨을 내려놓으라는 심판의 신호를 기다린다.

올림픽에서 인상과 용상은 각각 3회의 시기가 주어진다. 인상과 용상에서 들어올린 무게를 합산해 가장 무거운 중량을 들어 올린 선수가 우승자로 결정된다. 인상과 용상은 순간적으로 힘을 쓰는 방법과 기술이 다르기 때문에 기록에서 차이가 난다. 특히 용상은 2단계로 나눠 바벨을 들기 때문에 (체급에 따라 차이가 있지만) 인상보다 30~50킬로그램 가량 기록이 높게 나온다.

전통적으로 중국은 인상에, 한국은 용상에 강하다. 한국선수들은 인상에서 발을 11자 형태로 나란히 서지만, 중국선수들은 발끝이 바깥을 향하도록 선다. 발끝을 약간 벌리면 바벨이 몸에 보다 가깝게 붙기 때문에 빨리 들 수 있어서 인상에 유리하다. 특히 중국선수들은 상체의 옆쪽 근육이 발달하여 순간적으로 무게의 부담을 덜어내야 하는 인상에 적합하다.

용상에서는 발을 나란히 해서 안정적으로 무게를 받칠 수 있도록 하는 것이 중요하다. 한국선수들은 몸통이 앞뒤로 두꺼워서 큰 무게를 안정적으로 지지하는 데 유리하다.

역도에서 아틀라스가 중요한 이유

해부학에서 말하는 '근력' 즉 '힘'은 인류에게 필요악 같은 존재다. 힘은 맹수나 자연재해로부터 인간 스스로를 보호해왔지만, 계급을 나누고 착취하는 수단이 되기도 했다. 힘에 얽힌 우여곡절은 때로는 종교와 신화로

역도선수들을 아틀라스에 비유하는 건 무게를 감당해야 하는 운명을 닮은 탓일 게다. 이미지는 미국 출신 화가 존 싱어 사전트(John Singer Sargent)가 그린 〈아틀라스와 헤스페리데스〉(1922년).

다뤄지거나 역사로 기록되었다. 골리앗의 힘은 두려웠고, 삼손의 힘은 가혹했으며, 헤라클레스의 힘은 경이로웠다. 힘은 권모술수의 자충수에 빠지는 원인이 되기도 했는데, 그리스신화에 등장하는 아틀라스(Atlas)도 그랬다.

아틀라스는 거인을 가리키는 티탄족(Titan)으로, 이아페토스와 오케아

노스의 딸 클리메네의 아들이다. 제우스와 티탄과의 싸움에서 아틀라스는 티탄의 편에서 제우스를 상대로 싸웠다. 결국 제우스의 승리로 전쟁이 끝나면서 아틀라스는 그 벌로 대지(가이아)의 서쪽 끝에 서서 하늘(우라노스)을 받드는 형벌을 받았다. 대지를 지탱했다는 의미에서 지구의 형상을 그린 지도를 가리켜 아틀라스라고 부르는 까닭이다(인체의 지도에 해당하는 해부도 역시 아틀라스라고 부른다).

역도선수를 아틀라스에 비유하는 건 무게를 감당해야(weight lifting) 하는 운명을 닮은 탓일 게다. 흥미로운 건 우리 몸 중에서도 아틀라스처럼 둥근 무언가를 평생 떠받치고 있어야 하는 신체부위가 있다. 다름 아닌 '목뼈'다.

목뼈는 역도선수가 바벨을 머리 위로 들어올릴 때 지나치는 마지막 관문이다. 목뼈부위를 안전하게 지나 바벨을 머리 위로 들어올려야만 비로소 성공을 알리는 버저가 울린다. 리프팅을 위한 9부 능선에 목뼈가 있는 것이다. 그런데 용상에서는 바로 이 목뼈 지점이 고비가 된다. 목뼈 바로 아래인 저크 단계에서 바벨을 더 이상 리프팅하지 못하고 바닥에 내쳐야 하는 상황이 자주 일어나기 때문이다.

목뼈(경추)는 머리뼈와 등뼈 사이에 모두 7개가 있다. 그 중 첫 번째 목뼈와 두 번째 목뼈는 척추뼈와 다른 형태를 하고 있다. 첫 번째 목뼈는 머리뼈를 받치기 위해 몸통과 가시돌기가 없어 전체적으로 고리모양을 하고 있기 때문에 '고리뼈(환추, atlas)'라 한다. 머리뼈를 받치고 있는 모습이 하늘을 떠받치고 있는 신화 속 아틀라스와 비슷하기 때문에 아틀라스라는 명칭이 붙여진 것이다. 고리뼈는 고개를 앞뒤로 끄덕일 수 있게

| 목뼈 구조 |

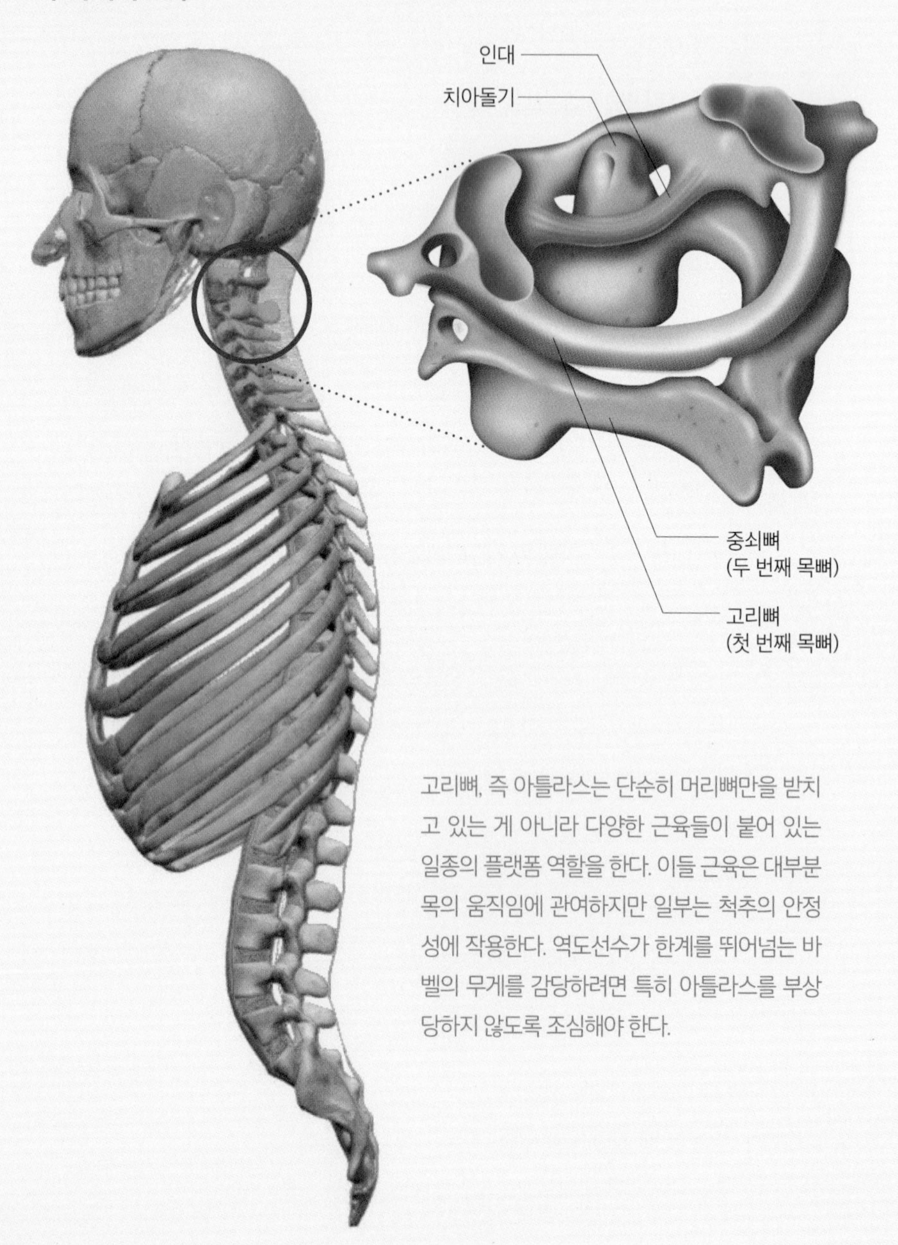

고리뼈, 즉 아틀라스는 단순히 머리뼈만을 받치고 있는 게 아니라 다양한 근육들이 붙어 있는 일종의 플랫폼 역할을 한다. 이들 근육은 대부분 목의 움직임에 관여하지만 일부는 척추의 안정성에 작용한다. 역도선수가 한계를 뛰어넘는 바벨의 무게를 감당하려면 특히 아틀라스를 부상당하지 않도록 조심해야 한다.

작용한다.

두 번째 목뼈는 중심축의 역할을 하기 때문에 '중쇠뼈'라고 한다. 중쇠뼈에는 치아처럼 솟아 있는 '치아돌기(dens)'가 있는데, 치아돌기와 치과(dental clinic)는 어원이 같다. 치아돌기는 첫 번째 목뼈와 인대로 연결되어 관절을 형성하여 고개를 좌우로 돌릴 수 있게 작용한다.

고리뼈, 즉 아틀라스는 단순히 머리뼈만을 받치고 있는 게 아니라 앞머리곧은근, 가쪽머리곧은근, 위머리빗근, 아랫머리빗근, 목널판근, 어깨올림근, 목빗근 등 다양한 근육들이 붙어 있는 일종의 플랫폼 역할을 한다. 이들 근육은 대부분 목의 움직임에 관여하지만 일부는 척추의 안정성에 작용한다. 역도선수가 중량의 한계를 뛰어넘는 바벨의 무게를 감당하려면 특히 아틀라스(고리뼈)를 부상당하지 않도록 조심해야 한다.

용상에서 한자 용(聳)은 '솟아오르다'를 뜻하지만, 다른 한편으로는 '두려워하다'라는 의미도 내포하고 있다. 우리 몸에서 아틀라스는 자만심과 두려움을 나누는 신체부위다. 자만심이 커지면 아틀라스는 거만할 정도로 고개를 위로 치켜세우게 한다. 반대로 두려움이 똬리를 틀면 아틀라스는 고개를 힘없이 아래로 떨구게 한다.

자만심을 경계하는 동시에 두려움 또한 이겨내야 함은 비단 역도선수에게만 요구되는 애티튜드는 아닐 것이다. 삶의 층위도 다르지 않다. '자만심'은 '자신감'으로, '두려움'은 '겸허함'으로 바꿀 수 있는 마음가짐이야말로 진정한 아틀라스의 정신이 아닐까.

14 OLYMPICS & ANATOMY

말(言)이 통하지 않는 말(馬)과의 경이로운 교감

승마 Equestrian

우리는 승마(乘馬)에 대해서 얼마나 알고 있을까. 승마는 직접 하는 것도 어렵지만, 경기를 지켜보는 것도 쉽지 않은 종목이다. 세계 정상급 선수와 말이 펼치는 마장마술 경기를 봤지만, 도무지 뭐가 세계 최고라는 건지 잘 모르겠다. 한국에서는 워낙 비인기종목인 탓에 (올림픽 결승전 정도를 제외하면) TV에서 승마경기를 볼 기회가 거의 없기도 하다.

그런데 승마에 얽힌 이런저런 이야기를 듣다보면 이것만큼 유니크한 종목이 또 있을까 싶다. 바로 말(馬) 때문이다. 승마는 사람과 동물이 함께 출전하는 유일한 올림픽종목이다. 말도 선수란 얘기다. 실제로 올림픽 승마에서 메달을 따면 말도 기수와 함께 시상식에 등장한다. 기수에게 메달

고대 그리스인은 말의 진가를 전쟁에서 찾았다. 오디세우스와 아킬레스 등 그리스신화에 등장하는 전쟁영웅들은 모두 말타기에 능했다. 심지어 그들은 전쟁의 승패가 기마부대에 의해서 결정된다고 믿었다. 이미지는 아테네 파르테논 신전에서 발굴된 기원전 447~433년의 것으로 추정되는 부조 〈말을 타고 도약하는 고대 그리스 청년들〉_ 런던 영국박물관 소장.

이 수여될 때 말의 목에는 리본이 걸린다.

올림픽과 같은 국제대회에 참가하는 말은 여권도 갖고 있다. 승마협회는 대회에 나가는 말에게 여권을 발급해준다. 그럼 혹시 말의 여권에도 사진이 붙을까. 물론이다. 정면사진에다 측면사진까지 붙는다. 여권번호도 부여된다. 말의 이름과 출생연월일은 기본이고 예방접종 기록까지 적혀있다. 지난 도쿄 올림픽에는 300두가 넘는 말이 19대의 비행기를 타고 일본열도로 향했다. 비행기에는 말들이 먹을 기내식이 준비되어 있었고,

전문 수의사들이 동행하며 여행 내내 말의 컨디션을 체크했다.

승마에서는 '기삼마칠(騎三馬七)'이란 우스갯소리가 있다. 승리의 비중이 기수가 30%라면 말이 70%라는 건데, 다소 과장이 섞였지만 그만큼 말이 중요하다는 뜻이다. 실제로 올림픽 정도의 대회에 참가하는 말의 가격은 한화로 10억 원이 훌쩍 넘는다. 수도권 아파트 한 채가 장애물을 넘는다고 생각하면 웃음이 절로 난다. 올림픽에서 금메달을 따기라도 하면 돈으로 환산할 수 없을 만큼 말의 몸값은 폭등한다.

나이 든 말의 지혜

인간이 처음 말을 타게 된 건 승마경기 때문은 아니었다. 말은 중요한 이동수단이었지만, 고대 그리스인은 말의 진가를 전쟁에서 찾았다. 오디세우스와 아킬레스 등 그리스신화에 등장하는 전쟁영웅들은 모두 말타기에 능했다.

고대 그리스인은 전쟁의 승패가 기마부대에 의해서 결정된다고 믿었다. 소크라테스Socrates의 제자이자 전술가인 크세노폰Xenophon은 〈기마술(On Horsemanship)〉이란 책에서 기병대의 말타기 훈련에 대해 자세히 서술했다. 기원전 680년경에 열린 고대 올림픽에서 4두마차경주가 치러졌다는 기록이 전해지는 데, 당시 마차경주에는 전쟁에서의 기백을 증진시키려는 의도가 담겨 있었다.

중세를 지나 14세기에 이르러 말타기 즉 승마는 무예(武藝)에서 기예(技藝)로까지 활용 폭이 넓어졌다. 왕족이나 귀족 사이에서는 품위를 높이기 위

유럽의 왕족이나 귀족 사이에서는 품위를 높이기 위한 수단으로 승마교육을 강조했다. 이미지는 스페인의 궁정화가 벨라스케스(Diego Velázquez)가 그린 〈발타사르 카를로스 왕자의 기마상〉(1635년) _ 마드리드 프라도 미술관 소장.

2012년 런던 올림픽과 2016년 리우데자네이루 올림픽 마장마술 개인전에서 2연속 금메달을 따낸 영국의 여성 승마 스타 샬롯 뒤자르댕.

한 수단으로 승마교육을 강조했다. 16세기 경 이탈리아 나폴리에서 페데리코 그리소네Federico Grisone와 그의 제자 조반니 피그나텔리Giovanni Pignatelli는 승마학교를 세워 마술(馬術)의 저변을 넓히는데 기여했다.

우리나라에서도 고대부터 말타기에 대한 기록이 전해진다. 삼국시대에는 마숙(馬叔)이나 격구(擊毬)라는 놀이가 있었고, 조선시대에는 무과 고시에 마상재(馬上才)가 채택되면서 무예의 형태로 발달했다.

승마가 근대 올림픽에서 정식종목으로 채택된 것은 1900년 파리 올림픽에서부터다. 이후 올림픽에서 잠시 사라졌다가 1912년 스톡홀름 올림픽부터 다시 채택되어 지금까지 이어지고 있다.

승마는 동·하계 올림픽을 통틀어 성별의 구분이 없는 유일한 종목이

2020년 도쿄 올림픽 종합마술에서 62세의 나이에 단체전 은메달과 개인전 동메달을 따낸 호주의 앤드류 호이.

기도하다. 남녀 선수들이 같은 종목에 출전해서 경쟁한다는 얘기다. 올림픽 초창기 때만 해도 승마는 여성의 출전이 금지됐었다. 심지어 남성 중에서도 기병대 장교 출신으로 자격을 한정했다. 지금처럼 자유롭게 출전해서 남녀 구분 없이 겨룰 수 있게 된 건 1952년 헬싱키 올림픽부터다. 실제로 2012년 런던 올림픽과 2016년 리우데자네이루 올림픽 마장마술 개인전에서 2연속 금메달을 따낸 주인공은 영국의 여성 승마 스타 샬롯 뒤자르댕Charlotte Dujardin이다.

승마경기의 또 다른 묘미는 나이와 무관하다는 것이다. 오히려 마장마술의 경우 나이는 허들이 아니라 미덕이다. 지난 도쿄 올림픽 마장마술은 한마디로 노익장의 향연이었다. 마장마술 단체전에서는 독일대표팀 이사

벨 베르트Isabell Werth가 오십 대의 나이로 금메달을 목에 걸었다. 이로써 그는 무려 일곱 번째 금메달을 따내며 올림픽 승마종목 최다 메달리스트가 됐다.

종합마술에서는 당시 62세의 앤드류 호이Andrew Hoy가 단체전 은메달과 개인전 동메달을 목에 걸었다. 그는 도쿄 올림픽 최고령 메달리스트이자 호주 역대 메달리스트 중에서도 가장 연장자가 됐다. 심지어 마장마술에 출전한 1954년생 메리 해나Mary Hanna는 출전 당시 67세로, 도쿄 올림픽 전체 출전 선수 중 최고령이었다.

중국의 고서 〈한비자(韓非子)〉에는 노마지지(老馬之智)란 사자성어가 나온다. 직역하면 '나이 든 말의 지혜'라는 뜻으로, 많은 경험을 바탕으로 노련하게 지혜를 발휘한다는 의미를 담고 있다. 올림픽에서 승마만큼 노마지지의 가치를 발현하는 종목이 또 있을까 싶다.

기수와 말을 이어주는 연결고리

주변에는 승마를 경마로 오해하는 이들이 적지 않은 데, 둘은 엄연히 다르다. 경마(競馬)는 가장 빨리 달릴 것으로 예상되는 말에 돈을 걸어 내기를 하는 사행성 게임으로, 올림픽과는 무관하다. 승마는 올림픽에서 장애물, 마장마술, 종합마술 3개 종목이 각각 단체전과 개인전으로 치러지며, 모두 6개의 금메달이 걸려있다.

장애물은 700~800미터 길이의 코스에 설치된 장애물을 통과해서 정해진 시간 안에 완주하는 경기다. 높이 1.5미터 안팎의 장애물이 12~15개

설치되는데, 장애물의 종류도 벽돌 벽에서 물웅덩이까지 다양하다. 코스와 장애물은 육상처럼 규격화되지 않고 대회가 열리는 지역의 특성을 살려 조성된다. 런던 올림픽에서는 스톤헨지 형상의 장애물이, 도쿄 올림픽에서는 스모선수가 그려진 장애물이 세워지기도 했다.

장애물 종목은 속도를 재는 기록경기가 아니라 누가 감점이 적은가에 따라 승패가 가려진다. 장애물 일부를 쓰러뜨리거나 정해진 시간을 초과할 경우 벌점을 받는다. 아울러 장애물을 건너뛰거나 순서를 어기면 실격처리 된다.

마장마술은 말을 타고 33가지 지정동작을 주어진 시간 안에 수행하는 과정에서 완성도를 겨루는 종목이다. 리듬체조처럼 심사위원의 채점으로 순위가 결정된다. 33가지에는, 평보와 속보, 정지와 후퇴 등 기본동작부터 파사지(passage, 말이 박자에 맞춰 속보하는 예술적인 동작), 피아페(piaffe, 제자리에서 속보), 플라잉 체인지(flying change, 걸으면서 다리를 매번 바꾸기) 등 고난도 동작까지 다양한 기술이 포함된다.

종합마술은 마장마술, 크로스컨트리, 장애물을 3일 동안 치르는 종목이다. 이 가운데 체력적으로 가장 힘든 종목은 크로스컨트리다. 40여 개의 장애물이 설치된 6킬로미터의 울퉁불퉁한 노면을 10여 분만에 통과해야 한다.

승마는 높은 장애물을 뛰어넘거나, 고난도 예술동작을 수행하거나 혹은 거친 산길을 달려야 하는 만큼 고도의 기술과 집중력이 요구되는 종목이다. 중요한 건 사람만 잘한다고 되는 게 아니다. 사람 못지않게 말도 중요하다는 얘기다. 말과 기수는 한 몸이 될 정도의 경지에 이르러야 한다.

일찍이 유럽에서는 숙련된 장인이 아니면 안장을 만들 수 없었다. 1837년 파리에서 마구용품을 제작하는 공방을 연 티에리 에르메스는 유럽 최고의 안장 장인이었다. 지금은 가방을 포함한 패션 명품으로 유명한 '에르메스'가 처음에는 안장 제작에서 출발했다는 얘기다. 에르메스 로고에 마차가 그려진 이유가 여기에 있다.

안장(鞍裝, saddle)은 말과 기수를 하나로 이어주는 마구(馬具)이다. 과거 아메리칸 인디언들은 안장 없이도 자유자재로 말을 탔다는 기록이 있지만, 일반적으로 안장 없이 말을 타는 건 매우 위험하다. 80년대 국내에서 〈애마부인〉이란 영화로 인기를 끌었던 모 배우는 방송 인터뷰에서 안장 없이 말을 타는 장면을 찍은 뒤 다량의 하혈을 할 정도로 고초를 겪었다고 했다.

안장은 그 중요성만큼 제작 과정에서 고도의 기술을 요한다. 일찍이 유럽에서는 숙련된 장인(匠人)이 아니면 안장을 만들 수 없었다. 1837년 파리에서 마구용품을 제작하는 공방을 연 티에리 에르메스Thierry Hermès는 유럽 최고의 안장 장인이었다. 지금은 가방을 포함한 패션 명품으로 유명한 '에르메스'가 처음에는 안장 제작에서 출발했다는 얘기다. 에르메스 로고에 마차가 그려진 이유가 여기에 있다.

 우리 몸속에도 안장이 있다

제 아무리 4년에 한 번 볼 수 있는 올림픽 중계라 할지라도 재미가 없으면 가차 없이 리모컨 채널버튼을 누르게 된다. 안타깝게도 승마는 리모컨 손놀림이 가장 빠른 종목 중 하나가 아닐까 싶다. 우아하고 기품 있어 보이지만, 웬만한 인내력 없이는 리모컨에서 손을 떼고 경기에만 집중하는 게 정말이지 쉽지 않다. 시쳇말로 '노잼' 종목이라도 자국선수가 메달을 다툴 만큼 세계 정상급이면 또 얘기가 다르겠지만, 불행하게도 한국 승마 대표팀은 아직까지 올림픽에서 동메달조차 목에 걸지 못했다.

그럼에도 불구하고 필자가 승마에 관심을 가지게 된 건 역시 해부학 덕분이다. 뜻밖에 우리 몸 속에도 안장이 존재하기 때문이다. '안장관절(saddle joint)'이라 불리는 부위인데, 그 생김새나 원리가 말안장과 유사해서 붙여진 이름이다. 안장관절은 마주 보는 관절면이 말안장을 포개어 놓은 것 같은 형태로 이루어져, 굽힘이나 폄, 벌림, 모음 그리고 약간의 돌림 작용을 돕는다.

우리 몸에서 안장관절이 있는 주요 부위는 엄지손가락의 기저부다. 구체적으로 손목 가까이에 있는 손목뼈와 엄지손가락 첫 번째 손허리뼈 사이의 관절을 가리켜 안장관절이라 한다. 손목과 손가락의 움직임이 자유로운 건 안장관절 덕분이다. 이를테면 글씨를 쓰거나 한 손으로 스마트폰을 조작하는 것도 안장관절 때문에 가능하다.

| 안장관절 구조 |

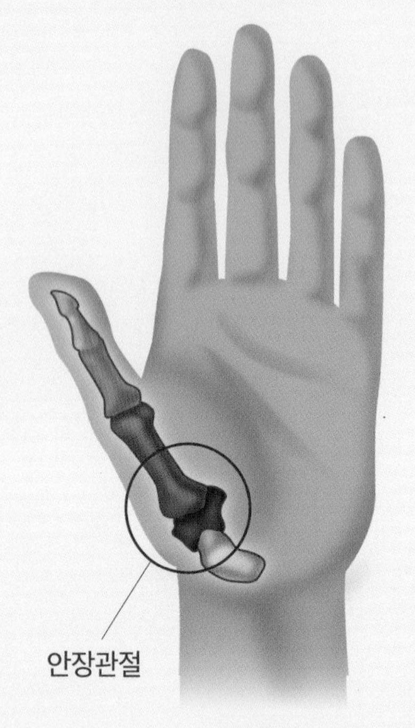

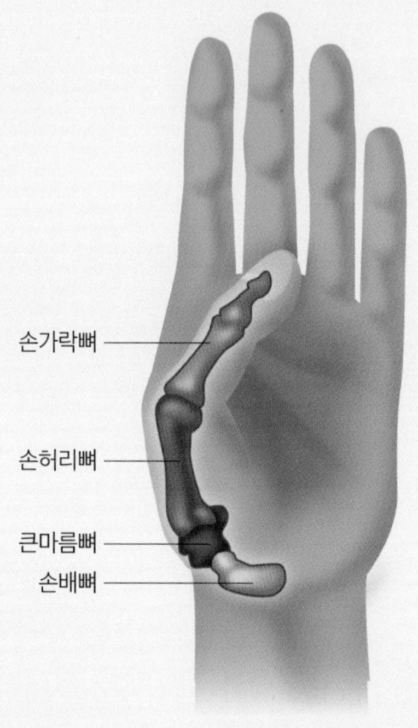

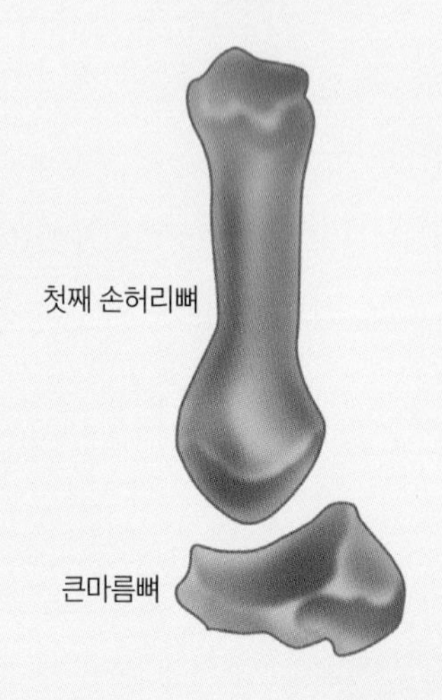

안장관절은 마주 보는 관절면이 말안장을 포개어 놓은 것 같은 형태로 이뤄져 있다. 우리 몸에서 안장관절이 있는 주요 부위는 큰마름뼈와 첫째 손허리뼈 사이이다. 손목과 손가락의 움직임이 자유로운 건 안장관절 덕분이다. 글씨를 쓰거나 한 손으로 스마트폰을 조작하는 것도 안장관절 때문에 가능하다.

우리 몸에는 안장관절을 포함한 여러 관절들이 적재적소에서 신체 각 부위의 뼈를 연결하는 고리 역할을 한다. 승마에서 안장이 말과 기수가 일체를 이루도록 돕는 것과 다르지 않다.

관절은 조직의 특성에 따라 섬유관절, 연골관절, 윤활관절로 나뉜다. 섬유관절은 머리뼈 봉합이나 치아와 같이 강하게 연결되어 운동성이나 움직임이 거의 없는 관절이다. 연골관절은 척추나 골반에서 약간의 움직임이 가능한 연골조직이 연결된 것이다.

우리가 아는 대부분의 관절은 윤활관절이다. 관절뼈 주변에 윤활액이 있어 움직임을 원활하게 하고 충격과 마찰을 감소시킨다. 윤활관절 중에서 어깨나 엉덩관절은 여러 축으로 움직이는 절구 모양을 닮았다고 해서 절구관절이라 불린다. 역시 윤활관절의 일종인 팔꿈치관절은 굽히고 펴는 경첩을 닮았다고 해서 경첩관절이라 불린다. 앞서 소개한 안장관절도 윤활관절 가운데 하나인데, 오목한 면과 볼록한 면이 서로 맞닿아 있어서 2개의 축으로 움직임이 가능하다.

안장의 오목/볼록 원리는 머리뼈 속에서도 찾아볼 수 있다. 이른바 '나비뼈의 안장'이다. 시각교차고랑* 바로 뒤쪽 나비뼈의 몸통에 있는 깊게 파인 곳이 안장의 뇌하수체오목이다. 여기에 뇌하수체가 놓여있다. 뇌하수체는 전엽과 후엽으로 나뉘며 다양한 호르몬이 분비되어 우리 몸의 생식과 발육, 대사에 관여함으로써 신체의 항상성에 기여한다.

---

* 시신경이 교차하는 부분에 의하여 머리뼈 바닥에 생긴 홈으로, 나비뼈 몸통의 앞쪽에 가로로 형성되어 있다.

| 뇌하수체오목 구조 |

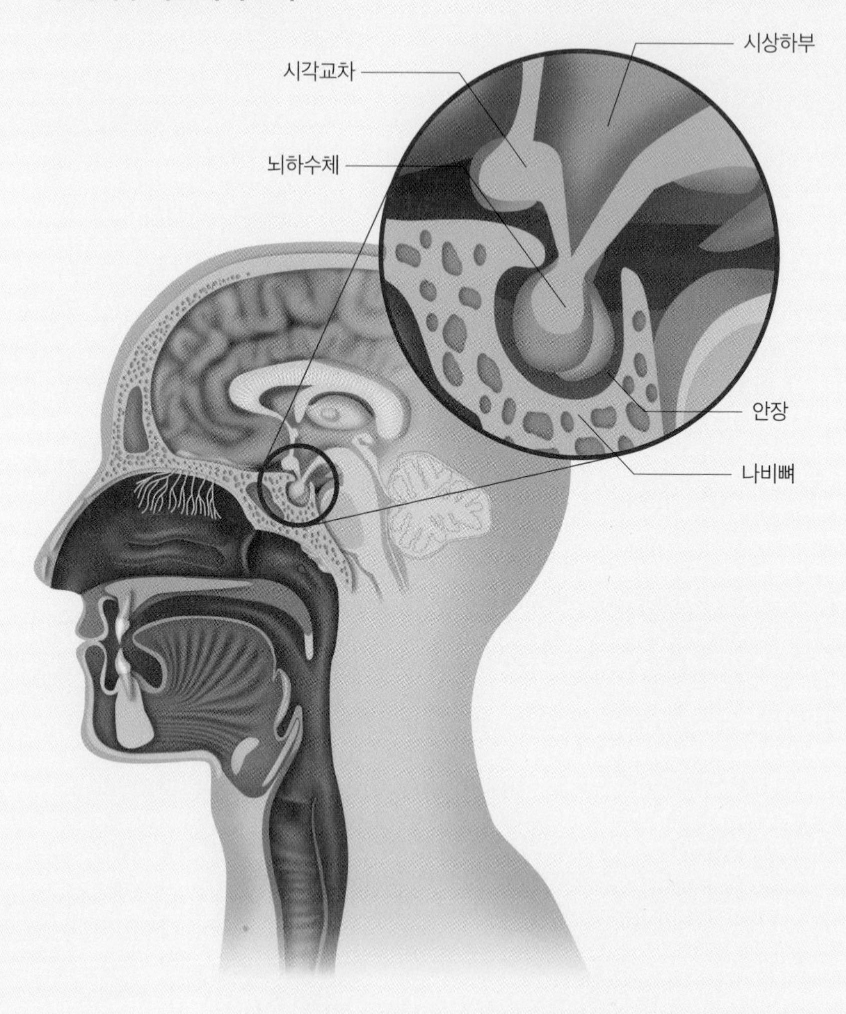

안장의 오목/볼록 원리는 머리뼈 속에서도 찾아볼 수 있다. 이른바 '나비뼈의 안장'이다. 시각교차고랑 바로 뒤쪽 나비뼈의 몸통에 있는 깊게 파인 곳이 안장의 뇌하수체오목이다. 여기에 뇌하수체가 놓여있다.

나비뼈의 안장 속 뇌하수체가 우리 몸의 균형을 잡아 항상성을 유지하듯이, 승마에서의 안장은 기수가 말 위에서 균형감을 잃지 않도록 돕는다. 안장이야 말로 '연결'과 '균형'의 아이콘이라 할 만하다.

'경영'을 뜻하는 영어 'management'는 라틴어 'maneggiare'에서 유래했다. 우리말로는 '마네기아레'로 읽는데, '말고삐로 말을 다뤄 목표지점에 도달하는 기술'이란 의미가 담겨 있다. 한마디로 '승마술'을 뜻한다. 그러고 보면 내 몸을 경영하든, 회사를 경영하든, 혹은 국가를 경영하든 모든 게 승마에서 비롯한 게 아닐까 싶기도 하다.

말(言)이 통하지 않는 말(馬)을 조련해 사람과 동물이 일체가 되는 경지란 어떤 것일까. 동물이건 식물이건 살아있는 생명을 함부로 대하는 사람들로선 도무지 헤아릴 수 없는 영역이 아닐까. 승마경기를 보면서 '노잼'이라며 푸념만 늘어놓을 게 아니라 그 이면에 담긴 숭고한 가치를 되새겨 보고 싶다.

15

OLYMPICS & ANATOMY

쓰러지지 않고 삶의 페달을 밟는 법

사이클 Cycling

"적어도 건강 문제는 아니겠군요."

코난 도일Sir. Arthur Conan Doyle의 소설 〈The Adventure of Solitary Cyclist〉* 에서 셜록 홈즈가 자전거를 타고 자신의 사무실을 찾아온 바이올렛이란 여성에게 건넨 말이다. 소설의 배경이 된 19세기 후반에는 자전거가 지금처럼 건강을 위한 도구는 아니었던 모양이다. 코난 도일 특유의 위트 넘치는 문장에서, 그 시절 신문물인 자전거를 타고 다니는 여성이 흔하지 않았음을 읽을 수 있다.

* 이 책은 우리나라에서 '외로운 자전거 탄 사람'이란 제호로 번역되어 출간됨.

인간이 언제부터 자전거를 탔는지에 대해서는 역사적으로 견해가 갈린다. 레오나르도 다빈치Leonardo da Vinci의 노트 〈코덱스 아틀란티쿠스〉에 지금의 자전거와 유사한 스케치가 있지만, 이 그림의 진위에 대해선 논란이 있다. 그보다는 프랑스 귀족 시브락Comte Mede de Sivrac이 1791년에 발명한 셀레리페르(célérifère)를 현대 자전거의 기원으로 보는 게 설득력 있다. 1817년경 독일의 귀족 칼 폰 드라이스Karl von Drais가 핸들이 장착된 최초의 자전거를 고안했다는 기록도 유의미하다. 아무튼 인간이 자전거를 발명한 계기는 이동의 필요성 때문이지 건강상의 이유가 아니었음은 분명하다.

근대 이후 기계 문명이 열리면서 자전거의 성능도 눈부시게 발전해나갔다. 특히 자전거의 진화는 속도 및 시간에 대한 인간의 욕망과 비례했다. 사람들은 좀 더 빨리 이동할수록 이득임을 깨달았다. 이동수단에 '시속'이라는 단위를 붙여 가치를 매기게 된 것이다. 시속은 인간의 치기 어린 경쟁의식으로 발현되었는데, 자전거가 도박 혹은 스포츠의 수단이 되는 것은 자연스런 수순이었다.

최초의 상업생산에 성공한 페달형 자전거 '벨로시페드'. 초기 모델은 지나치게 큰 바퀴 탓에 중심을 잡기가 어려워 쓰러져 다치는 안전사고가 적지 않았다.

자전거의 주행 속도가 획기적으로 빨라진 건 페달이 장착되면서다. 1860년경 프랑스의 미쇼Pierre Michaux는 발운동을 동력삼아 속도가 빨라지는 페달형 자전거의 상업생산을 개시했다. 미쇼는 자신과 동명인 자전거 회사를 세우고, 벨로시페드(Velocipede)라는 상품명을 붙여 대량 생산체제에 돌입했는데, 프랑스 전역은 물론 영국으로 수출될 정도로 큰 성공을 거두었다.

자전거 판매를 위한 홍보수단으로 첫 사이클대회를 연 장본인도 미쇼였다. 그의 회사는 1869년경 파리의 생 클루 공원에서 1,200미터 사이클 경주대회를 열어 큰 호응을 얻었다. 이어 파리에서 루앙까지 무려 100킬로미터가 넘는 장거리 사이클대회를 개최해 센세이션을 일으켰는데, 이는 곧 사이클 도로경기의 시작을 알렸다.

사이클이 국제적인 스포츠로 자리매김을 한 계기는 역시 올림픽이다. 사이클은 제1회 아테네 올림픽부터 줄곧 정식종목으로 채택되어 왔다. 아테네대회 때부터 사이클은 총 6개(트랙 5개, 도로 1개)의 금메달이 걸릴 정도로 비중이 컸다.

올림픽에서 골든 삼각지대를 이루다

현재 올림픽에서 사이클에 걸린 금메달은 무려 18개(트랙 10개, 도로 4개, 크로스컨트리 2개, BMX 2개)나 된다. 그 세부종목만 나열하는 데도 적지 않은 지면을 할애해야 할 듯하다.

사이클은 전통적인 형태의 트랙과 도로 경기에다 MTB와 BMX가 추가되어 크게 4개 종목으로 나뉜다. 이 가운데 트랙은 올림픽에서 가장 많은

10개의 금메달이 걸린 종목으로, 벨로드롬(velodrome)이라 불리는 비탈진 타원형 트랙 위에서 펼쳐진다. 트랙의 기울기 각도는 직선 부분은 7~15도, 코너 부분은 45도로 되어 있는데, 0.1초도 안 되는 찰나의 순간에 희비가 교차할 정도로 빠른 주행 속도가 특징이다.

트랙경기는 다시 스프린트, 경륜, 단체추발, 매디슨 등의 세부종목으로 나뉜다. '스프린트(sprint)'는 두 선수가 1킬로미터(여성은 500미터) 구간을 전력질주하는 경기다. '단체 스프린트'는 각각 3명의 선수로 구성된 두 팀이 트랙 3바퀴(여성은 2명이 2바퀴)를 주행하는 경기로 매 바퀴를 돌 때마다 같은 팀에서 선행선수는 트랙을 내려오고 남은 선수가 다음 바퀴를 돌게 된다.

'경륜(競輪, keirin)'은 여러 선수가 동시에 250미터 트랙을 6바퀴 먼저 도는 경기로 경마(競馬)와 비슷하다. 흥미로운 것은 오토바이를 탄 유도요원이 출전선수들의 선두에서 유도하는데, 이 오토바이를 앞서게 되면 실격처리 된다.

'단체추발'은 4명이 한 팀을 구성해 4킬로미터를 도는 경기로, 반대편에서 출발한 상대 팀을 따라잡으면 승리한다. 만일 추월이 발생하지 않으면, 각 팀 세 번째 선수가 완주했을 때의 시간으로 승부를 가린다.

'매디슨(madison)'은 2인 1조로 하는 포인트레이스 경기다. 두 선수가 교대로 트랙을 무려 50킬로미터나 돌면서 20바퀴째마다 들어오는 순서에 따라 점수를 매긴다.

'옴니엄(omnium)'은 프랑스어로 '모든'을 뜻하는 것에서 알 수 있듯이, 스크래치, 템포레이스, 제외경기, 포인트레이스를 치른 뒤 합산점수가 가

스프린트는 벨로드롬이라 불리는 비탈진 타원형 트랙 위에서 펼쳐진다. 트랙의 기울기 각도는 직선 부분은 7~15도, 코너 부분은 45도로 되어 있는데, 0.1초도 안 되는 찰나의 순간에 희비가 교차할 정도로 빠른 주행 속도가 특징이다.

장 많은 선수가 우승한다. 4가지 종목을 하루에 마쳐야 하기 때문에 극한의 지구력이 요구된다.

도로경기는 개인도로 및 독주도로로 나뉜다. 개인도로는 마라톤과 같은 종목으로, 주행거리가 무려 남성 220~250킬로미터, 여성 100~140킬로미터인 만큼 체력 소모가 크고 강한 심폐기능을 요한다. 독주도로는 일정한 주행거리(남성 40~50킬로미터, 여성 20~30킬로미터)를 선수 한 명씩 출발하기 때문에 자신과 싸워야 하는 외로운 질주를 이어가야 한다.

트랙과 도로 경기 이외에 MTB 및 BMX 등 이색적인 레이스도 눈여겨볼 만 하다. 크로스컨트리는 산악자전거인 MTB를 타고 기복이 심한 오르막길과 내리막길을 달리는 경기로, 강한 체력을 바탕으로 도로의 지형에 따라 민첩하게 대응하는 능력이 요구된다.

묘기자전거라 불리는 BMX도 흥미롭다. 레이싱과 프리스타일로 나뉘며, 레이싱은 직선, 점프, 회전이 포함된 트랙을 달려 승부를 가린다. 프리스타일은 스파인, 벽, 박스 등의 구조물을 이용해 공중회전과 같은 화려한 퍼포먼스를 펼쳐 자웅을 가리는 종목이다.

죽음으로 가는 길

사이클은 올림픽에서 육상과 수영 다음으로 많은 메달이 걸린 종목이다. 육상과 수영, 사이클을 묶어 '골든 삼각지대(golden triangle zone)'라 부르는 까닭이다. 그런데 사이클은 오래 전부터 골든 삼각지대에서 사라질 위기를 겪고 있다. 선수들의 금지약물 복용 때문이다.

'투르 드 프랑스(le Tour de France)'를 비롯한 세계적인 사이클대회마다 도핑 문제가 끊이질 않고 있다. IOC로서는 18개의 금메달이 걸린 사이클이 골칫덩이가 아닐 수 없다. 사이클 도핑 뇌관이 올림픽에서 터지지 말란 법이 없기 때문이다. IOC 소속 위원들 사이에서는 사이클의 올림픽 퇴출을 주장하는 목소리가 작지 않다.

실제로 올림픽에서 처음으로 금지약물 문제가 불거진 것도 사이클에서였다. 1960년 로마 올림픽에서 덴마크 사이클선수인 커트 젠센Kurt Jensen이 경기력을 높이기 위해 흥분제인 암페타민을 복용했다가 레이스 도중 사망하는 사고가 발생한 것이다. 1960년대 이전까지는 올림픽에 출전하는 선수들의 금지약물 복용을 적발하거나 제재할 방법이 딱히 없었다. 커트 젠센의 죽음으로 경각심을 갖게 된 IOC는 1968년 프랑스 그레노블 동계올림픽에서부터 도핑 테스트를 정식으로 도입했다.

사실 도핑(doping)의 기원은 술에서 비롯했다. 남아프리카 줄루(Zulu)족

전사들은 전쟁이나 사냥을 나가기 전에 용맹성을 높이기 위해 포도껍질로 만든 술인 'dop'를 마셨다. 물론 선수들이 복용하는 금지약물은 술과는 비교가 되지 않을 정도로 흥분강도가 세다.

스포츠 스타들이 중독에 빠지기 쉬운 금지약물은 주로 스테로이드 계열이다. 스테로이드는 탄소원자 17개가 4개의 고리(ABCD)를 이루는데, 우리 몸은 신장 위에 있는 부신이란 기관과 고환 및 난소에서 스테로이드 호르몬을 분비한다. 다시 말해 우리 몸은 이미 스테로이드 성분을 지니고 있는 것이다. 이들 호르몬은 염증 반응을 억제할 뿐 아니라 체액의 균형을 맞추는 일도 한다.

문제는 운동선수들이 몸 안에 있는 스테로이드에 더해 인공으로 합성된 약물인 아나볼릭(anabolic) 스테로이드(이하 '아나볼릭')를 투입하는 데 있다. 아나볼릭을 복용하면 근육의 양이 크게 팽창하고, 성대와 체모가 자라는 남성적 특징이 뚜렷해진다. 남성의 고환에서 분비되는 테스토스테론도 이 역할을 수행하지만, 아나볼릭은 테스토스테론의 구조를 변형시켜 그 효과를 극대화시키는 것이다.

IOC 등 스포츠 기구마다 아나볼릭을 금지하는 이유는 심각한 부작용 때문이다. 아나볼릭의 남용은 나쁜 콜레스테롤(LDL)을 높이고 좋은 콜레스테롤(HDL)을 낮춤으로써 심근경색과 뇌졸중의 위험을 높인다. 심지어 심장마비로 사망에 이르게 될 수도 있다. 심리적으론 과민해지고 충동적으로 된다. 감염의 가능성도 커진다. 이밖에도 아나볼릭이 인체에 미치는 부작용은 매우 많다.

지금까지 수많은 사이클선수들이 도핑테스트에 걸렸지만, 가장 화제

| 아나볼릭 스테로이드가 신체에 미치는 부작용 |

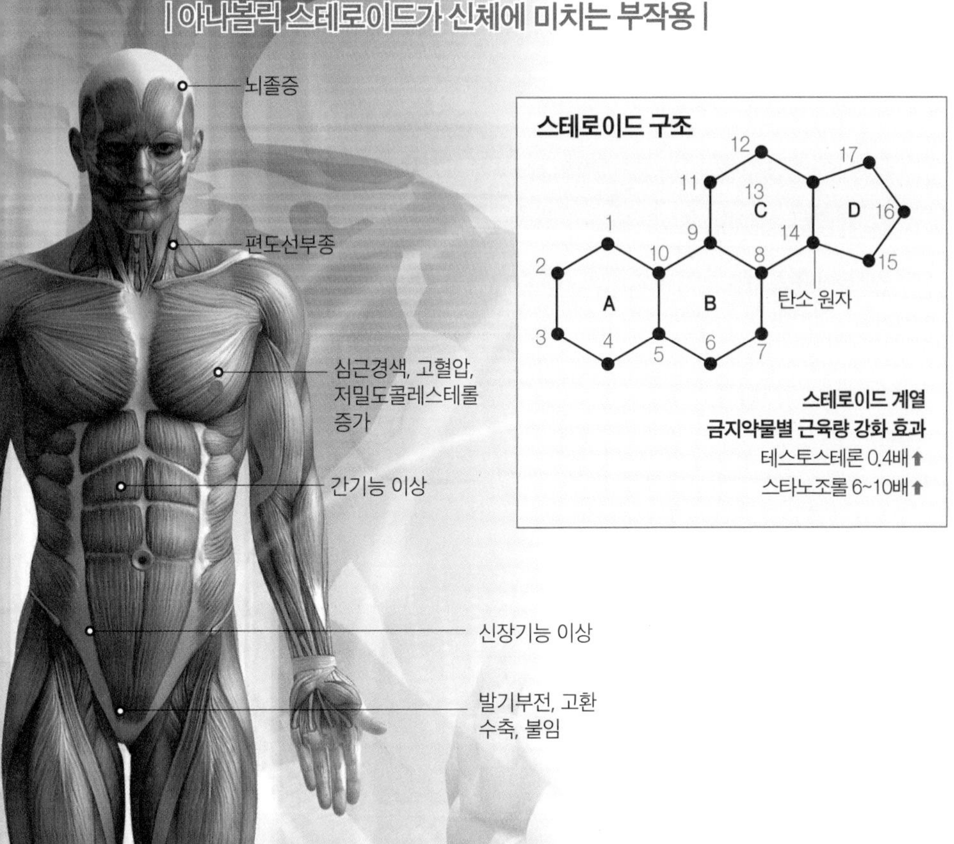

가 됐던 인물은 랜스 암스트롱Lance Armstrong이다. 암스트롱은 세계 최고 권위의 사이클대회인 '투르 드 프랑스'에서 1999년부터 2005년까지 7회 연속 우승을 차지한 사이클계의 레전드였다. 하지만 지금 그의 명성은 도핑으로 얼룩져있다. 국제사이클연맹(UCI)은 암스트롱을 영구 제명했고, 그가 평생 이룬 수상실적은 대부분 취소됐거나 반환됐다. 그 중에는 2000년 시드니 올림픽 동메달도 있었다.

물론 아나볼릭을 비롯한 금지약물 복용이 사이클 종목에서만 일어나는 건 아니다. 하지만 도핑 문제가 유독 사이클에서 자주 회자되는 데는 그만한 이유가 있다. 허벅지(대퇴) 근육의 중요성 때문이다.

사이클은 신체부위의 여러 근육 중에서 특히 허벅지 근육이 강조되는 운동이다. 페달을 돌리는 힘은 기본적으로 허벅지 근육에서 비롯한다. 허벅지 근육은 우리 몸에서 가장 큰 근육인 만큼 스테로이드 효과도 현저하게 나타나는 부위로 알려져 있다.

사이클에서 페달을 누르는 힘은 허벅지 근육 가운데 넙다리네갈래근(대퇴사두근), 미는 힘은 넙다리두갈래근(대퇴이두근)이 사용된다. 오르막길(업힐)의 경우 페달을 누르는 힘이 많이 필요하기 때문에 넙다리네갈래근의 역할이 중요하다. 넙다리네갈래근은 넓적다리 앞쪽의 큰 근육 4개를 포함하는 근육이다. 그 중에서 가장 앞쪽에 위치한 넙다리곧은근(대퇴직근)은 골반의 아래앞엉덩뼈가시에서 일어나 무릎인대에 닿기 때문에 무릎을 펴면서 넓적다리를 엉덩이쪽으로 굽히는 작용을 한다.

넙다리곧은근보다 아래쪽에 위치한 가쪽넓은근(외측광근), 중간넓은근(중간광근), 안쪽넓은근(내측광근)은 넙다리뼈 표면에서 넓게 일어나서 무릎힘줄에 닿는다. 따라서 이들 3개의 근육은 무릎을 펴는 작용만 한다. 가끔 병원에서 의사가 무릎을 망치로 쳐보는 모습을 볼 수 있는데, 이는 넙다리네갈래근과 연관이 있다. 무릎힘줄을 때리면 넙다리네갈래근이 반응하여 무릎관절을 펴게 되는데, 이는 무의식적으로 일어나는 반응이다.

| 허벅지 근육 구조 |

사이클은 신체부위의 여러 근육 중에서 허벅지 근육이 강조되는 종목이다. 페달을 돌리는 힘은 기본적으로 허벅지 근육에서 비롯한다. 독일 사이클선수 로베르트 푀르스테만(Robert Förstemann)은 2012년 런던 올림픽에서 웬만한 여성의 허리보다 두꺼운 34인치나 되는 허벅지 근육으로 화제를 모았다.

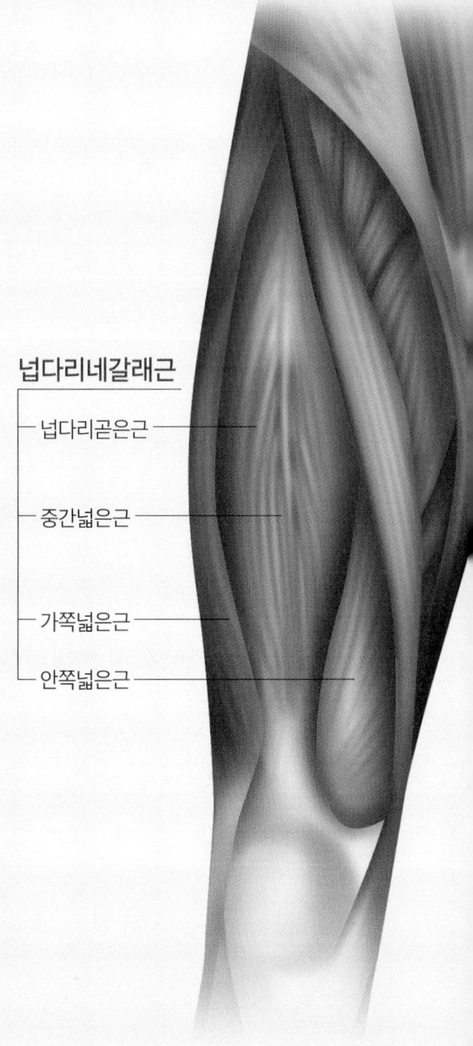

사이클선수들의 허벅지가 굵은 이유는 폭발적인 스피드를 내기 위해 페달을 강하게 밟으면서 속근이 발달하기 때문이다. 허벅지는 짧은 시간 폭발적인 힘을 내는 속근과 오랫동안 힘을 내는 지근으로 구성된다. 속근은 지근보다 부피가 크기 때문에 속근이 발달할수록 허벅지가 굵어진다.

경륜선수들은 페달을 강하게 밟으면서 자전거를 타고, 속근을 강화하기 위한 무산소 운동을 병행하기 때문에 허벅지가 굵어지는 것이다.

여담이지만 여성들 사이에서는 허벅지가 굵어질까봐 자전거 타기를 주저하는 경우가 있다. 하지만 자전거를 오래 탄다고 해서 무조건 허벅지가 굵어지는 것은 아니다. 실제로 자전거를 타는 자세만 고쳐도 이러한 선입견에서 벗어날 수 있다.

이를테면 경륜선수가 자전거 타는 자세를 보면, 안장이 낮아 고양이처럼 등과 허리를 굽혀야 한다. 이 자세로 자전거를 타면 허벅지 뒤의 넙다리두갈래근보다 앞쪽인 넙다리네갈래근을 주로 쓰게 된다. 하지만 안장을 조금 더 높이면 페달을 발바닥이 아닌 발가락으로 딛게 되므로 다리 전체를 펴게 된다. 이 자세를 통해 허벅지와 종아리 뒤의 넙다리두갈래근과 장딴지근(비복근)을 많이 사용하게 되어 오히려 각선미가 살아나는 효과를 얻을 수 있다.

중요한 건 밸런스와 타이밍이다

트랙경기에 사용되는 자전거에는 기어가 1개뿐인데, 브레이크가 없기 때문에 작은 실수로도 치명적인 낙차 사고가 일어날 수 있다. 특히 기울어진 벨로드롬 트랙에서 쓰러지지 않으려면 무엇보다도 '밸런스' 유지가 중요하다. BMX에서도 균형감, 즉 밸런스는 아무리 강조해도 지나치지 않다. 파크(park)라 불리는 경기장에서 고난도의 점프와 공중회전을 무리 없이 수행하려면 말이다.

사이클에서 밸런스만큼 중요한 덕목은 '타이밍'이다. 스프린트의 경우, 처음에는 누가 더 느리게 달리는지를 겨루듯 눈치싸움을 벌이며 속도를 줄이고 치고 나가지 않는다. 앞에서 달리면 공기 저항을 많이 받기 때문에 초반에는 힘을 아꼈다가 마지막 스퍼트 구간에서 전력질주해야 한다.

200킬로미터를 달려야 하는 도로경기에서는 오버페이스를 조심해야 한다. 장기 레이스인 만큼 페이스 조절이 관건이다. 어느 구간에서 어느 정도의 속도로 달려야 하는지 '적확(的確)'하게 꿰뚫고 있어야만 한다. 여기서 '적확하다'란 조금도 틀리지 아니함을 뜻한다. '정확'보다 더 정확한 게 '적확'의 경지란 얘기다.

생각해보면 도핑의 유혹도 운동선수로서 지녀야 할 가치관의 밸런스가 무너지면서 매 순간 오버하는 실수가 거듭될 때 커지는 게 아닐까 싶다. 인생도 다르지 않다. 삶에서 중심을 잃으면 자신도 모르게 욕심을 부리게 된다. 하지만 너무 빠르지도 느리지도 않게 삶의 페달을 밟는 것은 또 얼마나 어려운 일인가. 중요한 건 자신이 감당할 수 있는 속도를 찾아 부단히 페달을 밟아야 한다는 건데, 자전거 타기를 즐겼던 아인슈타인Albert Einstein의 말이 생각나는 대목이다.

"인생은 자전거 타기와 같다.
쓰러지지 않고 균형을 유지하려면
계속 움직이는 수밖에 없다."

JOOLA

태극궁사의 입술

16 OLYMPICS & ANATOMY

중국이 쏘아올린 작은 공

탁구 Table tennis

#1

"작은 공(탁구공)이 큰 공(지구)을 흔들었다."

중국 총리를 지냈던 저우언라이周恩來가 했던 말이다. 냉전시대에 한동안 국제무대에서 사라졌던 중국이 다시 모습을 드러낸 건 뜻밖에도 1971년 나고야 세계탁구선구권대회였다. 대회가 끝나자마자 중국은 미국 탁구대표팀을 베이징으로 초청해 친선경기를 가졌다. 미국도 화답했다. 닉슨Richard Nixon 대통령 역시 중국 탁구대표팀을 미국으로 초청해 친선경기를 가졌다. 곧이어 양국 외교 컨트롤 타워가 움직였다. 키신저Henry Kissinger 미국 안보 담당 특별보좌관과 저우언라이 중국 총리는 테이블에 마주앉아 닉슨과 마오쩌둥毛澤東의 회담 계획을 논의했다. 외신들은 '핑퐁외교'란 신조어를 헤드라인으로 꼽아 전 세계에 타전했다. 1972년 닉슨 대통령

전용기가 베이징을 향해 출발했고, 1979년에는 마오쩌둥의 뒤를 이은 덩샤오핑鄧小平이 워싱턴을 찾았다.

미국의 카투니스트 모트 드러커(Mort Drucker)가 핑퐁외교를 묘사한 1971년 당시 마오쩌둥과 닉슨의 캐리커처.

#2

1991년 일본 지바에서 세계탁구선수권대회가 열렸다. 한국과 북한은 분단 이후 최초로 단일대표팀에 합의해 '코리아'란 이름으로 출전했다. 대회 몇 달 전 열린 남북체육회담에서 남북은 각종 국제대회에 단일팀을 구성해 참가하기로 합의했는데, 첫 스타트를 탁구가 끊은 것이다. 코리아 여자대표팀은 단체전에서 세계 1위 중국 여자대표팀을 꺾고 정상에 올랐다. 시상식에는 한반도기가 게양되었고, 〈아리랑〉이 울렸다.

현대사를 돌아보면 스포츠와 정치의 인연은 그리 아름답지 못했다. 정치권력이 권모술수의 수단으로 스포츠를 이용해왔기 때문이다. 하지만 앞서 소개한 두 장면은 달랐다. 정치와 외교가 풀지 못했던 난제를, 스포츠를 통해 실마리를 찾은 것이다. 그 중심에 탁구가 있었다.

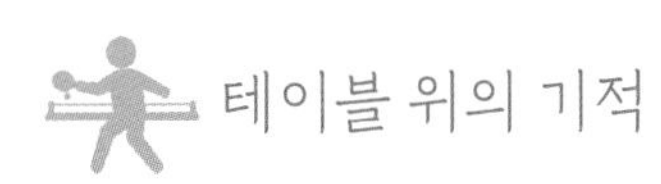

테이블 위의 기적

탁구는 어떻게 동서 간 냉전과 한반도의 긴장을 녹인 것일까. 그 해답을 하나의 키워드로 찾는다면 아마도 '테이블'이 아닐까 싶다. 탁구(卓球)는 이름 그대로 탁자(卓子) 위에서 공(球)을 주고받는 게임으로, 영어명도 '테이블 테니스(table tennis)'다. 누구든 경기를 치르려면 274×152.5센티미터의 테이블 앞에 나서야 한다.

테이블은 상징적인 곳이다. 서로가 얽힌 문제를 풀려면 우선 테이블부터 마련해야 한다. 테이블이 '(문제나 의안 등을) 상정하다'란 사전적 의미를 담고 있는 데는 그만한 이유가 있는 것이다. 탁구가 탁구대 위에서 서로 공을 주고받듯이, 대화가 필요한 사람들은 테이블 앞에서 의견을 주고받는다. 설사 아무리 사이가 나쁘더라도 일단 테이블 앞에 섰다는 건 상대와 의견을 주고받으며 해결점을 찾겠다는 뜻이다. 키신저와 저우언라이가 그랬고, 남북체육회담에 나온 양 측 대표도 마찬가지였다.

생각해보면 탁구만큼 평화로운 종목도 드물다. 탁구의 기원을 살펴보면 특히 그렇다. 혹자는 중세 이탈리아의 '루식 필라리스(Rusic Pilaris)'라는 놀이에서 찾기도 하고, 15세기 경 프랑스 궁정에서 즐긴 '라파움(Lapaum)'이란 놀이를 탁구의 시작이라 주장하는 이들도 있다. 1898년경 제임스 깁James Gibb이라는 영국인이 셀룰로이드 재질의 작고 가벼운 공을 만들어 테이블 위에서 쳤더니 핑(ping) 퐁(pong) 소리가 너무 재밌게 들려 아예 핑퐁이란 이름을 붙였다는 에피소드가 전해지기도 한다.

당시 유럽인들은 통통 튀는 이 작은 공에 매료되었다. 탁구는 일종의 사교놀이로 상류층을 중심으로 퍼져나갔다. 연미복과 드레스를 갖춰 입은 사람들이 테이블 주위에 모여 탁구를 즐겼다.

사교놀이로서의 탁구가 운동경기로 발전하게 된 것은 고무(rubber)를

19세기 유럽에서 탁구는 일종의 사교놀이로 상류층을 중심으로 퍼져나갔다. 연미복과 드레스를 갖춰 입은 사람들이 테이블 주위에 모여 탁구를 즐겼다. 이미지는 영국 빅토리아시대 탁구놀이를 묘사한 일러스트.

붙인 라켓이 개발되면서다. 라켓에 고무를 붙이자 공의 속도가 훨씬 빨라지면서 박진감 넘치는 스포츠의 면모를 갖추게 된 것이다. 이를 계기로 1921년 선수들의 단체인 탁구협회가 영국에서 처음 결성되었고, 1926년에는 독일 베를린에서 국제탁구연맹이 발족하면서 대중화에 나섰다. 그리고 4년 뒤인 1930년에 세계탁구선수권대회가 열려 국제적인 스포츠로 발돋움했다. 하지만 탁구는 올림픽과는 인연이 한참 늦었다. 1988년 서울올림픽에 이르러서야 비로소 정식종목으로 채택되었기 때문이다.

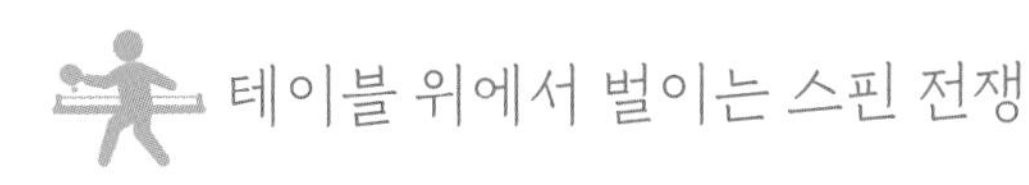

테이블 위에서 벌이는 스핀 전쟁

2020년 도쿄대회까지 올림픽 탁구에서 가장 많은 금메달을 딴 나라는 역시(!) 중국이다. 37개의 금메달 가운데 32개를 중국이 가져갔다. 그 다음은 한국인데, 지금까지 고작(!) 3개의 금메달을 목에 걸었다. (중국과의 격차를 생각하면) 쑥스러운 2등이다.

지난 수십 년 동안 중국 탁구가 월등하게 세계 1등을 고수해온 이유는 차고넘친다. 그래서일까. 중국 탁구가 왜 세계 최강인지 그 원인을 분석하는 게 언제부턴가 무의미해졌다. 1등의 비결을 찾는다는 건 1등을 하겠다는 굳은 의지가 있을 때 의미가 있는 일이다. 중국 탁구를 아무리 벤치마킹해봐야 중국을 제치고 세계 1등이 되는 건 거의 불가능하다. 역대 올림픽에서 중국이 차지한 32개의 금메달은 이를 방증한다. 아무튼 중국 탁구의 세계 1등 노하우 중에서 유독 필자의 시선을 끄는 대목이 있으니 다름 아닌 '스핀(spin)' 기술이다.

스핀이란 타구에 가해진 공의 회전을 말한다. 라켓으로 공을 치면 공에 얼마간의 회전이 걸린다. 여기서 공의 회전은 공기저항을 밀어내고 중력을 거슬러 전진하는 에너지를 만들어내는 운동을 가리킨다. 이때 회전방식과 회전량에 따라 공의 방향과 속도가 달라진다. 스포츠에서 스핀의 중요성을 처음 밝힌 사람은 1920년대 미국 프로 테니스선수였던 윌리엄 틸든William Tatem Tilden이었다.

중국 탁구가 처음부터 세계 최강은 아니었다. 탁구강국이 되기 위해 중국이 주목했던 건 테니스 스타 틸든의 스핀 효용론이다. 작고 가벼운 탁구공의 특성상 회전을 걸어버리는 순간 상대가 아무리 정확하게 라켓에 맞춰 타격한다 한들 공은 제멋대로 반응한다는 사실을 깨달은 것이다.

중국 탁구는 스핀 기술을 앞세워 1959년 도르트문트 세계탁구선수권대회에서부터 돌풍을 일으켰다. 남자 단식에서 룽궈투안榮國團이 우승을 차지한 것이다. 이후 세계 탁구계에서는 치열한 '스핀 전쟁'이 벌어졌고, 승전국은 늘 중국이었다.

스포츠에서 스핀의 중요성을 처음 밝힌 사람은 1920년대 미국 프로 테니스선수였던 윌리엄 틸든이었다. 중국 탁구는 틸든의 스핀 효용론을 바탕으로 새로운 드라이브 타법을 연마해 세계 탁구계를 정복했다.

스핀에는 크게 톱스핀과 백스핀이 있다. 톱스핀은 시계의 6시에서 12시 방향으로 라켓을 위로 올려쳐서 공에 회전을 주는 타법이다. 백스핀은 그 반대로 공의 아래쪽을 깎아 역회전을 주는 타법이다. 이때 공에 회전을 주는 동작을 가리켜 '드라이브(drive)를 건다'고 말한다.

스핀, 즉 드라이브 타법은 라켓의 형태와 재질 및 라켓을 쥐는 방법에도 변화를 줬다. 가장 일반적인 형태는 라켓의 한쪽 단면만 사용하는 펜홀더 그립(penholder grip)인데, 펜을 쥐는 것처럼 라켓을 잡는다고 해서 붙여진 이름이다. 펜홀더는 손목관절을 이용해 드라이브를 강하게 걸기에 유리해서 주로 공격형 선수들이 선호한다. 하지만 상대적으로 백핸드 공격이 어렵고, 수비 범위가 좁은 단점이 있다.

라켓의 양면을 모두 사용하는 쉐이크핸드 그립(shakehand grip)은 라켓을 쥘 때 손 모양이 악수할 때와 같다고 해서 붙여진 이름이다. 다섯 손가락을 모두 이용하여 라켓을 쥐므로 무게에 대한 예민함이 덜하고, 포핸드와 백핸드 전환이 빠르다. 따라서 수비 범위가 넓어서 수비형 선수들이 즐긴다.

변칙적인 타격에 적합한 중국식 펜홀더 그립(chinese penholder grip)이라는 스타일도 있는데, 얼핏 보면 쉐이크핸드 그립과 비슷한 것 같지만 손잡이가 짧고 세로면이 길다. 뒷면타법(이면타법)으로 백핸드 드라이브가 용이한 장점이 있다.

스핀, 즉 드라이브 타법은 라켓의 형태와 재질 및 라켓을 쥐는 방법에도 변화를 줬다.

탁구는 누가 더 강력한 드라이브를 거느냐에 따라 승패가 갈린다고 해도 지나치지 않다. 전 세계 수많은 탁구선수들이 무리한 드라이브의 유혹에서 벗어나지 못해 선수생활을 접어야만 했다. 그만큼 부상의 위험이 크다는 얘기다.

탁구선수들의 아킬레스건 역시 팔꿈치(elbow)다. 테니스선수들이 겪는 테니스엘보(258쪽)에서 탁구선수들도 자유롭지 못하다는 얘기다. 세계 정상급 선수들은 초당 100회전 이상의 드라이브를 거는데, 팔을 굽힌 상태에서 드라이브 타격을 할수록 팔꿈치관절에 심각한 손상이 초래될 수 있다. 무엇보다도 탁구는 테니스에 비해 공이 매트 위를 오가는 빈도수가 잦은데, 그만큼 팔꿈치관절 손상에 더 취약할 수밖에 없다.

팔꿈치관절을 굽히는 근육은 위팔의 앞면에 위치한다. 대표적으로 위팔두갈래근과 위팔근이 있다. 그리고 위팔의 바깥쪽에서 손목 가까이까지 이어져 팔꿈치를 굽히는 근육이 있는데, 이를 가리켜 '위팔노근'이라 부른다.

세계 정상급 선수들은 초당 100회전 이상의 드라이브를 거는데, 팔을 굽힌 상태에서 드라이브 타격을 할수록 팔꿈치관절에 심각한 손상이 초래될 수 있다.

| 위팔노근 구조 |

위팔노근은 탁구에서 강한 드라이빙을 걸 때 뿐만 아니라 악수를 하거나 손을 흔들거나 술잔을 드는 등 일상생활에서 흔히 사용하는 근육이다.

위팔두갈래근

위팔근

위팔노근

탁구에서 강한 드라이빙을 걸 때 뿐 아니라 악수를 하거나 손을 흔들거나 술잔을 드는 등 일상생활에서 흔히 사용하는 근육이다. 오른손잡이 탁구 선수들 중에는 라켓을 잡는 팔의 위팔노근을 아껴 쓰기 위해 왼손으로 이를 닦고 음식을 먹는 이들도 있다. 본의 아니게 왼손잡이가 된 것인데, 그만큼 탁구선수들에게 중요한 근육이란 얘기다.

위팔노근은 위팔의 팔꿈치 근처인 아래 부분의 가쪽관절융기 위의 능선에서 시작해 노뼈의 먼쪽 붓돌기에 닿는다. 위팔에서 시작해 노뼈에 붙는다고 해서 위팔노근이라 불리게 된 것이다.

아무튼 신체부위에 붙은 학명은 한글이든 영어든 그 난해함이 하늘을 찌른다. 필자는 이 책에서나마 의학용어의 사용을 최대한 자제하고 있지만, 해부학을 소개하는 대목에서는 어쩔 수가 없다. 안쓰러운 마음에 위트 있는 의학용어를 소개하면, 위팔노근(brachioradialis)을 'BR'로 표기한다. 그런데 이 근육의 기능과 쓰임에 따라 BR이라는 약자를 'Beer Raising muscle'로 이해하기도 한다. 위팔노근이 무거운 맥주잔을 드는데 쓰는 근육이란 뜻이다.

그들이 네트 위로 주고받는 건 땀과 눈물이다

40밀리미터의 지름에 2.7그램의 무게! 올림픽 구기종목 중에서 가장 작고 가벼운 공이라해서 탁구공을 얕봐선 곤란하다. 테이블을 가르는 탁구공의 속도는 평균 시속 144킬로미터나 된다. 한국 프로야구 투수들의 평균 구속보다 빠르다. 이쯤 되면 100여 년 전 유럽 귀족들의 사교놀이 탁구는 잊어야 한다.

탁구에서 상대선수를 이기려면 그보다 앞서 공의 속도를 극복해야 한다. 공을 받아치는 순발력, 쉴 새 없이 빠른 스텝에도 지치지 않는 체력 등은 필수다. 여기에 탁구선수에게 요구되는 중요한 능력이 하나 더 있다. 찰나(刹那)에 상대방의 공을 파악하고 어떻게 받아 넘길지를 결정하는 '순간판단력'이다.

구기종목에서 우리 몸이 공의 움직임을 따라 빠르게 반응하도록 돕는 신체기관으로 안구(眼球, eyeball)의 중요성을 빼놓을 수 없다. 안구는 척추동물의 눈구멍 안에 박혀 있는 공 모양의 기관이다. 공막, 각막으로 된 바깥 부분과 맥락막, 섬모체, 홍채로 된 가운데 부분, 망막체로 된 안 부분의 3가지 층으로 이루어져 있으며, 그 안쪽에는 수정체와 유리체가 있어 망막에 물체의 영상을 비춘다(310쪽).

눈 주위에는 안구의 움직임을 조절하는 6개의 근육이 있다. 위쪽에 있는 위곧은근은 안구를 위안쪽으로 돌린다. 아래쪽에 있는 아래곧은근은 안구를 아래안쪽으로 돌린다. 가쪽곧은근과 안쪽곧은근은 안구를 가쪽(바깥쪽)과 안쪽으로 돌린다. 도르래의 원리로 비스듬하게 움직이는 위빗근과 아래빗근은 각각 안구를 위아래로 돌린다.

안구를 움직이는 대부분의 근육은 뇌신경의 지배를 받는다. 따라서 이들 근육에 의한 안구의 움직임은 우리 몸 전체의 움직임에 관여한다. 야구에서 외야수가 멀리서 날아오는 공으로 몸을 이동한다거나 축구에서 수비수가 자기진영으로 오는 공의 궤적을 향해 헤딩 동작을 취하는 경우가 대표적인 예이다.

| 안구 주변 근육 구조 |

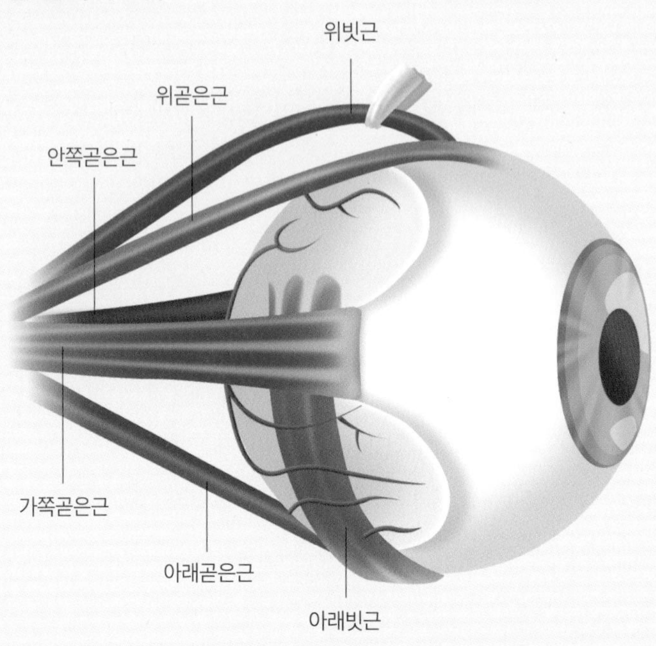

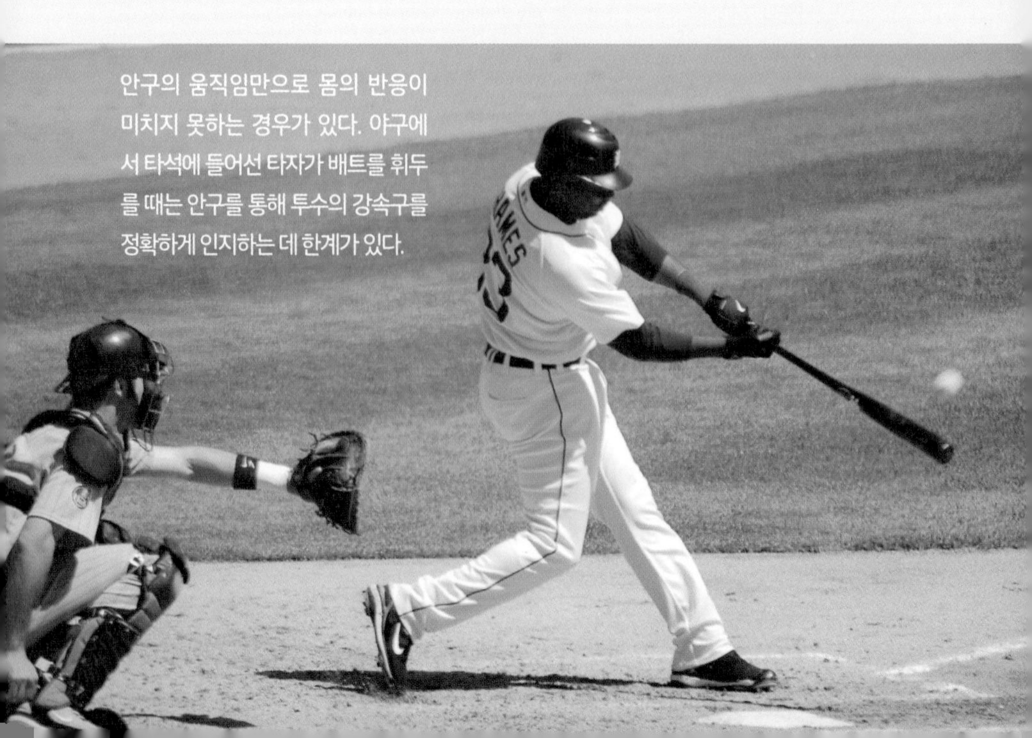

안구의 움직임만으로 몸의 반응이 미치지 못하는 경우가 있다. 야구에서 타석에 들어선 타자가 배트를 휘두를 때는 안구를 통해 투수의 강속구를 정확하게 인지하는 데 한계가 있다.

그런데 안구의 움직임만으로 몸의 반응이 미치지 못하는 경우도 있다. 야구에서 타석에 들어선 타자가 배트를 휘두를 때는 안구를 통해 투수의 강속구를 정확하게 인지하는 데 한계가 있다. 축구에서 패널티킥에 맞선 골키퍼도 마찬가지다. 슛을 안구로 확인한 뒤 다이빙하기에는 공의 속도가 너무 빠르다. 심지어 탁구는 공을 주고받는 매 순간이 그렇다. 안구를 거쳐 뇌로 들어오는 시각정보에만 의존하다간 경기에 나가 아무 것도 하지 못하는 자신을 발견하게 된다.

우리 몸은 안구를 통해 순간적으로 들어오는 시각정보에 경험과 예측을 바탕으로 반사적으로 반응한다. 이러한 순간판단력은 결코 안구의 근육만으로 해결할 수 없다는 얘기다. 결국 경험과 예측은 부단한 노력을 통한 훈련에서 비롯된다. 야구에서 홈런을 친 타자가 하는 말이 있다. "야구공이 수박만 해 보였다." 하지만 세상에 수박만한 야구공은 없다. 쓰디쓴 노력이 쏜살 같이 날아오는 야구공을 달콤한 수박으로 바꾼 것이다. 테이블 앞에 선 탁구선수들이 위대해 보이는 것도 같은 이유에서다. 그들이 네트 위로 주고받는 건 작은 공이 아니라 땀과 눈물이기 때문이다.

꼭 스포츠가 아니더라도 어떤 분야에서건 '눈치가 빠른' 사람이 있다. 여기서 눈치란 타인의 마음을 그때그때 상황으로 미루어 알아내는 능력이다. 이 또한 오랜 경험에서 우러나는 것일 뿐 물리적인 시력과는 무관하다.

17

OLYMPICS & ANATOMY

코트 위 황제를 울린 팔꿈치

테니스 Tennis

"MZ세대 중에 테린이가 크게 늘고 있다"란 신문기사 헤드라인을 본 적이 있다. 테린이가 뭐지? 뭔가 신조어 같긴 한데…… 검색해보니 테니스 어린이, 즉 테니스를 처음 배우기 시작한 입문자란다.

MZ의 입맛을 돋우려면 '힙(hip)'해야 하는데, 테니스는 여러 조건에서 MZ세대의 취향을 저격한다. 역사적으로 서구사회에서 왕실 등 상류층이 즐겼을 정도로 테니스는 고급 스포츠다. 무엇보다 짧은 원피스, 모자, 반바지 등 의상이 패셔너블하다. 유튜브나 SNS에서 테니스를 검색하면 테니스 코트에서 멋진 스포츠웨어를 갖춰 입고 라켓을 든 젊은이들의 숏폼이 넘쳐난다. 테니스는 골프와 자주 비교되곤 하는데, 아무래도 MZ세대에게 골프웨어는 조금 점잖은 느낌이다. 코트 주변을 쉴 새 없이 뛰어다니는 테니스에 비해 골프가 덜 역동적인 점도 젊은 층의 마음을 좀 더 테니스로 가게 하지 않았을까 싶다.

테니스가 MZ세대 사이에서 큰 인기를 끄는 데는 코로나19도 한몫했다. 테니스는 상대편과 직접적인 신체 접촉이 아예(!) 없는 스포츠다. 넓은 코트를 2명(단식) 또는 4명(복식)이 독차지한다. 골프를 빼면 1인당 사용면적이 가장 넓다(단식 기준 8.23미터×23.77미터). 코로나19가 한창일 때 피트니스 시설이 문을 닫자 많은 젊은이들은 테니스 코트를 찾았다.

손바닥으로 테니스를 쳤다고?

골프가 작은 공을 저 멀리 홀 안에 누가 덜 쳐서 넣는가를 가리는 게임이라면, 테니스는 이보다 더 단순하다. 코트 중앙에 네트를 두고 넘어온 공이 자신의 진영에 두 번 튀기기 전에 라켓을 이용하여 공을 상대 진영으로 넘기면 그만이다.

테니스의 기원은 확실하지 않지만 지금과 유사한 형태는 11세기 프랑스에서 성행한 죄드폼(Jeu de paume)이다. 수도원 마당에서 시작된 이 게임은 벽과 경사진 지붕을 코트의 일부로 사용하고 손바닥으로 공을 치는 경기였다. 이후 1360년 경 영국인들은 '공을 친다'는 의미로 '테네즈(tennez)'라 불렀고, 이 말이 지금의 테니스가 됐다.

흥미로운 사실은 게임에서 이기려면 자연스럽게 맨손으로 공을 세게 쳐야 하는데, 그럴수록 손바닥에 통증이 심해졌다. 결국 장갑을 끼기 시작했는데, 이것만으로는 모자랐던지 15세기 후반부터 라켓을 개발해 사용하면서 지금의 테니스 모습을 갖추게 된 것이다. 라켓은 손바닥 통증을 사라지게 하는 대신 팔꿈치와 손목을 망가트렸는데, 이는 뒤에서 자세히 다루도록 하겠다.

아무튼 테니스는 라켓을 사용하면서 공을 더 강하게 타격할 수 있었고, 그만큼 경기도 박진감이 넘쳤다. 19세기 들어 영국에서는 테니스가 크로케(croquet)의 인기를 앞지를 정도였다. 1868년 런던 교외도시 윔블던(Wimbledon)에서는 세계 최초로 테니스 클럽이 조직되었고, 1877년에는 바로 이곳에서 지금의 윔블던 테니스 대회가 처음 열리기도 했다.

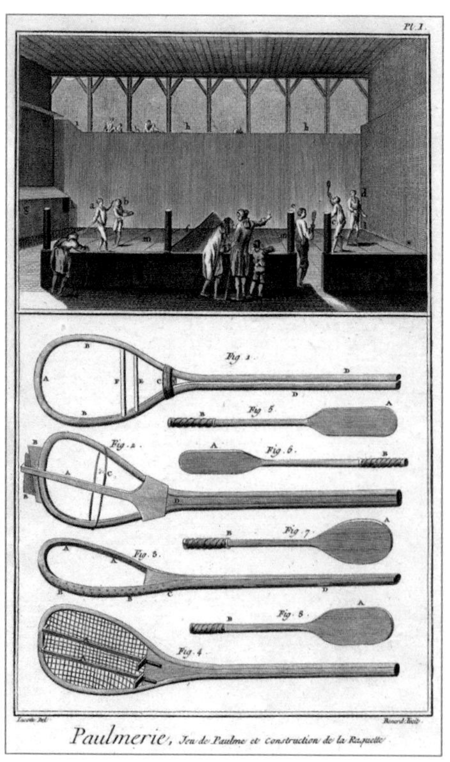

맨손으로 강하게 공을 칠수록 손바닥에 통증이 심해지자 자연스럽게 라켓을 개발하게 되었다. 이미지는 초기 테니스 라켓들.

테니스의 인기가 전 세계로 확산되면서 지구촌 곳곳에서 수많은 대회들이 개최되었는데, 그 가운데 특히 윔블던을 포함해 프랑스오픈, 호주오픈 그리고 US오픈(미국)까지 4개 대회를 가장 권위 있는 이벤트로 꼽는다. 한해에 4개 대회를 모두 석권할 경우 '그랜드슬램(grand slam)*'을 달성했다고 하는데, 테니스선수로서는 최고의 영예가 아닐 수 없다.

한편 테니스가 우리나라에 처음 전래된 곳은 뜻밖에도 전라남도의 작은 섬이었다. 1885년 영국군이 거문도를 점령하면서 주민들과 좋은 관계를 유지하려는 구실로 테니스를 전파한 것이다. 이후 1908년경 탁지부(지금의 기획재정부) 관리들이 친목 도모를 위해 테니스 코트를 마련하고 회동구락부라는 모임을 조직해 연식정구 경기를 치렀다는 기록이 전해진다.

테니스가 올림픽에서 다시 정식종목으로 채택된 것은 1988년 서울 올림픽부터다. 그해 독일(당시 서독) 대표 그라프(Stefanie Graf)는 윔블던, 파리, 호주, US오픈을 모두 석권하고 올림픽 금메달까지 거머쥐면서 골든 그랜드슬램을 달성했다. 흥미로운 건 당시 그라프와 함께 결승에 오른 아르헨티나 대표 사바티니(Gabriela Sabatini, 사진)의 인기가 그라프를 압도했는데, 그녀의 미모가 그라프의 실력을 눌렀다는 소문이 돌기도 했다.

테니스는 그랜드슬램을 비롯해 전 세계 수많은 투어가 매년 성황을 이

* 그랜드 슬램은 카드놀이인 브리지게임에서 패 13장 모두를 땄을 때, 즉 압승했을 때에서 유래했다. 테니스와 골프에서는 가장 권위 있는 4개 대회를 석권했을 때를 의미한다면, 야구에서는 만루홈런으로 한번에 4점을 얻었을 때를 가리킨다. 스포츠에서는 그랜드슬램이 유독 '4'란 숫자와 맞닿아 있음을 알 수 있다.

룰 정도로 인기가 높지만, 유독 올림픽에서는 부침을 겪었다. 1896년 아테네에서 열린 제1회 하계올림픽에서 정식종목으로 채택되었을 때만 해도 올림픽에서 테니스의 위상은 견고했다(테니스는 하계올림픽 최초의 구기종목이었다). 하지만 테니스는 국가보다는 프로페셔널한 개인이 중심을 이루는 스포츠다. 원칙적으로 프로선수 출전을 금지했던 올림픽과 거리를 둘 수밖에 없었다.

1924년 파리대회를 마지막으로 올림픽에서 자취를 감췄던 테니스가 다시 정식종목으로 채택된 것은 1988년 서울 올림픽에서다. 프로 테니스 선수들의 출전 제한이 풀리면서 메이저대회에서나 볼 수 있었던 테니스 스타들이 서울에 집결한 것이다.

서울 올림픽 이후 테니스는 올림픽에서 매우 인기 있는 종목으로 스포트라이트를 받고 있다. 올림픽이 열리는 해에는 4개 메이저대회와 함께 '골든 그랜드슬램'이라 불리기도 한다. 메달도 모두 5개(남자단식, 여자단식, 남자복식, 여자복식, 혼성복식)가 걸릴 정도로 비중이 높다.

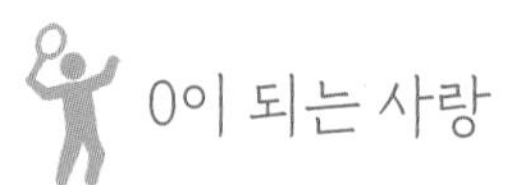

0이 되는 사랑

테니스는 둘로 나뉜 직사각형 코트에서 공을 라켓으로 쳐서 네트를 넘겨 코트의 다른 쪽으로 보내는 경기다. 양팀이 번갈아가면서 서브(머리 위로 띄워 공을 라켓으로 치는 동작)를 하고, 서브로 보내는 공은 서비스 박스 안에 들어가야 한다. 서브를 실패하는 것을 '폴트(fault)'라고 하며, 서브를 연달아 실패하면(더블폴트) 실점을 하게 된다. 공은 한 번 바운드까지 허용되는

데, 공중에 있을 때 치는 것을 '발리(volley)'라고 한다. 상대 코트 라인 안쪽으로 보낸 공을 상대가 치지 못했을 때, 상대가 친 공이 라인 밖으로 나갔을 때, 상대가 친 공이 네트에 걸렸을 때 각각 점수를 얻게 된다.

점수 합계는 포인트, 게임, 세트로 구성된다. 한 포인트 이겼을 때 15점, 두 포인트 이겼을 때 30점을 얻는다. 그럼 세 포인트를 이기면 당연히 45점일까. 아니다. 세 포인트째는 40점이다. 이어 네 번째 포인트를 획득하면 비로소 한 게임을 얻게 된다. 그런데 게임을 얻기 위해서는 상대보다 두 포인트 이상 앞서야 하며, 두 명의 선수가 똑같이 3포인트(40-all)를 획득하면 '듀스'가 된다. 듀스에서도 상대보다 두 포인트차 이상 벌려야 게임을 따낼 수 있다.

이러한 점수 체계는 시계바늘이 1포인트마다 15분씩 움직이는 것(15-30-40-60)에서 유래했다. 45 대신 40을 쓰는 이유는 forty-five가 forty보다 영어로 부르기 불편했다는 설도 있고, 듀스가 되면 45에서 60은 나누기 애매하지만, 40은 50을 거쳐 60으로 갈 수 있기 때문이라는 주장도 있다.

테니스는 귀족을 비롯한 상류층에서 즐겼던 스포츠인 만큼 서로에 대한 존중과 매너가 필수다. 그래서일까. 포인트 0점을 제로(zero)가 아니라 상대방에 대한 배려의 뜻으로 러브(love)라고 부르게 됐다는 속설이 있다. 하지만 숫자 0이 달걀을 닮아서, 달걀을 의미하는 프랑스어 뢰프(l'oeuf)에서 기원했다는 게 정설이다.

이렇게 게임이 모여 세트가 되는데, 한 세트에서 승리하려면 무려 6게임을 먼저 따내야 한다. 올림픽에서 테니스경기는 3세트 중 2세트를 먼저 따내면 승리한다. 즉 4포인트를 얻어 1게임을 이기고, 모두 6게임을 이겨

2012년 ATP 챌린저 부산오픈에서 샘 그로스는 시속 263.4킬로미터의 서브를 꽂아 테니스 역사상 가장 빠른 서브를 기록했다.

서 한 세트를 얻고, 총 2세트를 이겨야 최종적으로 승리하는 셈이다. 그렇다보니 US오픈 남자단식은 한 경기가 평균 2시간 44분이나 소요될 정도로 장시간 레이스다. 심지어 최장 경기시간이 무려 11시간씩 되는 경우도 있었다.

테니스는 길게 소요되는 시간 내내 격렬한 승부욕을 자극한다. 아무리 상대방에 대한 존경과 매너가 넘친다 해도 승부는 승부라는 얘기다. 테니스 중계에서 스윙을 할 때마다 나오는 선수들의 신음소리가 이를 방증한다. 지난 2012년 ATP 챌린저 부산오픈에서 호주 출신 샘 그로스Sam Groth는 시속 263.4킬로미터의 서브를 꽂아 테니스 역사상 가장 빠른 서브를 기록하기도 했다. 메이저리거 오타니 쇼헤이大谷翔平의 160킬로미터대 구속보다 약 100킬로미터가 더 빠른 셈이다.

테니스는 공을 주고받을 때 라켓을 잡은 손 쪽에서 시작하여 공을 치고자 하는 방향으로 스윙을 해 공을 받아 치는 포핸드(forehand)를 주로 사용한다. 백핸드(backhand)는 라켓을 잡은 손의 반대쪽에서 시작하여 팔을 손등방향으로 스윙하여 공을 받아 치는 동작으로, 손등이 상대편을 향한다.

앞서 소개한 발리는 공이 땅에 튀기기 전에 쳐서 넘기는 동작으로 보통 네트에 근접한 상황에서 라켓을 세우고 손목을 고정시킨 채 짧게 스윙하여 공을 쳐낸다.

로브(lob)는 공을 높게 띄워서 상대방의 키를 넘겨 뒤로 보내 허를 찌르는 동작이다. 수세에 몰렸을 때 시간을 벌기 위해 공을 높이 띄우기도 한다. 한편 머리 위에서 서브와 유사한 동작으로 때리는 동작을 스매싱(smashing)이라고 한다. 로브와 같이 높게 온 공을 강하고 빠르게 아래로 내리치는 기술이다. 그리고 상대가 뒤로 물러나 있을 때 기습적으로 공에 회전(스핀, spin)을 걸어서 네트 바로 앞으로 짧게 공을 떨어뜨리는 것을 드롭샷(dropshot)이라 한다.

한 경기에서 이러한 동작들을 두 시간 이상 반복하다보니 선수들의 팔꿈치와 손목은 성할 날이 없다. 그 중에서도 흔하게 일어나는 증세로 테니스엘보(tennis elbow)가 있다.

테니스 코트 근처에 가지 않아도 생기는 테니스 직업병?

오십 대 가정주부가 팔꿈치에서 손목 부근까지 너무 저리고 아파서 정형외과를 방문해 의사의 소견을 들었는데 '테니스엘보'라는 진단이 나왔다. 테니스 코트 근처에도 가지 않았던 오십 대 가정주부로서는 의아할 따름이다. 그런데 테니스엘보는 꼭 테니스를 쳐야 생기는 질환은 아니다. 테니스선수 중에 유독 팔꿈치 주변 통증을 호소하는 이들이 많아지면서 그렇게 불리게 된 것이다.

테니스엘보는 1873년 독일인 의사 룬게Ferdinand Runge가 글을 전문적으로 쓰는 작가에게 많이 나타나는 증세라 하여 '작가의 경련(writer's cramp)'이라는 이름을 붙이기도 했다. 가정주부들에게 나타나는 증세라는 의미로 '설거지하는 여성의 팔꿈치(washer women's elbow)'라고 불린 적도 있었다. 이후 영국 출신 외과의사 헨리 모리스Henri Morris는 1883년 의학 논문지 〈란셋〉에서 '론 테니스 암(lawn tennis arm)'이라는 명칭을 붙이기도 했다(당시 영국에서는 테니스를 'lawn tennis'라고 불렀다).

테니스엘보는 의학적으로 가쪽위관절융기염(외측상과염)이라고 하는데, 백핸드와 같이 반복적으로 손목관절을 펴는 동작을 많이 하는 경우에 발생한다.

위팔뼈는 아래팔에 있는 노뼈 및 자뼈와 연결되어 팔꿈치관절을 형성한다. 이 부위의 안쪽과 가쪽(바깥쪽) 부위에 튀어 나온 부분이 있는데, 이를 각각 안쪽위관절융기 및 가쪽위관절융기라고 한다. 이 부위에는 손목과 손가락을 움직이는 근육의 힘줄이 붙어 있는데, 아래팔의 앞쪽에 위치하며 손목이나 손가락을 굽히는 근육들은 안쪽위관절융기에 붙는다.

반면 아래팔의 뒤쪽에 위치하며 손목이나 손가락을 펴는 근육들은 가쪽위관절융기에서 시작하는데, 이 부위에 과도한 힘이 가해지면 가쪽위관절융기 근처에 있는 손목폄근의 힘줄 부위에 염증이 생긴다. 이로 인해 조직에 섬유질이 증식하고, 통각수용체가 늘어나 통증이 악화되기도 한다. 통각수용체란 자극(통증)을 느끼는 자유신경계를 가리킨다. 통증은 공동폄근에서 시작되는데, 그 중에서도 특히 짧은노쪽손목폄근에서 자주 발생한다.

| 테니스엘보를 유발하는 아래팔의 폄근들 |

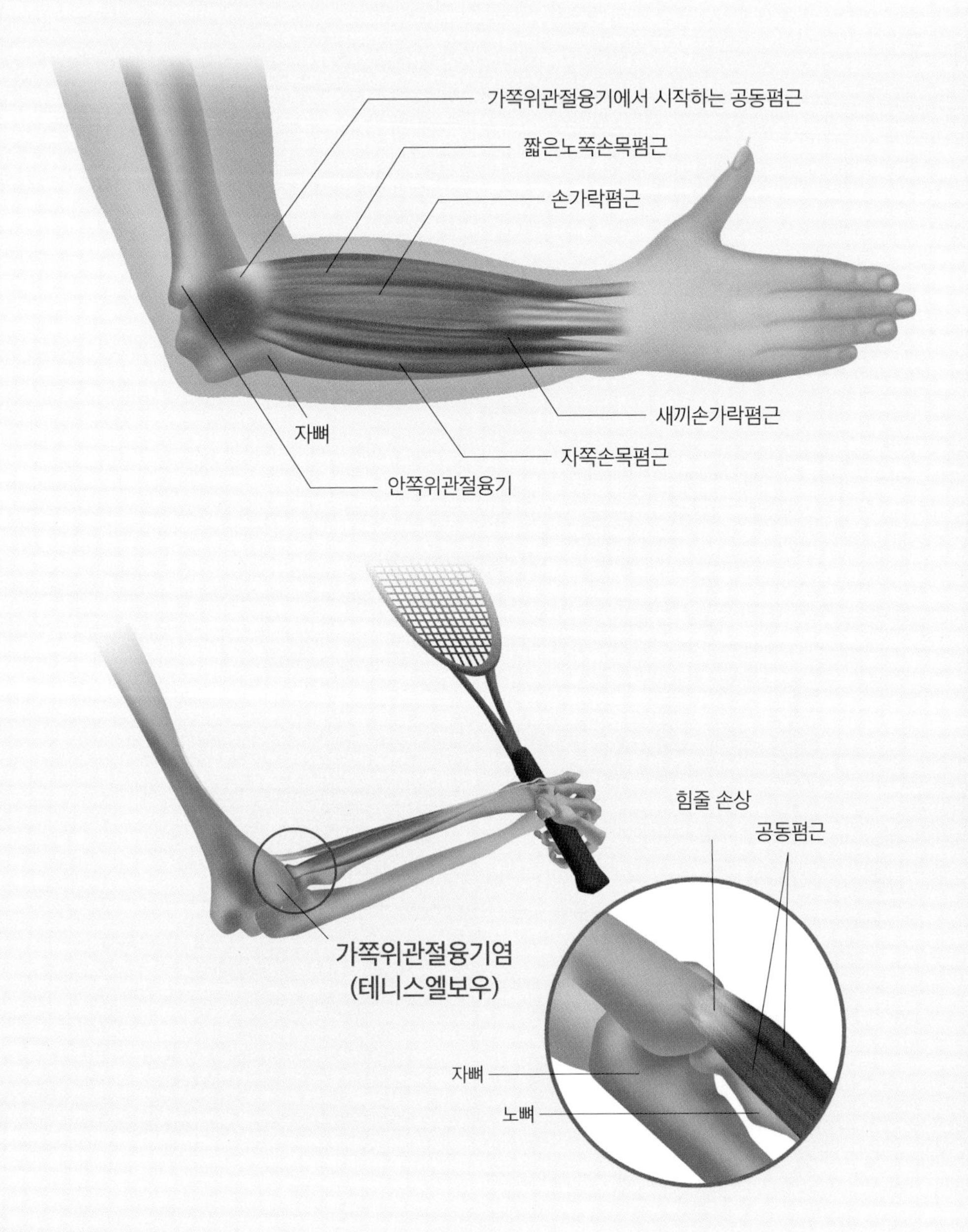

테니스를 무리해서 칠 경우 팔꿈치 주변의 손상까지 동반하곤 한다. 손목 부위가 대표적이다. 라켓을 계속 꽉 쥐고 스윙을 하기 때문에 강한 힘으로 손목이 비틀어지면서 이 부위에 무리가 오는 것이다. 이로 인해 손목의 삼각섬유연골복합체(TFCC) 손상이 발생할 수 있다. TFCC는 손목에서 새끼손가락 방향으로 손목을 이루는 큰 뼈인 노뼈와 자뼈 그리고 손목뼈 사이에 있는 삼각형 모양의 구조물로 연골과 인대를 총칭한다. TFCC는 관절원판, 노자인대, 먼쪽자쪽곁인대, 자손목인대로 구성되며, 다양한 방향으로 움직이는 손목관절의 충격을 완화해주고 안정성을 유지해준다.

TFCC 손상은 테니스나 탁구처럼 라켓을 쥐고 과도하게 팔을 휘두르는 동작에서 발생빈도가 높다. 뿐만 아니라 TFCC 손상은 퇴행성 질환이기도 하다. 실제로 60세 이상에서 약 50% 정도가 삼각섬유연골에 구멍이 나 있는 것으로 알려져 있다. TFCC 손상을 가리켜 '손목 디스크'라 부르기도

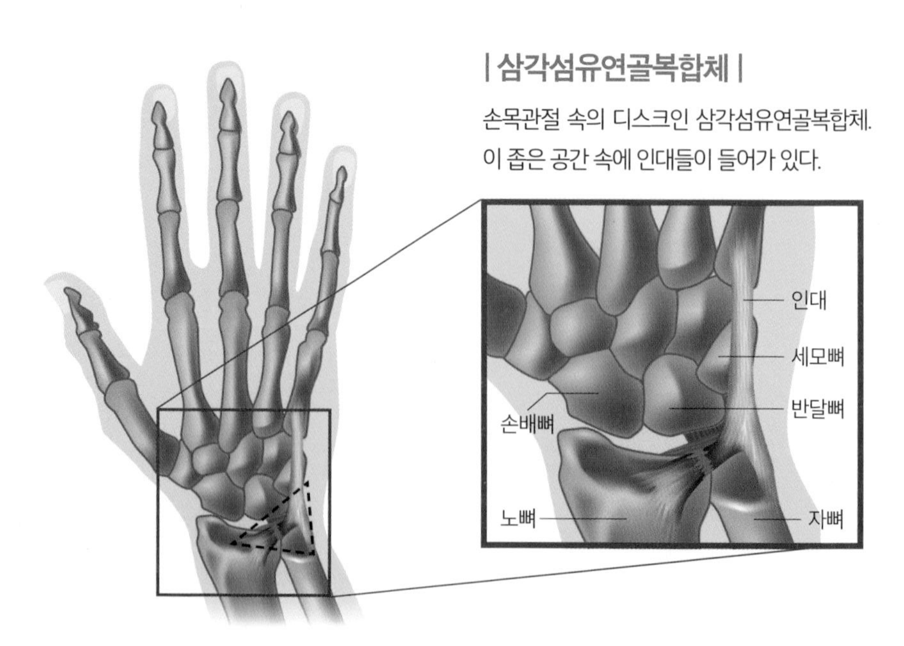

| 삼각섬유연골복합체 |

손목관절 속의 디스크인 삼각섬유연골복합체. 이 좁은 공간 속에 인대들이 들어가 있다.

하는데, 그만큼 흔하면서도 통증이 심한 질환이라는 얘기다.

테니스엘보 발생률은 전체 테니스선수 절반에 해당될 정도로 발생빈도가 높다. 테니스 코트 근처에도 가보지 않은 오십대 가정주부처럼 테니스를 치지 않더라도 물건을 들어 올릴 때나 손목을 손등 쪽으로 젖힐 때, 주먹을 꽉 쥘 때 등에서 통증이 나타난다면 테니스엘보를 의심해봐야 한다.

현재 남자 단식 세계 1위 노박 조코비치Novak Djokovic도 테니스엘보로 여러 번 좌절을 겪어야 했다. 지난 2023년 4월경 클레이 시즌 첫 경기로 출전한 몬테카를로 마스터스 3회전에서 21세의 로렌조 무세티Lorenzo Musetti에게 1대2로 역전패했는데, 당시 조코비치의 팔꿈치에는 압박밴드가 칭칭 감겨 있었다. 조코비치는 2017년에도 같은 곳에 부상을 입어 일찌감치 시즌을 종료했다. 2018년 1월 호주오픈에서 복귀했지만 팔꿈치 상태가 온전치 않아 16강에서 우리나라의 정현에게 패하기도 했다.

노박 조코비치

18 OLYMPICS & ANATOMY

부드러움이 강함을 이기는 깃털의 미학

배드민턴 Badminton

개인전 혹은 단체전을 통틀어 구속(공의 속도)이 가장 빠른 구기종목은 무엇일까. 앞서 테니스의 경우 최고 서브 속도가 260킬로미터를 찍은 기록이 있는데(256쪽), 혹시 이보다 더 빠른 구속의 경기가 있다는 건가. 그렇다. 테니스의 사촌 배드민턴이다. 기네스북에 등재된 배드민턴에서의 최고 구속은 300킬로미터에 육박한다.

배드민턴은 네트를 사이에 두고 라켓으로 셔틀콕을 쳐서 주고받는 스포츠다. 셔틀콕이 바람에 영향을 받기 때문에 정식경기는 주로 실내에서 이뤄진다. 비록 실내운동이지만 운동량은 같은 시간을 놓고 비교하면 축구나 테니스를 능가한다. 게다가 유연한 손목 힘, 다람쥐 같은 순발력, 강인한 체력의 3박자가 필요하다. 배드민턴은 남녀노소 누구나 쉽게 접할 수 있는 스포츠라는 인식 때문에 테니스나 골프처럼 별다른 기본레슨 없이 시작하지만, 셔틀콕의 속도감에 따른 고도의 순발력을 요하므로 무리할 경우 부상의 위험이 잦은 종목이기도 하다.

매너와 격식을 갖춘 품격 있는 스포츠

배드민턴은 구기종목이지만, 둥근 공(구, 球)이 아닌 코르크 마개에 깃털을 단 셔틀콕을 라켓으로 치는 스포츠다. 인도의 전통놀이인 '푸나(Poona)'가 배드민턴의 기원을 이루지만 시작은 영국에서 비롯했다. 푸나는 코르크에 새의 깃털을 꽂아 그것을 손바닥이나 빨래방망이로 쳐서 넘기는 식이었다. 19세기경 인도를 지배하던 영국의 장교들은 뭄바이 근교의 푸나 마을에서 전통놀이인 푸나를 변형해 영국으로 건너가 전파했다.

배드민턴이라는 명칭은 영국인 뷰포트 공작Duke of Beaufort의 영지인 글로스터셔주 배드민턴 마을에서 유래했다. 뷰포트 공작의 별장 이름도 지명을 따 '배드민턴 하우스(Badminton House)'였는데, 저택의 뜰에서 변형된 푸나 게임이 자주 열리면서 자연스럽게 배드민턴으로 불리게 된 것이다.

당시 영국의 귀족층 사이에서 인기가 있었던 배드민턴은 매너와 격식을 강조했다. 경기 참가자는 단정한 셔츠에 실크 모자를 착용해야 했다. 심지어 여성의 경우 드레스를 입고 경기에 임해야 했다는 기록도 전해진다. 그만큼 배드민턴은 품격 있는 스포츠였는데, 이러한 태도는 현재에도

19세기에 영국의 귀족층 사이에서 인기가 있었던 배드민턴은 매너와 격식을 강조했다. 경기 참가자는 단정한 셔츠에 실크 모자를 착용해야 했고, 여성의 경우 드레스를 입고 경기에 임해야 했다는 기록도 전해진다.

이어져 경기 내내 엄격한 매너를 갖춰야 한다.

배드민턴은 영국의 상류층을 중심으로 인기가 높아지면서 유럽 각지로 퍼져나갔다. 19세기만 해도 영국의 상류층 문화는 서구사회에 적지 않은 영향을 미치던 시대였다. 배드민턴을 즐기는 인구가 늘어나면서 1877년 경기 규칙이 제정되었고, 1899년에 처음으로 선수권대회가 개최되면서 덴마크와 스웨덴 등 북유럽은 물론 대서양을 건너 북미 대륙으로까지 전파되었다.

배드민턴이 올림픽에서 첫 선을 보인 건 1972년 뮌헨 올림픽에서 시범종목으로 채택되면서부터다. 그로부터 20년이 지난 1992년 바르셀로나 올림픽에서 남녀 단식과 복식이 비로소 정식종목으로 채택되었다. 이어 1996년 애틀랜타대회에서 혼합복식까지 정식종목이 되면서 배드민턴은 모두 5개의 금메달이 걸린 비중 있는 구기종목으로 올림픽에서의 존재감을 뽐내고 있다.

셔틀콕의 낙하지점을 포착하라

배드민턴은 셔틀콕을 네트 위로 주고받는 경기로, 상대방이 셔틀콕을 받아넘기지 못하면 점수를 얻는다. 경기는 3판2선승제로 세트 당 21점을 선취해야 하는데, 각 세트에서 2점차로 승리해야 한다. 그러나 듀스가 길어져 스코어가 29대29가 되면 서든데스 포인트 1점으로 30점을 얻는 팀이 승리하게 된다.

경기 시작에 앞서 양 팀 선수는 예의를 갖춰 인사를 나눈 뒤 심판에게도 정중히 인사를 한다. 동전을 던져 이긴 쪽에서 서비스권이나 코트 위치 중 하나를 선택할 수 있다. 일부 경기에서는 셔틀콕을 공중에 쳐서 땅에 떨어졌을 때 코르크가 향한 방향의 선수 혹은 팀이 먼저 서비스권을 갖는 방식을 따르기도 한다.

첫 서브는 우측 서비스 코트에서 시작하며 자신이 서있는 서비스 코트의 대각선에 위치한 코트로 넘겨야 한다. 서비스권에 대한 규정은 다소 복잡한데, 서비스권을 가진 개인이나 팀의 점수가 짝수이면 오른쪽 코트, 홀수이면 왼쪽 코트에서 서브를 넣어야 한다. 서브를 넣는 과정에서 범하는 파울인 서비스 폴트(service fault)도 다양한데, 이때는 실점과 동시에 서비스권이 상대방으로 넘어간다. 흔히 범하는 풋폴트(foot fault)는 서브를 넣는 서버의 발이 라인을 밟았을 때 혹은 한쪽 발을 들거나 끌었을 경우다.

서브를 통해 코트 위를 넘어간 셔틀콕을 주고받으면서 비로소 다양한 기술이 등장한다. 클리어(clear)는 셔틀콕을 위로 띄우는 기술로, 높이에 따라 하이클리어, 드리븐클리어, 언더클리어가 있다. 배드민턴에서 가장 기초가 되는 하이클리어는 셔틀콕이 상대방 코트 엔드라인 근처까지 날아가다 엔드라인 끝에서 뚝 떨어뜨리는 기술이다. 하이클리어는 셔틀콕이 체공하는 동안 시간을 벌어서 수비대형을 갖추거나 다음 공격을 준비할 수 있고, 상대방을 후방에 묶어둘 수도 있다. 하이클리어와 달리 머리 아래에서 공을 퍼올리는 언더클리어는 셔틀콕이 네트에 가깝게 떨어질 때 구사하는 기술이다. 드리븐 클리어(펀치 클리어)는 공의 궤적이 일직선에 가까운 클리어로 마치 스매싱과 유사한 공격형 수비동작이다. 구속이 빠르고 궤적이 낮기 때문에 상대방을 코너로 몰아서 다음 공격을 유리하게 만드는 기술이다.

드롭(drop)은 말 그대로 네트 앞에 셔틀콕을 떨어트리는 기술로 완급조절이나 상대방의 타이밍을 빼앗기 위해 구사한다. 네트 근처에서 하는 드롭을 헤어핀(hair pin)이라고 하는데, 셔틀콕의 궤적이 마치 머리핀 같아서 붙여진 명칭이다. 헤어핀은 스핀을 주어 상대방이 처리하기 까다롭지만 역습을 당하기도 쉽다. 드라이브(drive)는 네트 상단을 스칠 정도로 평행하게 타구하는 기술로, 강하고 빠르게 손목 힘을 사용해 끊어서 쳐야 한다. 주로 복식경기에서 기습적인 역공으로 사용된다.

 배드민턴의 아킬레스건, 손목굴증후군

배드민턴은 민첩한 순발력을 요하는 종목이다. 순간순간 속도와 방향을 달리해서 넘어오는 셔틀콕에 적절하게 대응하려면 엄청난 체력 소모를 감수해야 하고, 그만큼 부상의 위험도 크다. 실제로 배드민턴 플레이어들은 여러 신체 부위에 잦은 부상을 호소한다.

배드민턴은 그 중에서도 특히 어깨관절과 팔꿈치 부상에 취약하다. 팔을 어깨 위로 들어 올리는 동작을 반복하면 어깨충돌증후군을 유발하고 심하면 회전근개가 손상될 수도 있다. 또 아래팔 힘줄이 시작하는 팔꿈치 안쪽과 바깥쪽 돌출 부위에 통증이 발생하는 내외측상과염(테니스엘보) 등도 동반될 수 있다. 이와 함께 스매싱이나 점프 동작 중 허리 부상, 착지 과정에서 아킬레스힘줄 손상 및 무릎과 발목 부상도 입을 수 있다.

무엇보다도 배드민턴은 손목을 꺾는 동작이 많아 건초염(손목을 지나는 힘줄과 힘줄막이 손상되는 질환)에 취약하다. 아울러 손목의 인대가 두꺼워지면서 손목터널(손목굴) 내 압력을 증가시킨다. 이로 인해 손목터널을 지나가는 정중신경이 눌리면서 손목굴증후군(손목터널증후군, 수근관증후군)이 자주 발생한다.

손바닥에는 손바닥근막(수장근막)이 아래팔과 손등에 걸쳐 있는데, 손목에서 굽힘근지지띠(굴근지대)를 형성해 굽힘근 힘줄을 제자리에 잡아주는 역할을 한다. 이 띠는 안쪽에서는 콩알뼈와 갈고리뼈에, 바깥쪽에서는 손배뼈와 큰마름뼈에 붙어서 손목을 가로지른다. 그리고 손목뼈와 굽힘근지지띠로 이루어진 좁은 손목굴 밑으로 손가락의 굽힘근힘줄과 정중신경이 지나간다.

손목을 무리해서 사용하면 손목굴의 면적이 좁아지면서 근육이나 인대가 부어올라 정중신경을 압박하게 된다. 특히 염증이 생기면 무른조직(soft tissue)의 부피는 늘어나고 지지띠는 신축성이 없어지면서 손목굴의 면적이 훨씬 더 좁아진다. 배드민턴처럼 손목에 강한 힘을 지속적으로 쥐

| 손목굴증후군이 생기는 굽힘근지지띠 부위 구조 |

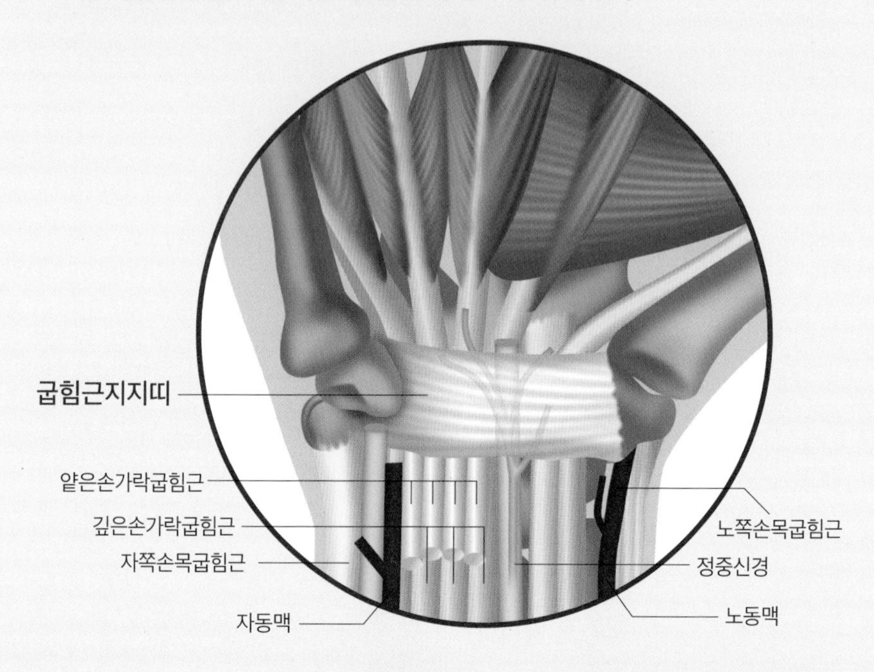

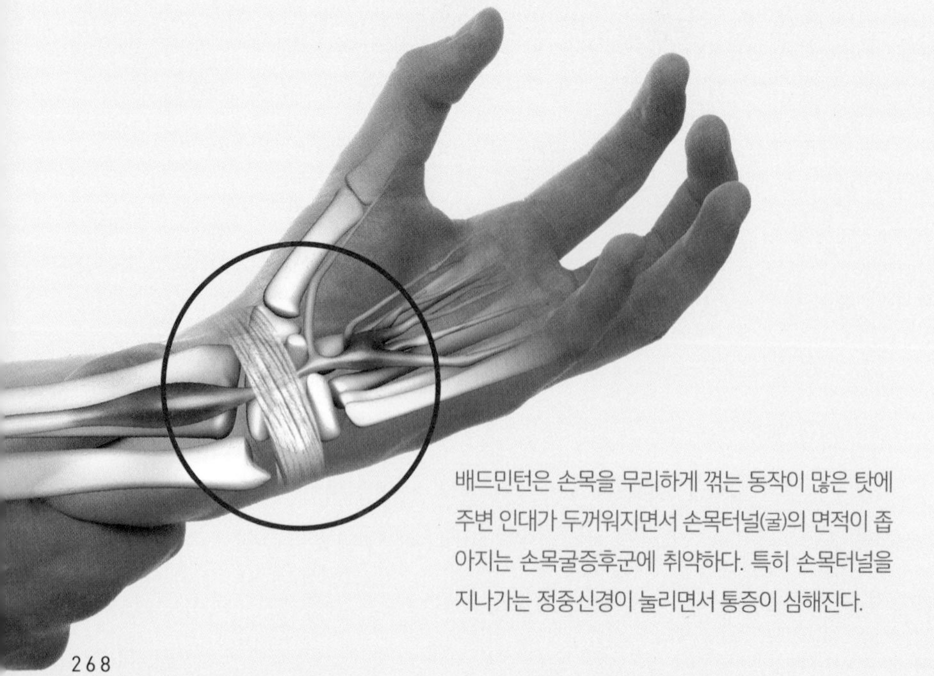

배드민턴은 손목을 무리하게 꺾는 동작이 많은 탓에 주변 인대가 두꺼워지면서 손목터널(굴)의 면적이 좁아지는 손목굴증후군에 취약하다. 특히 손목터널을 지나가는 정중신경이 눌리면서 통증이 심해진다.

야하는 운동 후에 반드시 손목 스트레칭이 필요한 이유다. 아울러 경기 중에는 손목보호대를 반드시 착용해야 한다.

손목굴증후군은 배드민턴을 치지 않더라도 흔하게 나타나는 질환이다. 한 연구결과에 따르면, 일반인이 평생 손목굴증후군에 걸릴 확률이 50% 이상으로 알려져 있다. 컴퓨터를 많이 다루는 사무직 종사자들에서도 손목굴증후군이 자주 나타난다. 뿐만 아니라 휴대폰을 지나치게 많이 사용하는 경우에도 손목에 적지 않은 무리가 간다는 사실에 유념해야 한다. 유독 엄지와 검지가 저리고 무감각한 느낌이 들거나 문고리를 돌리는 등의 일상적인 동작에 어려움이 생긴다면 손목굴증후군을 의심해 봐야 한다.

강력한 스매싱의 비밀 엿쳐보기

앞서 클리어, 드롭, 드라이브 등 배드민턴의 다양한 기술을 살펴봤지만, 뭔가 하나 빠진 듯 하다. 그렇다. 스매싱(smashing)이 빠졌다. 스매싱은 가장 대표적인 배드민턴의 공격 기술이다. 높이 뛰어 올라 셔틀콕을 향해 일직선 방향으로 빠르고 강력하게 라켓을 내려꽂는 기술이다. 이때 점프와 동시에 라켓을 어깨 뒤로 백스윙을 한 상태에서, 위에서 밑으로 내려꽂듯이 손목을 강하게 꺾으며 셔틀콕을 내리쳐야 한다.

하이클리어를 칠 때에는 마지막 타구 시점에서 라켓과 손목 및 팔꿈치가 일직선이 되도록 해야 하는데, 스매싱은 조금 더 각도를 내려 약 45도가 되도록 만들며 팔을 눌러서 강한 타구를 아래쪽으로 날리는 것이다.

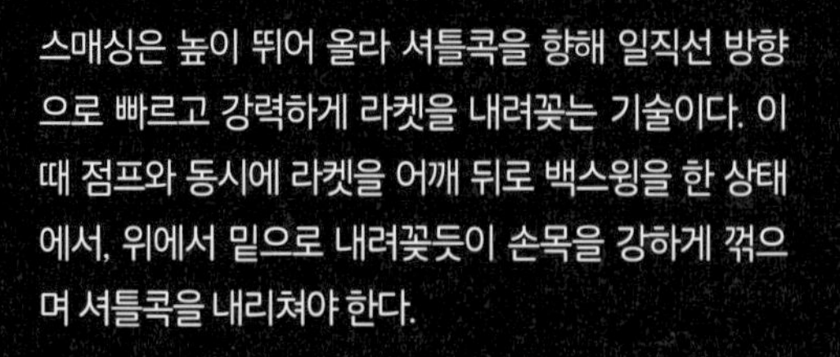

스매싱은 높이 뛰어 올라 셔틀콕을 향해 일직선 방향으로 빠르고 강력하게 라켓을 내려꽂는 기술이다. 이때 점프와 동시에 라켓을 어깨 뒤로 백스윙을 한 상태에서, 위에서 밑으로 내려꽂듯이 손목을 강하게 꺾으며 셔틀콕을 내리쳐야 한다.

| 아래팔의 엎침과 뒤침에 작용하는 근육들 |

스매싱 동작을 자세히 살펴보면 손목만을 강하게 꺾는 것이 아니라 몸과 팔 전체를 비틀어서 타구하는 엎침 동작이 핵심임을 알 수 있다.

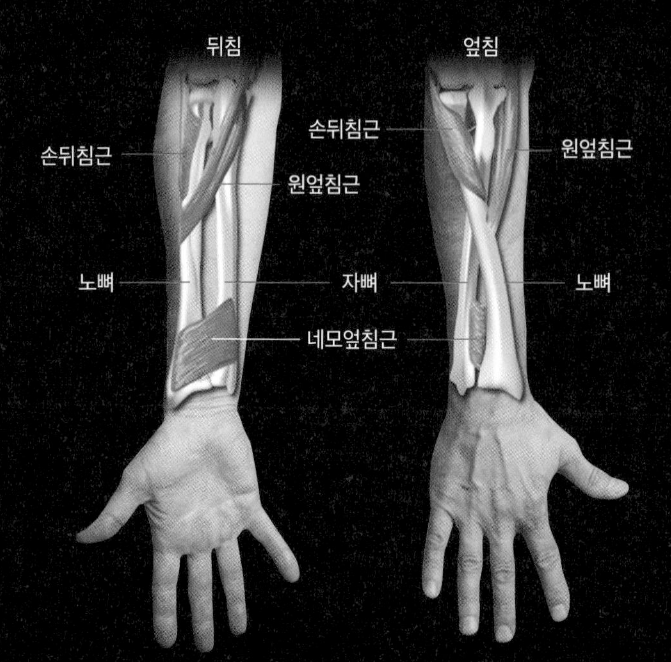

스매싱은 손목을 과도하게 꺾어서 라켓을 아래로 찍어 누르듯 휘둘러야 하기 때문에, 무게중심의 이동, 상체의 회전, 백스윙이 자연스럽게 무리 없이 나와야만 강한 타구로 연결된다.

이 동작을 자세히 살펴보면 손목만을 강하게 꺾는 것이 아니라 몸과 팔 전체를 비틀어서 타구하는 엎침(내전, 회내, pronation) 동작이 핵심임을 알 수 있다. 손의 엎침은 손바닥을 뒤쪽으로 향하거나 아래쪽으로 향하는 것으로, 엎침을 하면 손등쪽이 보인다. 여기에 아래팔에 손목을 엎치는데 관여하는 근육으로 원엎침근과 네모엎침근이 있다. 원엎침근(원회내근)은 팔꿈치의 안쪽부분(안쪽위관절융기)에서 시작하여 대각선으로 가로질러 노뼈의 바깥쪽에 붙는다. 따라서 이 근육이 수축하면 노뼈가 자뼈의 바깥쪽에서 안쪽으로 움직이면서 손바닥의 방향이 바뀌는 것이다.

네모엎침근(방형회내근)은 사각형의 작은 근육으로 손목 가까이에 있으며, 자뼈에서 시작하여 바깥쪽으로 주행해서 노뼈에 닿는다. 이 근육도 아래팔을 엎치는데 관여하는 주요 근육으로 더 빠른 속력과 힘이 요구될 때는 원엎침근의 도움을 받는다.

스매싱은 엎침 뿐 아니라 뒤침 동작도 매우 중요하다. 뒤침(외전, 회외, supination)은 손바닥을 전방 또는 상방으로 돌리는 것이다. 손의 뒤침은 손뒤침근과 위팔두갈래근이 관여한다. 손뒤침근(회외근)은 엎침의 상태에서 노뼈의 윗부분(머리)을 당겨서 손등에서 손바닥을 보게 만든다. 위팔두갈래근(상완이두근) 역시 팔꿈치의 뒤침근으로 작용한다. 특히 나사를 돌릴 때와 같이 팔꿈치관절이 굽은 상태에서 물건을 돌리는 경우에는 위팔두갈래근이 더 크게 뒤침근으로 작용한다. 이처럼 스매싱에서 엎침과 뒤침

동작은 손목 근육에 엄청난 영향을 미친다.

장수는 셔틀콕을 타고

배드민턴은 구기종목에서 일반적으로 사용하는 딱딱하고 둥근 공 대신 (거위나 오리 깃털 소재로 만든) 5그램도 채 안 되는 셔틀콕을 사용한다. 게다가 구기종목 중에서는 드물게도 신장이나 체중에 영향을 덜 받는 스포츠다. 단신인 선수들도 민첩성과 강한 지구력 등을 갖춘다면 얼마든지 경쟁력이 있다는 얘기다. 체격이 비교적 왜소한 동남아시아에서 배드민턴의 인기가 폭발적인 건 이 때문이다. 인도네시아와 말레이시아, 태국 등을 비롯한 동남아시아에서 배드민턴은 거의 국기(國技) 수준이다. 프로리그의 인기는 축구를 앞설 정도다. 세계 정상급 선수들이 축구는 유럽을, 야구나 농구는 미국을 해외 진출 무대로 삼는다면, 배드민턴은 동남아시아를 찾는다.

유럽이나 미국에서 배드민턴 리그는 (자주 비교되는 테니스에 비해) 그다지 인기 있는 종목은 아니다. 우리나라도 마찬가지다. 직업으로 삼는 선수층이 몇몇 실업팀에 국한되어 있다. 배드민턴을 즐기는 수백만 동호회 규모를 감안하면 이례적이다. 우리나라에서 배드민턴은 관람형 스포츠라기보다 참여형 스포츠인 셈이다.

우리나라에서 배드민턴이 참여형 스포츠인 이유는 건강과 밀접한 관련이 있다. 일본 고베대학에서 건강학을 연구하는 야마다 요우스케山田陽介 교수는 덴마크 코펜하겐에 살고 있는 성인 8,477명을 25년간 추적 조사해 발표한 이른바 '코펜하겐 연구'를 자신의 저서에 소개했다.

코펜하겐 연구는 8가지 운동 종목에 따른 개인별 수명 차이를 분석한 것인데, 운동을 얼마나 오래 했느냐 보다는 어떤 운동을 선택했느냐에 따라 수명에 차이가 있음을 밝혀 주목을 끌었다. 연구결과 장수에 가장 적합한 스포츠는 테니스와 배드민턴이었다. 꾸준히 테니스를 쳐온 사람은 평균 수명보다 약 10년 더 오래 살았고, 그 다음이 배드민턴으로 6.2년을 장수했다.

요우스케 교수의 연구대로 라면, 오래 살려면 테니스를 쳐야 한다. 하지만 테니스는 코트를 예약해야 하고, 또 자신과 실력이 비슷한 파트너도 섭외해야 한다. 동호회에 가입하지 않은 이상 쉽지 않은 일이다. 배드민턴은 지금 당장 밖으로 나가 동네 작은 뜰에서도 가능하다. 꼭 네트가 필요한 것도 아니다. 남편과 아내, 친구, 형제자매 등 누구든 고만고만한 실력이면 충분하다. 하늘을 향해 아무리 힘껏 클리어를 해도 셔틀콕의 부드러운 깃털은 반대편 파트너의 머리 위로 살포시 내려앉는다. 장수를 불러오는 깃털의 미덕이다.

19

OLYMPICS & ANATOMY

홀인원에 빠진 골프홀릭의 민낯

골프 Golf

모 증권사에 다니는 골프마니아 김부장의 하루.

아침에 일어나자마자 스마트폰으로 주말 날씨부터 살핀다. 주말에 지인들과 라운딩이 잡혀있는데 비라도 내릴까봐 노심초사다. 출근길 지하철을 기다리며 클럽을 쥔 것처럼 두 손을 모아 가볍게 돌려본다. 큰 거울만 보면 자기도 모르게 퍼팅자세를 취한다. 평상복으로 골프웨어를 즐겨입고, 퇴근 후엔 어김없이 스크린이나 인도어 연습장에 들른다. 집에 와서 TV 리모컨을 누르면 골프채널이 고정되어 있고, 입맛을 다시면서 윤이 나도록 클럽을 닦으며 하루를 마친다.

이 정도면 김부장은 골프중독자일까. 중독증세가 의심되는 마니아층이 두텁기로 소문난 스포츠가 바로 골프다. 미국 36대 대통령 린든 존슨Lyndon Johnson은 수면 안대에 '골프 외에는 절대 깨우지 마시오'란 글귀가 적혀 있었다. 골프에 남편을 빼앗긴 아내를 뜻하는 '골프위도우(golf widow)'란 단어가 영어사전에 등재된 걸 보면 골프중독은 허튼 말이 아니다. 심지어 골프중독은 역사적으로도 꽤 오래된 증세다. 1575년 스코틀랜드 의회는 병사들이 골프에 너무 열중한 나머지 활쏘기 훈련을 소홀히 한다며 골프 금지령까지 제정했다.

골프마니아 김부장을 두둔하는 건 아니지만 알코올에 중독되는 것보단 낫지 않을까. 골프가 일상생활 혹은 가계지출에 심각한 영향을 끼치지만 않는다면 말이다. 하지만 과유불급(過猶不及)이라 했다. 골프가 좋은 운동인건 두말할 나위 없지만, 지나치면 우리 몸에 이상신호를 보낸다. 좋아하는 골프를 못 치게 될 수도 있다는 얘기다. 도대체 골프가 뭐길래 우리를 들었다 놨다 하는 건지 지금부터 그 전말을 들여다보자.

 아이들의 놀이에서 어른의 사교유흥으로

골프는 클럽(club)이라 불리는 막대기로 공을 쳐서 최대한 적은 타수로 홀에 넣는 스포츠다. 1900년 파리 올림픽에서 처음 정식종목으로 채택되었다가 1904년 세인트루이스대회를 끝으로 골프는 일백 년 넘게 올림픽 무대에서 사라졌었다. 그러다 2016년 리우데자네이루 올림픽에서 정식종목으로 부활했다.

지금은 골프가 성인을 위한 스포츠지만, 기원은 어린아이들의 놀이에

윌리엄 모스먼(William Mosman), 〈골프 놀이를 하는 맥도날드가의 아이들〉, 1749년, 개인 소장

서 시작됐다. 네덜란드에서 아이들이 실내에서 즐겨하던 '코르프(kolf)'라는 형태로 유행하다가 15세기경 스코틀랜드로 전해지면서 지금과 유사한 모습을 갖추게 됐다. golf의 어원은 스코틀랜드의 고어(古語)로 '치다'를

뜻하는 gouf에서 유래했다. 예로부터 스코틀랜드는 넓은 들판과 언덕이 많아 골프를 치기 좋은 자연여건이 조성된 탓에 대중적으로 널리 보급될 수 있었다. 1754년 최초의 골프 규칙이 스코틀랜드에서 제정된 것은 우연이 아니다. 당시 산토끼가 많이 서식해 잔디를 깎아 먹어 평탄해진 곳을 그린(green)이라고 불렀고, 그린과 그린을 연결하는 곳으로 양떼들이 밟아 넓어진 길은 페어웨이(fair way)라고 했다. 그 시절 그린은 바로 오늘날 퍼팅그린이 됐고, 양떼의 길은 말 그대로 페어웨이가 됐다.

골프는 혼자 하는 게 아니라 여럿이 즐기는 이른바 '클럽 스포츠'다. 사교모임 혹은 비즈니스로 골프를 배우고 쳐야 한다는 게 전혀 근거 없는 핑계가 아닌 까닭이다. 그 시작은 1754년 영국에서 22명의 귀족들이 모여서 만든 세인트앤드류스 골프클럽(Saint Andrews Golf Club)에서 비롯했다. 이를 계기로 골프를 위해 삼삼오오 사람들이 모이면서 수많은 클럽들이 생겨났고, 클럽들이 모여 경기를 치르면서 마스터스대회의 모태가 됐다.

지금은 유럽과 미국을 중심으로 해마다 수십 개의 프로골프대회가 성황리에 열리는데, 대회마다 방송중계료, 프로모션 광고비, 우승상금 등 엄청난 경제적 효과를 창출한다. PGA(Professional Golf Association, 미국 프로골프협회)는 연간 4개 메이저대회, LPGA(Ladies Professional Golf Association, 미국 여자프로골프협회)는 연간 5개 메이저대회를 치른다. 남자는 PGA 챔피언십, 마스터스 토너먼트, US오픈, 오픈 챔피언십이 있고, 여자는 위민스 PGA 챔피언십, US여자오픈, 셰브론 챔피언십, 에비앙 챔피언십, 위민스 브리티시 오픈이 있다. 이 가운데 4개 대회를 석권하면 그랜드슬램을 달성한 것이 된다. 한 해에 4개 대회를 모두 우승하는 건 매우 어렵기 때문에 프로선수 전체 커리어에서 4개 대회를 제패하는 경우를 가리켜 '커리어 그랜드슬램'이라고 한다. 우리나라에서는 박인비 선수가 2015년 커리어 그랜드슬램을 달성했고, 최근 전인지 선수가 2015년 US오픈, 2016년 에비앙 챔피언십, 2022년 KPMG 여자 PGA 챔피언십을 연달아 우승해 커리어 그랜드슬램까지 대회 하나만을 남겨두고 있다.

날아가는 새들만이 스코어를 예측할 수 있다

골프의 기본 구성은 티샷(tee shot)을 시작으로 페어웨이를 지나 그린이라고 하는 잔디가 잘 깎인 표면으로 공을 보낸 뒤 홀에 공을 쳐서 넣는 것이다. 티잉 그라운드(teeing ground)는 각 홀마다 첫 번째로 공을 치는 출발 지역으로, 여기서 치는 첫 샷을 티샷이라고 한다. 티샷은 티 위에 골프공을 얹어 놓고 치고, 다음 샷부터는 공을 그라운드에 놓인 그대로 친다. 코스 중에 샌드벙커, 러프, 워터 해저드 등의 장애물이 등장하고, 공이 물에 들어가면 물에 빠진 곳 가까이에서 공을 떨어뜨린 다음 다시 샷을 이어간다.

각 라운드는 18홀로 진행되며 대부분 4라운드로 구성된다. 전반의 9홀을 아웃코스, 후반의 9홀을 인코스라 한다. 10개의 홀은 약 350미터 정도의 길이인 반면, 이를 기준으로 4개의 홀은 길이가 짧고 4개의 홀은 길다. 길이와 난이도에 따라 각 홀은 파3에서 파5까지 파(par) 스코어가 있다. 18홀 동안 기록한 총 타수를 합산하여 최종 점수를 매기는데, 평균 4타를 18홀까지 친 72타가 기본 타수다.

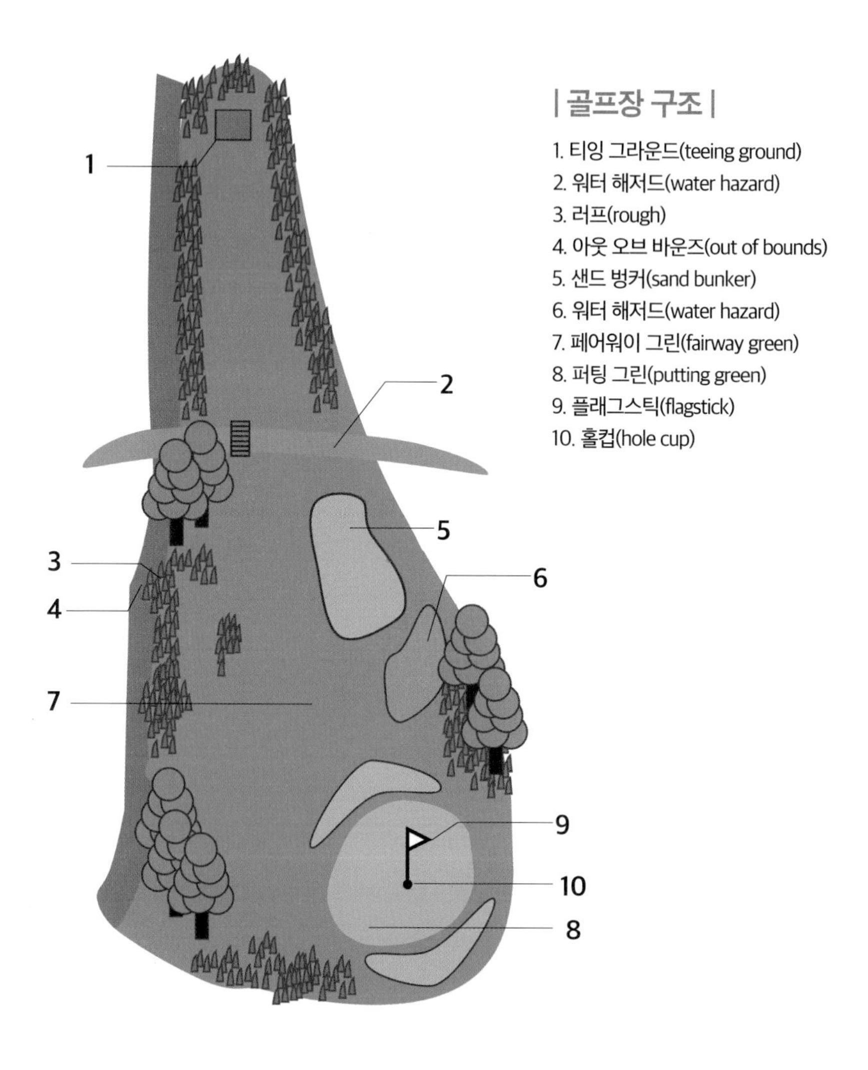

파4 홀에서 3타를 쳤다면 1타 적게 친 것이고, 이렇게 경기를 끝내면 버디(birdie)가 된다. 이글(eagle)은 2언더파, 알바트로스(albatross, 더블 이글)는 3언더파로 홀을 마친 경우를 가리킨다. 그 다음은 콘도르(condor), 오스트리치(ostrich), 피닉스(phoenix)로 점차 작은 새부터 큰 새로 올라가는데, 새들이 골프공을 물고 홀컵에 들어갈 확률을 의미한다. 이때 어떤 홀이든 단 한 번 쳐서 홀컵에 공이 들어가면 홀인원(hole in one)이 된다. 반대로 1타수가 더 많으면 보기(bogey)에서 시작해 더블 보기, 트리플 보기, 쿼드러플 보기가 되는 데, 언더파에 대응해 '오버파(over par)'로 스코어를 매긴다. 규정 타수의 2배를 치면 더블파(double par)가 된다.

 골퍼에겐 치명적이며 골프위도우에겐 억울한 질환

골프는 결국 타수와의 전쟁이다. 장타에 우쭐해 하는 것도 같은 맥락이다. 타수에 열중할수록 어깨에 힘이 들어가기 마련이고, 무리하게 되면 부상으로 연결되는 것은 인지상정이다. 앞서 예를 든 김부장 같은 마니아일수록 골프질병을 달고 사는 경우가 허다한데, 대표적인 골프질병으로 '골프엘보(golf elbow)'가 있다. 테니스엘보처럼 팔꿈치 부위에 생기는 관절질환이다.

테니스엘보가 '주관절외측상과염'이라면 골프엘보는 '주관절내측상과염'이라 부른다. '주관절'은 팔꿈치관절을 가리키는 의학용어이고, '내측상과'는 팔꿈치 안쪽에 있는 뼈를 말한다. 따라서 주관절내측상과염은 팔꿈치관절 안쪽에 염증이 생긴 것을 의미한다.

테니스엘보는 팔꿈치 바깥쪽을 누를 때 즉 손목을 뒤로 젖히는 동작에서 주로 통증이 나타난다면, 골프엘보는 손목을 구부리는 동작 즉 팔꿈치 안쪽을 누를 때 통증을 느끼게 된다. 이처럼 테니스엘보와 골프엘보는 서로 다른 질환이라 생각될 수 있지만, 실제로 골프를 과도하게 치는 사람들 사이에서 팔꿈치 안쪽과 바깥쪽 모두에서 통증을 호소하는 경우가 적지 않다.

골프엘보는 스윙을 할 때 통증이 크게 발생한다. 위팔뼈 아랫부분의 안쪽에 튀어 나온 안쪽위관절융기가 있는데, 여기에 손목과 손가락을 굽히는 근육들의 힘줄이 모여 있다. 아래팔 앞칸의 얕은층에는 자쪽손목굽힘근(척측수근굴근), 긴손바닥근(장장근), 노쪽손목굽힘근(요측수근굴근), 원엎침근(원회내근)이 있다. 이 4개의 근육은 공통적으로 안쪽위관절융기에서 시작되는데, 이를 가리켜 공동굽힘근(총굴근)이라 한다.

테니스엘보와 마찬가지로 골프엘보 역시 반드시 골프를 쳐야 생기는 관절질환은 아니다. 이를테면 골프에 남편을 빼앗기고 주말에도 집안일을 하는 골프위도우에게도 골프엘보는 찾아올 수 있다. 골프위도우로선 억울하기 이를 데 없다. 원엎침근은 손등을 위로 향하는 회전동작인 엎침동작에 관여하므로, 설거지나 청소 등이 일상인 가정주부일수록 골프엘보에 취약하다. 주먹을 꽉 쥐듯이 물건을 잡거나 밀 때, 손잡이를 잡아 돌릴 때, 행주 등을 비틀어 짤 때 통증이 나타난다.

이처럼 골프엘보는 매우 흔한 관절질환이지만 프로골퍼들에게는 치명적인 부상이기도 하다. 골프황제 타이거 우즈Tiger Woods도 전성기 시절 팔꿈치 부위인 안쪽위관절융기 손상으로 투어를 중단해야 했다. 2023년 LPGA CME그룹 투어 챔피언십에서 우승한 양희영 선수는 팔꿈치 부상으로 은퇴까지 결심했던 적이 있었다. 한국선수 최초 여자골프 세계 랭킹 1위 기록 보유자인 신지애 선수 역시 골프엘보로 여러 차례 좌절을 겪어야 했다.

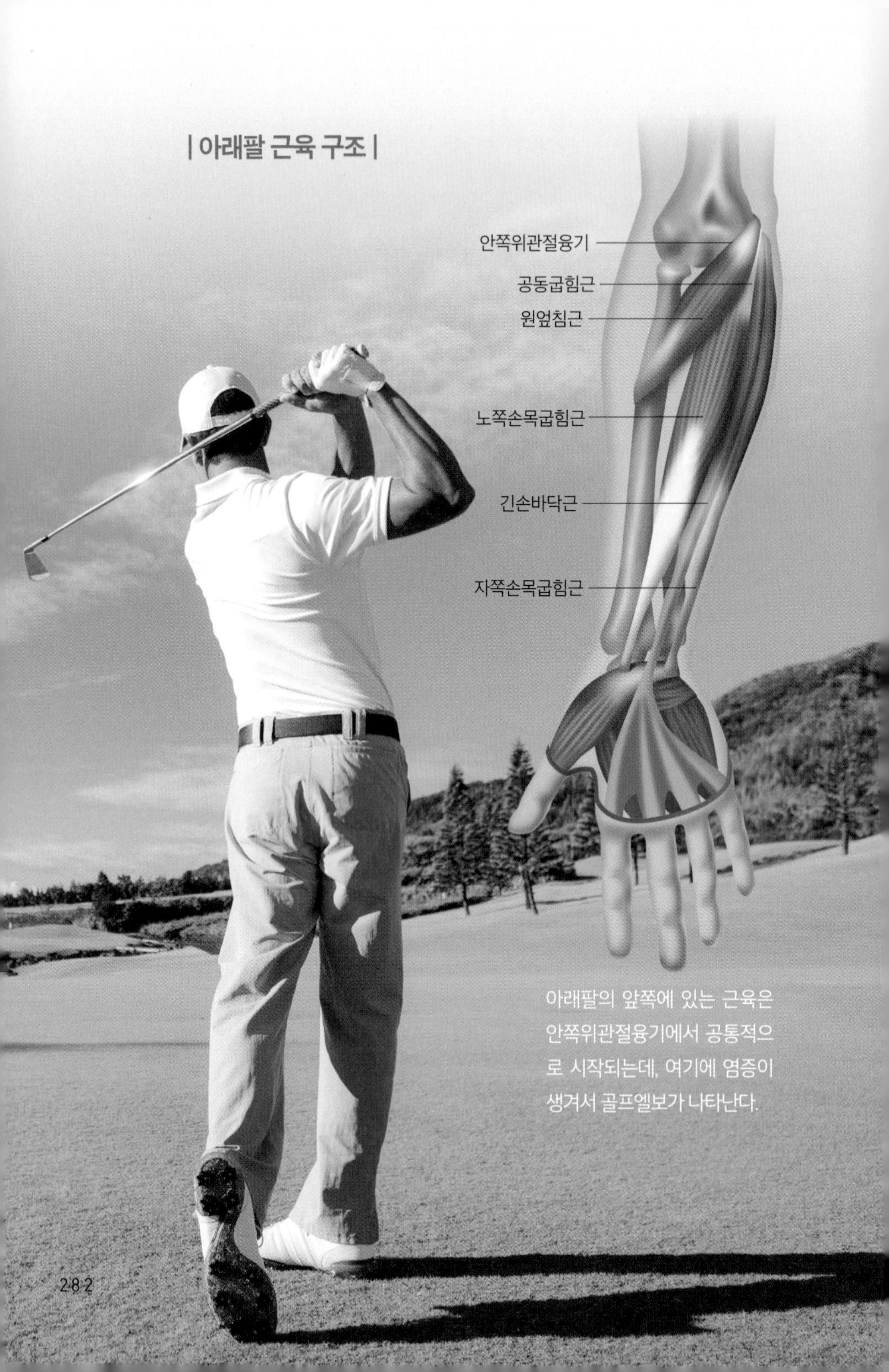
| 아래팔 근육 구조 |
안쪽위관절융기
공동굽힘근
원엎침근
노쪽손목굽힘근
긴손바닥근
자쪽손목굽힘근
아래팔의 앞쪽에 있는 근육은 안쪽위관절융기에서 공통적으로 시작되는데, 여기에 염증이 생겨서 골프엘보가 나타난다.

당신의 뼈에도 홀이 생길 수 있다

(사격이나 양궁에 비할 바는 아니지만) 골프는 정적인 스포츠다. 경기 내내 뛰어다닐 일이 없기 때문이다. 골퍼들은 18홀을 도는 동안 걷거나 심지어 골프카트를 타고 이동한다. 스윙 역시 고정되어 있는 공을 친다. 야구나 테니스처럼 빠른 속도로 날아오는 공을 타격하지 않는다는 얘기다. 사정이 이렇다보니 골프가 도대체 운동이 되겠냐는 얘기가 여기저기서 제기된다. 심지어 골프를 쳐보지 않은 이들 중에는 땅에 놓여있는 공을 치는 게 뭐가 그리 어렵냐며 반문하기도 한다.

골프는 팔과 상체의 스윙으로 공을 치는데, 이때 근력보다는 몸 전체의 근육이 조화를 이뤄야 정확하게 목표지점으로 공을 보낼 수 있다. 골퍼들은 1홀부터 18홀까지 평균 6킬로미터 정도를 걸으며, 경기당 대략 3시간 안팎이 소요되는 만큼 생각보다 칼로리 소모가 많은 운동이다.

이러한 이유로 골프는 나이가 들어서도 할 수 있는 운동으로 꼽힌다. 적절한 걷기와 낮은 강도의 전신 운동을 긴 시간 동안 함으로써 심혈관계에 좋은 효과를 가져다준다. 드물긴 하지만 70대 혹은 80대에도 젊은 사람 못지않은 실력으로 자신의 나이 이하의 타수로 라운드를 끝마치는 노익장들이 있는데, 이를 가리켜 '에이지 슈팅(age shooting)'이라고 한다.

다만 나이가 들수록 골밀도(骨密度)가 감소해 골절에 취약하기 때문에 무리한 스윙 동작은 자제해야 한다. 골밀도란 뼈 안에 기질이나 무기질 따위가 들어 있는 양이나 정도를 가리킨다.

뼈는 칼슘과 인 등의 무기질과 콜라겐과 같은 유기질로 구성되어 있다. 해부학에서는 팔이나 다리에 있는 긴뼈에서 중간 부위를 가리켜 뼈몸통이라 하고, 양쪽 끝을 말 그대로 뼈끝이라 부른다. 뼈몸통 안쪽에는 골수가 차 있는 속질공간이 있다. 그 바깥층에 표면을 덮고 있는 얇은 층인 갯솜뼈(해면뼈)와 뼈세포로 구성된 치밀뼈가 있다. 치밀뼈는 뼈세포가 동심원의 형태로 구성되어 있고, 중심에 하버스관을 통해 혈관과 신경이 지나간다. 이러한 동심원 형태의 층판이 배열되어 있어 골밀도를 높이는 것이다. 치밀뼈 속에는 뼈의 '잔기둥'들이 입체적으로 서로 얽혀 있고 그 사이의 공간에 골수가 차 있는 데, 이를 가리켜 해면뼈라 한다. 해면뼈는 외부의 물리적 자극이나 부하되는 압력을 분산시켜 충격을 흡수하는 역할을 한다.

하지만 나이가 들면서 뼈세포의 형성이 줄어들어 뼈 안에 구멍이 늘어나게 되는데, 이러한 증상을 가리켜 골다공증이라고 한다. 골다공증이 심해지면 뼈가 약해져 골절 위험이 높아진다.

우리나라 50세 이상 인구의 골다공증 유병률은 22.4%인데, 여성이 남성보다 다섯 배 높은 37.3%의 유병률을 보인다. 여성은 폐경기 이후 호르몬 변화가 골 손실을 가속화하기 때문에 골다공증이 생길 가능성이 더 크다.

골다공증에 가장 좋은 운동으로는 체중이 실리는 유산소 운동이 꼽힌다. 많이 걸을수록 효과가 좋기 때문에 일부 전문가들은 경기당 6킬로미터를 걷는 골프를 골다공증 예방을 위해 추천하기도 한다. 하지만 골프는 걷기만 하는 운동이 아니다. 이미 골다공증이 진행된 사람에게 골프의 강한 스윙 동작은 골절 위험을 높일 수 있다.

우리 주변에는 프로골퍼가 아닌 데도 골프를 무리해서 치는 사람들이

| 골수 구조 |

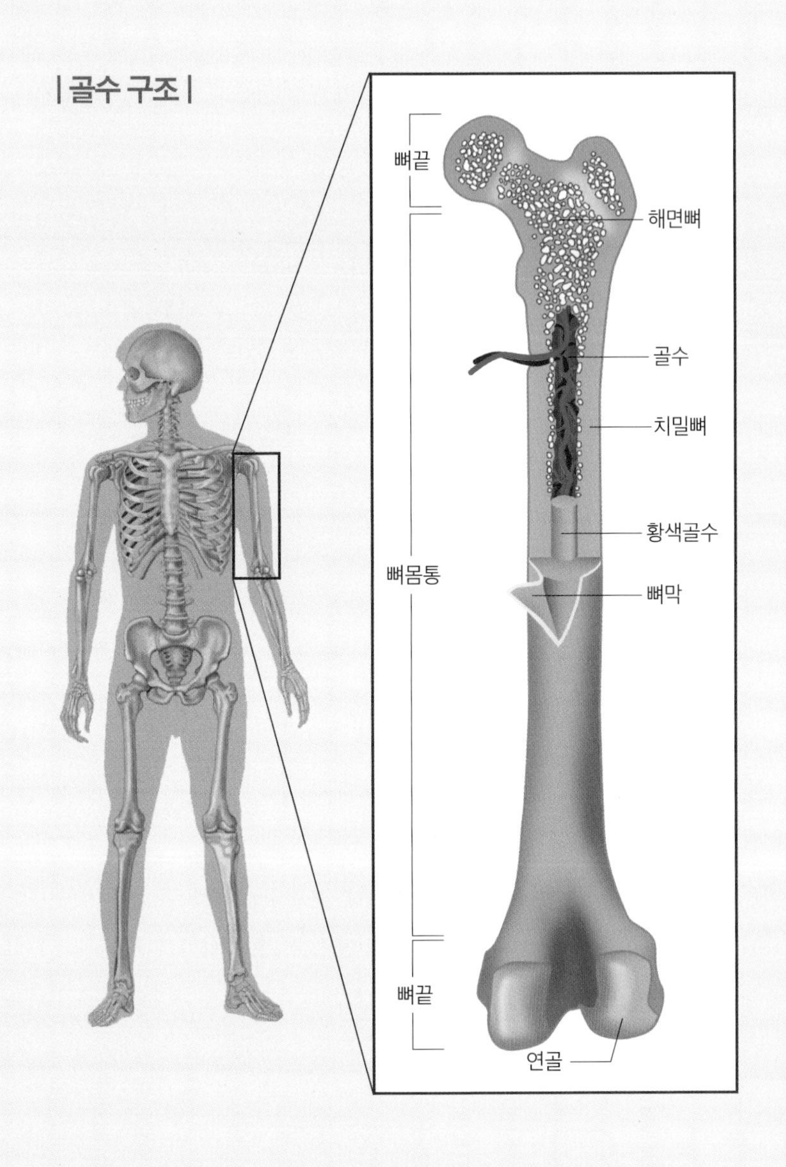

뼛속에는 단단한 뼈세포가 가득할 것 같지만 그렇지 않다.
골수와 혈관이 있으며 속에 빈 공간이 있다. 뼈의 일부분인 치밀뼈는 단단하지만,
해면뼈는 상대적으로 약한데 충격을 흡수하는 작용을 한다.

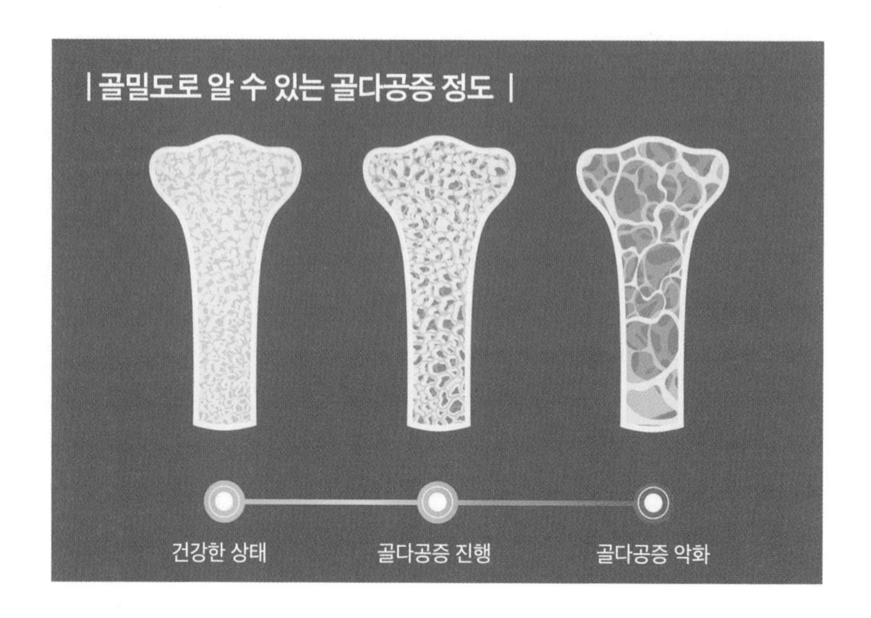

적지 않다. 골프를 잘 치고픈 마음이야 이해가 가지만, 지나치면 하지 않는 것만 못하다. 한국의 골프문화를 보면, 골프장에서 강한 승부욕이 발동해 내기골프를 즐기는 이들이 많다. 또 외부의 시선을 지나치게 의식한 나머지 실력이 부족하거나 실수를 하는 것을 부끄러워한다.

하지만 골프의 진정한 가치는 이기는 것에 있지 않다. 또한 골프는 누군가에게 보여주기 위한 과시용 운동도 아니다. 에이지 슈팅이나 엄청난 장타는 환호 받을 일이지만, 관절을 망치면서까지 무리한다면 무슨 의미가 있을까. 또 골프를 통한 사교와 친목도 중요하지만, 그로 인해 가정의 화목이 삐걱거린다면 이 또한 안타까운 일이 아닐 수 없다. 그것이 비록 골프라도 중독은 여러 모로 유해한 것이다.

골프의 진정한 가치와 기본을 강조했던 골프계의 레전드
잭 니클라우스(Jack Nicklaus)와 아놀드 파머(Arnold Palmer).

"골프의 매력에 빠진 수많은 이들이
스윙의 기본을 이해하기도 전에 스코어를 따지려 든다.
이것은 걷기도 전에 뛰려는 것과 같다."

_ 잭 니클라우스

20 OLYMPICS & ANATOMY

허리를 굽혀야 이기는 무사들

필드하키 Field hockey

인류 역사상 가장 오래된 구기종목은 무엇일까. 이집트 나일강 근처에서 발견된 무덤의 벽화에는 두 사람이 스틱과 같은 막대기를 아래로 들고 있는 형상이 묘사되어 있는데, 그 모습이 지금의 필드하키와 닮았다. 스포츠의 역사를 연구하는 문화인류학자들이 B.C 4000년경까지 거슬러 올라가 필드하키의 기원을 찾는 까닭이다.

1922년 그리스 아테네에서 발견된 관 뚜껑에는 필드하키에서 경기 개시를 알리는 불리(bully) 동작을 연상시키는 부조(浮彫)가 발견되기도 했다. 이로써 기원전 5세기경 고대 그리스 문명에서도 필드하키와 비슷한 놀이가 있었음을 추정할 수 있다.

갈고리처럼 굽은 모양의 막대기로 공을 치는 게임은 폴로, 벤지, 헐링 등 다양한 형태로 여러 문명에서 이어져왔다. hockey에서 hoc가 갈고리를 뜻하는 고대 프랑스어에서 유래했다는 견해가 이를 뒷받침한다.

근대식 필드하키는 1886년 영국에서 최초로 하키협회가 결성되면서 자리를 잡았다. 특히 영국 연방을 이루는 4개 지역인 잉글랜드, 스코틀랜드, 아일랜드, 웨일스 간에 벌어진 필드하키 대항전이 인기를 끌면서 영국 전역으로 퍼져나갔다.

우리나라에서도 필드하키의 기원은 제법 오래 전으로 거슬러 올라간다. 중국 당나라의 격구(擊毬)가 삼국시대에 전파된 후로 고려시대에는 매년 단오절에 궁중에서 행해질 정도로 인기를 누렸다. 격구는 영국의 폴로

1922년 그리스 아테네에서 발견된 관 뚜껑에는 필드하키에서 경기 개시를 알리는 불리 동작을 연상시키는 부조가 발견되었다.

처럼 말을 타고 막대기로 땅바닥의 공을 치는 기마격구 및 걷거나 뛰어다니면서 공을 쳐서 구멍에 집어넣는 도보격구가 있었다. 형태로 보면 기마격구는 폴로, 도보격구는 필드하키와 유사하다.

주목할 만 한 사실은 다른 나라와 달리 우리나라에서는 도보격구가 여성들 사이에서도 행해졌다는 점이다. 기마격구의 경우 조선시대에 기병 양성을 위한 무예 훈련 과정 중 하나로 활용되기도 했다. 근대식 필드하키는 해방 이후 1947년에 조선하키협회가 창립되면서 지금에 이르고 있다.

스틱을 쥔 진정한 효자손

필드하키가 올림픽에서 첫 선을 보인 것은 1908년 런던 올림픽에서다. 당시에는 시범종목으로 남자경기만 치러졌는데, 참가국도 영국 연방의 4개 지역인 잉글랜드, 스코틀랜드, 아일랜드, 웨일스가 독립팀 형태로 출전했고, 여기에 프랑스와 독일까지 6개 팀이 전부였다. 이처럼 필드하키는 근대 올림픽 초기에는 그다지 조명 받지 못했다. 1912년 스톡홀름 올림픽에서 제외되었다가 1920년 앤트워프 올림픽에서 다시 채택되는 등 부침을 겪었다. 필드하키가 올림픽 정식종목으로 채택된 것은 1928년 암스테르담 올림픽부터인데, 그로부터 4년 전인 1924년에 국제하키연맹이 창설되면서 올림픽 하키의 마중물 역할을 했다.

필드하키의 강국은 종주국 영국이 아닐까 생각되지만, 올림픽 최다 우승국은 인도다. 영국 식민지 당시 전파된 이후 인도에서 필드하키는 전 국민으로부터 열광적인 인기를 누리며 국기(國技)로 자리잡았다. 인도는

1956년 멜버른 올림픽 당시 인도와 파키스탄의 필드하키 결승전. 인도가 1대0으로 파키스탄을 눌렀다. 이로써 인도는 1928년 암스테르담대회에서부터 무패행진을 이어가며 올림픽 6연패를 달성했다.

1928년 암스테르담 올림픽에 처음 참가하자마자 금메달을 목에 걸었고, 1956년 멜버른대회까지 30년 가까이 무패 행진을 이어가며 올림픽 6연패를 달성했다. 올림픽에서 인도의 대항마는 제2차 세계대전 이후 종교적 갈등으로 인도에서 분할독립한 파키스탄이었는데, 양국은 한동안 올림픽에서 숙명의 라이벌 관계를 유지하기도 했다.

그런데 인도와 파키스탄 두 전통의 강호는 1988년 서울 올림픽 이후 유럽세에 밀리기 시작했다. 필드하키의 그라운드를 천연잔디에서 인조잔디로 바꾼 것이 결정적인 원인이었다. 인조잔디는 필드하키에 대대적인 전술적 변화를 가져왔다. 현란한 스틱워크와 화려한 드리블을 위주로 펼치는 인도 스타일의 '아트 하키'는 인조잔디에서 제 기량을 발휘하기가 쉽지 않았다. 반면 강한 체력과 스피드를 앞세운 유럽 중심의 '파워 하키'가 인조잔디에 적합했다. 실제로 1988년 서울 올림픽부터는 영국, 독일, 네덜란드, 호주 등 서구권 국가들이 금메달을 독식했다.

우리나라는 1986년 서울 아시안게임에서 남여팀이 각각 인도와 파키스탄을 꺾고 동반우승을 차지하며 다크호스로 부상했다. 이후 1988년 서울 올림픽과 1996년 애틀란타 올림픽에서 여자대표팀이, 2000년 시드니 올림픽에서 남자대표팀이 각각 은메달을 목에 걸면서 세계를 놀라게 했다.

지난 2022년 항저우 아시안게임에서 남녀 모두 메달을 딴 구기종목은 필드하키가 유일했다. 필드하키가 세계대회에서 낸 성과만 보면 한국에 프로리그가 성황리에 열리고 있을 것 같지만, 국내에 프로팀은 단 한 팀도 없다. 그나마 실업팀도 남녀 합쳐서 10개 밖에 되지 않는다. 그럼에도 불구하고 매년 세계 10위권을 유지하고 있으니 '스틱을 쥔 진정한 효자손'이라는 수식어는 조금도 과하지 않다.

그들의 허리를 보면 마음이 아프다

필드하키는 모두 11명(필드 플레이어 10명, 골키퍼 1명)으로 구성된 양 팀이 상대팀 골대에 더 많은 골을 넣어 승패를 겨루는 스포츠다. 선수들은 끝이 둥근 스틱으로 테니스공보다 약간 크고 단단한 공을 쳐서 골대 안에 넣어야 한다. 15분씩 4피리어드(period)로 모두 60분 간 경기가 진행되며, 무승부인 경우 슛아웃(shootout)을 시행한다. 슛아웃은 동점으로 정규시간이 끝난 경우 승패를 가리는 일종의 '승부치기'다. 축구와 달리 골대로부터 23미터 지점에서 필드 플레이어가 골키퍼와 1대1 대결을 펼쳐 8초 안에 스틱을 이용해 골을 넣는 방식이다. 각 팀에서 5명의 선수가 슛아웃에 나선다.

2000년 시드니 올림픽 결승전에서 한국 남자대표팀의 온몸을 던지는 수비를 지켜본 국제하키연맹은 부상을 우려해 선수들이 페널티 코너를 수비할 때 마스크를 쓰도록 했다.

필드하키에서 공은 반드시 스틱으로만 쳐야 하며, 손이나 발 등 신체 부위로 공을 터치하면 반칙이다. 공이나 스틱에 맞아 부상을 당할 위험이 크기 때문에 선수들은 정강이 보호대와 마우스피스를 필수적으로 착용해야 하지만 아이러니하게도 (골키퍼를 제외하면) 이것 말고 선수 보호 장비는 없다.

필드하키용 공은 골프공만큼 딱딱하다. 강하게 날아오는 공에 맞아 부상이 속출하는 경우가 빈번하다. 필드하키에서 가장 많은 득점이 나는 페널티 코너 때 수비 진영은 골키퍼까지 5명만 골문을 지킨다. 이때 얼굴이 공에 맞을 위험이 크다.

필드하키는 1시간이 넘는 긴 시간 동안 스틱을 들고 허리를 굽힌 채 필드를 누벼야 하는 운동이다. 적지 않은 필드하키선수들이 현역일 때는 물론 은퇴 이후에도 만성 허리통증 및 디스크에 시달리는 이유다.

그래서 등장한 게 필드하키 마스크인데, 여기에는 2000년 시드니 올림픽 당시 한국 남자대표팀이 적지 않은 영향을 미쳤다. 당시 네덜란드와의 결승전에서 한국선수들의 온몸을 던지는 수비를 지켜본 국제하키연맹은 선수들의 부상 위험에 더욱 경각심을 갖게 됐다. 이를 계기로 필드하키 선수들은 페널티 코너를 수비할 때는 마스크를 쓰고 있다.

그래서 일까. 필자는 필드하키경기를 중계로 볼 때마다 승패의 박진감보다도 선수들의 부상에 마음이 쓰인다. 그 중에서도 유독 선수들의 허리에 눈이 간다.

수많은 필드하키선수들이 현역일 때는 물론 은퇴 이후에도 만성 허리통증 및 디스크에 시달린다는 연구 논문을 읽은 적이 있다. 필드하키는 1시간이 넘는 시간 동안 스틱을 들고 허리를 굽힌 채 필드를 누벼야 하는 운동이다. 경기 내내 교체 멤버는 고작 5명이다. 이쯤되면 인간의 한계를 시험하는 대표적인 종목이 아닐 수 없다.

우리 몸에서 척추는 몸의 중심이자 기둥 역할을 한다. 척추의 위쪽은 머리를 받치고 아래쪽은 골반뼈와 연결된다. 척추는 목뼈(경추) 7개, 등뼈(흉추) 12개, 허리뼈(요추) 5개, 엉치뼈(천추) 5개, 꼬리뼈(미추) 4개로 구성된다. 모두 33개의 뼈가 머리와 골반 사이를 지지한다.

척추뼈는 높이에 따라 척추뼈구멍, 가시돌기 및 척추뼈몸통의 크기와 형태가 다양하다. 척추뼈에서 가장 아래에 위치해 있는 허리뼈는 우리 몸의 상당 부분을 지탱하기 때문에 목뼈와 등뼈에 비해 그 형태가 크고 묵직하다.

척추뼈는 크게 척추뼈몸통과 척추뼈고리로 나뉜다. 척추뼈고리는 다시 척추뼈뿌리와 척추뼈고리판으로 구성되는 데, 고리모양에서 중앙의 구멍을 척추뼈구멍이라 한다.

척추뼈고리에는 7개의 돌기가 나 있다. 뒤쪽으로 곧게 뻗어나온 가시돌기와 바깥쪽으로 길게 뻗어나온 2개의 가로돌기가 있다. 그리고 척추뼈고리판과 척추뼈뿌리가 만나는 곳에서 양쪽에 위아래 한 쌍씩, 모두 4개의 관절돌기가 뻗어나온다.

허리 부위에는 허리의 안정성을 위해 근육이 붙기 위한 돌기가 더욱 발달되어 있다. 가로돌기 뒷면의 바닥부분에는 작은 덧돌기(부돌기)가 있어

| 척추뼈와 허리뼈 구조 및 주변 근육 |

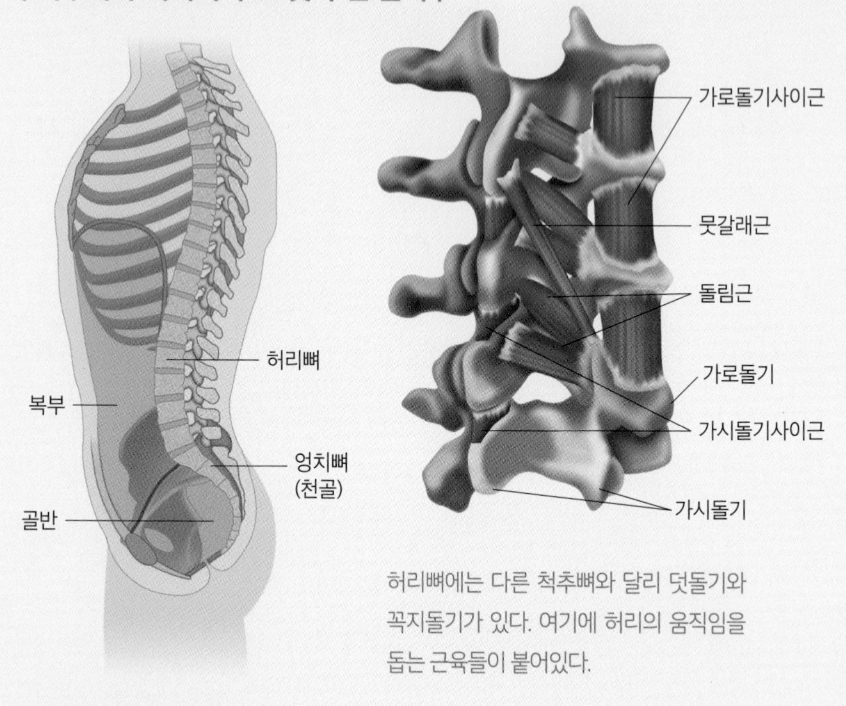

허리뼈에는 다른 척추뼈와 달리 덧돌기와 꼭지돌기가 있다. 여기에 허리의 움직임을 돕는 근육들이 붙어있다.

| 척추뼈 단면 구조 |

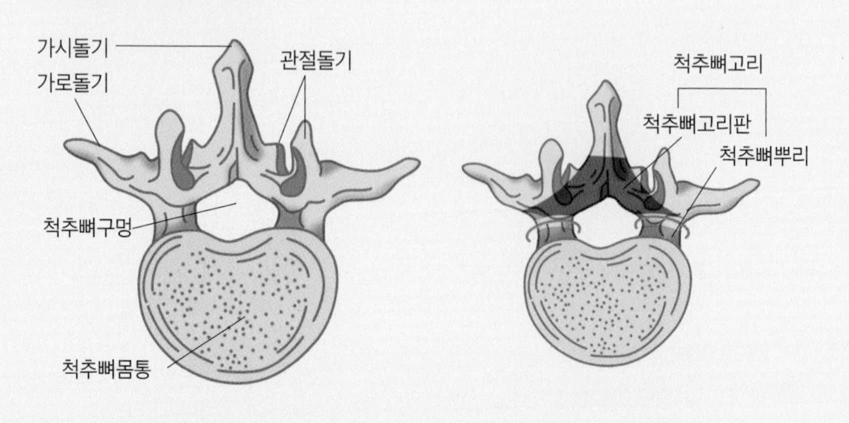

척추의 기본적인 형태로 몸통과 고리가 있으며, 7개의 돌기가 있다.

가로돌기사이근육이 붙고, 위관절돌기의 뒷면에는 꼭지돌기가 있어 뭇갈래근과 돌림근이 붙는다. 이 근육들은 가로돌기에서 시작해서 비스듬하게 위로 올라가서 가시돌기에 붙는다. 따라서 척추를 펴거나 한쪽으로 움직이는 작용을 도우며 허리관절의 전반적인 안정성을 유지시킨다.

필드하키선수들은 회전이나 스윙을 할 때 선호하는 쪽으로 허리를 숙이고 시합을 하기 때문에 근육의 비대칭으로 인해 허리통증이 유발되기 쉽다. 필드하키선수들이 유독 허리 스트레칭에 신경 쓰는 이유는 돌기 주변에 붙어 있는 근육들을 풀어주기 위함이다.

스틱, 전쟁터에 나선 무사의 칼과 같은 존재

필드하키가 다른 스포츠에 비해 체력 소모가 큰 이유는 넓은 경기장 규격 때문이기도 하다. 선수들은 폭 60야드(54.86미터), 길이 100야드(91.44미터)의 그라운드를 허리를 숙인 채 60분 내내 뛰어다녀야 한다. 골대로부터 반지름 16야드(14.63미터) 부근에는 슛을 시도하는 슈팅 서클이 있다. 축구가 페널티 박스 안팎에서 위력적인 슈팅이 빈번하게 일어난다면, 필드하키는 바로 이 슈팅 서클에서 결정적인 장면이 자주 연출된다.

이처럼 슈팅 서클이 필드하키에서 중요한 에어리어(area)가 된 까닭은 페널티 코너라는 규칙과 연관이 깊다. 페널티 코너는 공을 골대에서 10야드(9.14미터) 떨어진 골라인에 놓고 스틱으로 치는 것으로, 축구에서 코너킥과 비교된다. 수비에 몰린 팀의 선수들이 자기팀 경기장의 위험 구역에 있는 공을 고의적으로 골라인 밖으로 내보내거나, 자기팀 득점 구역

안에서 반칙을 했을 때 상대팀에게 주워진다. 페널티 코너는 다양한 작전을 구사하여 득점을 올릴 수 있는 절호의 기회가 아닐 수 없다. 전체 득점 중 1/3이 페널티 코너를 통해 나오는 만큼 팀마다 다양한 세트플레이 전술이 펼쳐진다.

한편 페널티 코너보다 좀 더 골이 날 확률이 높은 벌칙으로 패널티 스트로크가 있다. 슈팅 서클 안에서 수비 측이 고의로 반칙했거나, 고의적인 반칙은 아니더라도 그 반칙이 없었다면 골인이 인정될 때 공격 측에 주어지는 자유 스트로크를 말한다. 스트로크를 하는 선수와 수비 중인 골

필드하키에서 페널티 코너는 다양한 작전을 구사하여 득점을 올릴 수 있는 절호의 기회다. 전체 득점 중 1/3이 페널티 코너를 통해 나오는 만큼 팀마다 다양한 세트플레이 전술이 펼쳐진다. 이미지는 페널티 코너의 한 장면.

키퍼를 제외한 모든 선수는 23미터 라인 뒤쪽으로 나가있어야 한다. 축구로 치면 페널티킥과 유사하다.

이처럼 필드하키는 슈팅 서클 안팎에서 스물 두 명의 스틱이 불을 뿜듯이 격돌한다. 스틱은 마치 전쟁터에 나선 무사들의 번뜩이는 칼과 같다. 필드 위에서 선수들은 스틱 없인 아무 것도 할 수가 없다. 필드하키에서 스틱의 존재가 절대적인 이유다. 따라서 필드하키를 이해하려면 기본적인 스틱 타격법을 알고 있어야 한다.

히트(hit)는 스틱을 스윙하여 공을 때리는 동작으로 필드하키에서 가장 기본이 된다. 스틱으로 공을 치거나 밀면서 움직이는 동작을 스트로크(stroke)라 하는데, 축구에서 드리블을 생각하면 된다. 스쿱(scoop)은 스틱의 머리 부분이 약간 공 아래쪽에 있을 때 정지되어 있거나 느리게 움직이는 공을 삽으로 뜨는 것과 같은 동작으로, 공을 지면에서 들어올릴 때 구사한다.

필드하키는 스틱의 사용이 중요한 만큼 스틱을 쥔 손 부위, 그 중에서도 손목에 적지 않은 부상이 찾아온다. 손목뼈(수근골)는 모두 여덟 개로, 몸쪽 줄과 먼쪽 줄에 각각 네 개씩 두 줄로 배열되어 있다. 전체적으로 앞쪽으로 고랑을 이루고, 뒤쪽으로는 둥글게 솟아 있다. 각 뼈 사이에는 약간의 공간이 있어 손목의 유연성과 운동성을 증대시키는 역할을 한다.

몸쪽 줄은 바깥쪽에서부터 손배뼈, 반달뼈, 세모뼈, 콩알뼈의 순서로 위치한다. 손배뼈(주상골)는 배모양의 뼈로 아래팔의 노뼈와 관절을 이룬다. 반달뼈(월상골)는 앞면은 좁고 뒷면이 넓은 달 모양의 뼈로 노뼈와 관절을 이룬다. 세모뼈(삼각골)는 피라미드 모양의 뼈를 가리키고, 콩알뼈(두상골)

| 손목뼈 구조 |

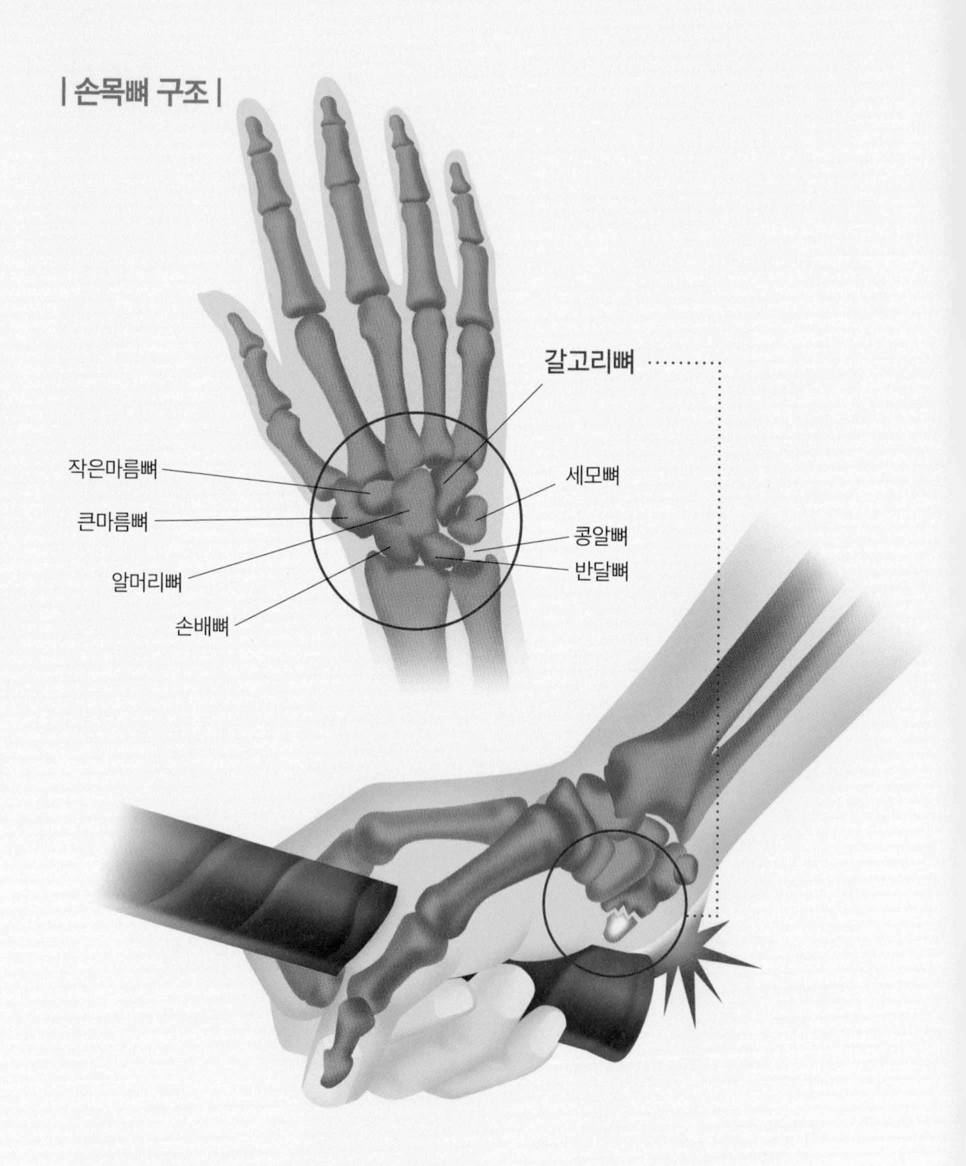

손목뼈에서 특히 눈여겨봐야 할 부위가 갈고리뼈다. 야구배트, 테니스·배드민턴 라켓, 골프채 등 필드하키처럼 스틱을 쥐는 스포츠에서 갈고리뼈 골절이 자주 발생한다. 손목 방향으로 튀어나와 있는 갈고리 부분이 스틱이나 라켓, 배트의 손잡이와 부딪히면서 부상으로 이어지는 것이다.

는 콩알 모양의 작은 뼈를 말한다.

먼쪽 줄에는 역시 바깥쪽에서부터 큰마름뼈, 작은마름뼈, 알머리뼈, 갈고리뼈가 위치한다. 큰마름뼈(대능형골)와 작은마름뼈(소능형골)는 쐐기모양의 뼈를 말한다. 알머리뼈(중심골)는 둥근 머리를 가진 뼈를 가리킨다. 갈고리뼈(유구골)는 갈고리 모양의 날카로운 돌기가 있는 뼈를 가리킨다.

여기서 눈여겨봐야 할 부위가 갈고리뼈다. 야구배트, 테니스 · 배드민턴 라켓, 골프채 등 필드하키처럼 스틱을 쥐는 스포츠에서 갈고리뼈 골절이 자주 발생한다. 손목 방향으로 튀어나와 있는 갈고리 부분이 스틱이나 라켓, 배트의 손잡이와 부딪히면서 부상으로 이어지는 것이다.

필드하키를 보다보면 장갑을 끼지 않고 맨손으로 스틱을 쥔 선수들이 눈에 띈다. 필드하키에서 골키퍼를 제외한 선수들의 장갑 착용은 의무사항이 아닌 탓이다. 헬멧과 패드에 두꺼운 장갑까지 무장한 아이스하키와 크게 대조를 이룬다. 얼음판 위의 속도감과 격렬한 몸싸움을 고려하면 아이스하키선수들이 착용하는 보호 장비는 수긍이 간다. 반면 필드하키선수들의 보호 장비는 여러 모로 부족하다는 생각이 든다. 스포츠라는 명목으로 선수의 건강권을 해칠 명분은 없다. 안전성이 결여된 스포츠를 보는 것은 적이 불편하다.

21 OLYMPICS & ANATOMY

메달의 색을 포착하는 시선들

사격 Shooting

인간은 다양한 도구를 이용하여 먹이사슬의 정점에 올라설 수 있었다. 그 도구 가운데 가장 논란의 중심에 있었던 게 바로 총이 아닐까 싶다.

역사적으로 총은 권력을 상징했다. 마오쩌둥毛澤東은 "권력은 총부리에서 나온다"는 말을 남겼다. 그가 여기서 말한 총은 단순히 무기를 넘어서 '투쟁'을 의미했다. 싸워서 이기지 않고는 권력을 쟁취할 수 없음을 그는 설파했던 것이다.

싸움과 승패가 전쟁에서만 통용되는 건 아니었다. 정치, 외교, 경제, 학문 등 인류는 다양한 분야에서 총성 없는 싸움을 해왔다. 싸움은 인간의 본능이라 해도 지나치지 않을 듯 싶다. 그런 의미에서 스포츠는 인류가 벌이는 가장 건전한 싸움이 아닐까. 그 중에서도 사격은 합법적으로(!) 총성 '있는' 싸움이 허용되는 종목이라 하겠다. 총부리의 대상이 사람이 아닌 과녁(target)이기 때문에 가능한 일이다.

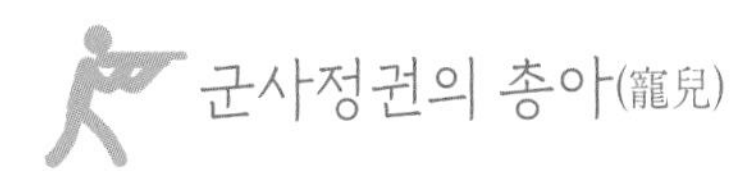

군사정권의 총아(寵兒)

총부리로 과녁을 겨누는 사격이 전쟁의 수단으로서가 아닌, 스포츠 종목으로 언제 시작되었는지는 학자마다 견해가 갈린다. 1477년 독일 바이에른주에서 열린 사격대회가 가장 오래된 기록으로 전해진다. 이후 유럽을 중심으로 크고 작은 대회가 이어져오다 1859년 런던 윔블던에서 사격 관련 단체로는 처음으로 전영소총협회가 조직되었고, 1871년 미국에서 전미소총협회가 창설면서 사격에 전기를 마련했다. 국제적인 단체로는 1907년 국제사격연맹(이하 'ISSF')이 창립총회를 열면서 활동을 시작했다. 그리고 ISSF가 조직되기 10년 전인 1897년에 프랑스 리옹에서 세계사격선수권대회가 처음 개최되면서 국제대회의 포문을 열었다.

사격은 양궁과 달리 올림픽의 단골손님이었다. 1896년 제1회 아테네 올림픽부터 정식종목으로 채택된 이후 1904년과 1928년 대회만 제외하면 지금까지 꾸준히 올림픽에서 사격을 볼 수 있었다. 사격은 올림픽에서 모두 15개의 금메달이 걸린 주요 종목으로 자리매김해왔다.

우리나라의 경우 구한말 육군연성학교에서 서서쏘기, 무릎쏘기, 엎드려쏘기로 나눠 사격경기를 개최한 기록이 전해진다. 해방과 전쟁 등 격동의 시절에도 불구하고 1955년 대한사격협회가 창설되는 등 기반을 닦았다. 이후 1962년 자카르타 아시안게임에서 국제대회 첫 금메달 낭보를 계기로 국가권력을 장악한 군부 출신 정치인들은 사격에 대한 지원을 아끼지 않았다. 박정희정권 당시 최고 권력기관인 중앙정보부가 '양지'라는 이름으로 축구팀과 사격팀을 운영할 정도였다.

사격이 군사정권의 높은 관심을 받았던 이유는 북한과의 경쟁 때문이기도 했다. 북한의 사격 역시 국제대회에서 성과를 내왔던 터라 남측과 북측 사이에 경쟁구도가 일어났던 것이다. 사진은 박정희 대통령이 시범사격을 하는 장면(출처 : 경향신문).

박정희정권 말기인 1978년에 세계사격선수권대회를 개최하면서 사격을 향한 국가적 지원은 정점에 올랐다. 당시 대한사격연맹 회장이었던 박종규는 대통령 경호실장 출신으로 정권의 실세였다. 그는 세계사격선수권대회를 성공적으로 치른 자신감으로 대통령에게 올림픽 유치를 건의하기도 했다. 1988년 서울 올림픽 유치가 사격에서 비롯된 셈이다.

사격이 정권의 높은 관심을 받았던 이유는 북한과의 경쟁 때문이기도 했다. 북한의 사격 역시 국제대회에서 성과를 내왔던 터라 남측과 북측 사이에 자연스럽게 경쟁구도가 일어났던 것이다.

사격은 1988년 서울 올림픽을 시작으로 양궁 못지않은 효자종목이 되었다. 서울대회에서 차영철 선수가 50미터 복사에서 은메달을 획득해 올림픽 사상 첫 메달을 딴 이후 지난 도쿄대회까지 금메달 7개, 은메달 9개,

동메달 1개를 목에 걸었다. 아시안게임에서는 2022년 항저우대회까지 금메달 63개, 은메달 90개, 동메달 90개로 태권도와 유도 등을 제치고 메달 수에서 독보적인 1위에 올라 있다.

 집중력의 한계에 도전하다

사격은 올림픽에서 총기에 따라 권총, 소총, 산탄총 3가지 종목으로 구분된다. 권총은 다시 표적의 거리가 각각 10미터와 25미터인 경기로 나뉘는데, 10미터 경기는 4.5밀리미터 구경의 공기권총을 사용하며, 60발을 서서 사격(입사, 立射)한다. 25미터 남자경기는 속사권총으로 제한시간 8초, 6초, 4초에 각각 5발을 4회에 걸쳐 쏴야 한다. 1회 사격시마다 5개의 서로 다른 표적에 제한시간 내에 5발을 연사해야 하는 것이다. 25미터 여자경기는 5.56밀리미터 구경의 권총을 사용한다.

권총에 비해 길고 무거운 소총은 다양한 자세로 쏜다. 그 가운데 10미터 공기소총은 4.5밀리미터 구경의 소총을 사용하며, 표적이 가까운 만큼 거의 만점에 가까운 기록이 나오는 경기다. 주어진 시간 동안 60발을 사격하는데 지름이 45.5밀리미터인 원안에 0.5밀리미터 크기의 10점원을 맞춰야 한다. 0.01밀리미터의 오차로 승패가 갈리기도 한다. 인간이 발휘할 수 있는 집중력의 한계를 넘나든다 해도 과언이 아니다.

산탄총은 날아가는 원반(클레이 피존, clay pigeon)을 사격하는 종목이다. 트랩(trap)과 스키트(skeet)로 나뉘는 데, 전자는 날아가는 클레이 피존 1개를 쏘는 것으로 첫 발에 표적을 명중하지 못하면 재사격이 가능하다. 후

| 사격 종목의 분류 |

권총	소총	산탄총	러닝타깃
공기권총(남)	공기소총(남)	트랩(남)	러닝타깃 10m정상(남)
공기권총(여)	공기소총(여)	트랩(여)	러닝타깃 10m정상(여)
속사권총	50m 소총복사(남)	더블트랩(남)	러닝타깃 10m혼합(남)
25m 권총(여)	50m 소총복사(여)	더블트랩(여)	러닝타깃 10m혼합(여)
스탠더드권총(남)	50m 소총3자세(남)	스키트(남)	
센터파이어권총(남)	50m 소총3자세(여)	스키트(여)	
50m 권총(남)			

위 표에서 50미터 소총복사 여자경기, 스탠더드와 센터파이어 권총 경기, 더블트랩 여자경기, 러닝타깃(전체) 경기는 올림픽 종목이 아니다.

자는 사수의 좌우에서 동시에 방출되는 클레이 피존을 쏘는 것으로, 1개 혹은 2개의 플레이 피존을 맞춰야 한다. 트랩은 클레이가 사수로부터 멀어지지만, 스키트는 클레이가 사수의 시야를 가로질러 날아간다.

산탄총의 표적이 클레이 피존인 까닭은, 19세기 영국의 한 남자가 바구니에 비둘기(피존)를 넣어둔 뒤 바구니 뚜껑을 열어 날아가는 비둘기를 표적 삼아 사격을 했던 데서 비롯했다. 이후 조류 살상행위를 비판하는 여론이 커지면서 비둘기 대신 진흙(클레이)으로 둥근 원반을 만들어 하늘에 날려 쏘는 것으로 바뀌었다.

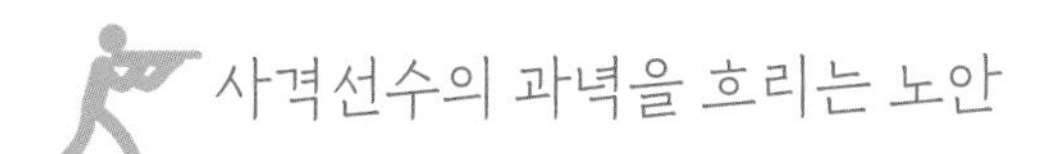

사격선수의 과녁을 흐리는 노안

올림픽 종목을 통틀어 사격이나 양궁만큼 정적인 스포츠가 또 있을까. 사격은 종목의 특성상 온몸의 순발력보다는 고도의 집중력을 요하는 스포츠다. 그런 이유로 다른 종목에 비해 현역 선수생활을 오래 이어갈 수 있다. 쿠웨이트 국가대표 압둘라 알 라시디Abdullah Al-Rashidi는 1963년생으로 이순(耳順)의 나이에 2022년 항저우 아시안게임 스키트 혼성에서 은메달을 목에 걸었다.

하지만 사격 역시 세월을 이기는 데 한계가 있다. 비록 격투기나 구기종목처럼 역동성과 민첩함을 요하진 않지만, 사격에도 신체적인 아킬레스건은 존재한다. 다름 아닌 '눈'이다. 세상에서 노안(老眼)을 피할 수 있는 사람은 없기 때문이다. 압둘라 알 라시디는 평소 스마트폰을 보지 않을 정도로 자기관리가 철저했지만, 세상의 모든 사격선수가 알 라시디 같진 않다.

조지아의 사격 영웅 니노 살루크바제는 19세의 어린 나이에 1988년 서울 올림픽에서 금메달(25미터 권총)과 은메달(10미터 공기권총)을 목에 건 이후 2020년 도쿄 올림픽까지 무려 아홉 차례에 걸쳐 올림픽에 참가했다. 하지만 50대 중반의 살루크바제는 도쿄대회를 끝으로 은퇴를 선언했는데, 이유는 역시 노안이었다. 물론 시력이 좋지 않은 사격선수 가운데 엄청난 노력으로 신체적 한계를 극복한 경우가 드물게 존재하지만, 시력 저하는 사격선수들에게 치명적인 핸디캡임을 부정할 수 없다.

해부학에서 눈은 시각정보를 전기·화학 정보로 변환하여 시신경을 통해 뇌로 전달하는 기관이다. 3개의 층으로 구성되어 있는데, 바깥쪽의 안구섬유층에는 각막과 공막이 있다. 각막은 안구 앞부분의 투명한 부분으로 빛이 통과한다. 공막은 각막 외의 나머지 부분을 튼튼하게 에워싸서 눈의 모양을 형성하고, 여기에 눈의 움직임을 돕는 근육이 붙는다. 중간층인 포도막은 가운데 부분에 위치한 층으로 홍채, 섬모체(모양체), 맥락막 등의 조직이 있다.

홍채는 동공을 포함하고 있는데, 사람마다 색깔이 다르다. 섬모체는 수정체를 에워싸고 있는 기관으로, 섬모체근이 수정체의 두께를 조절한다. 맥락막에는

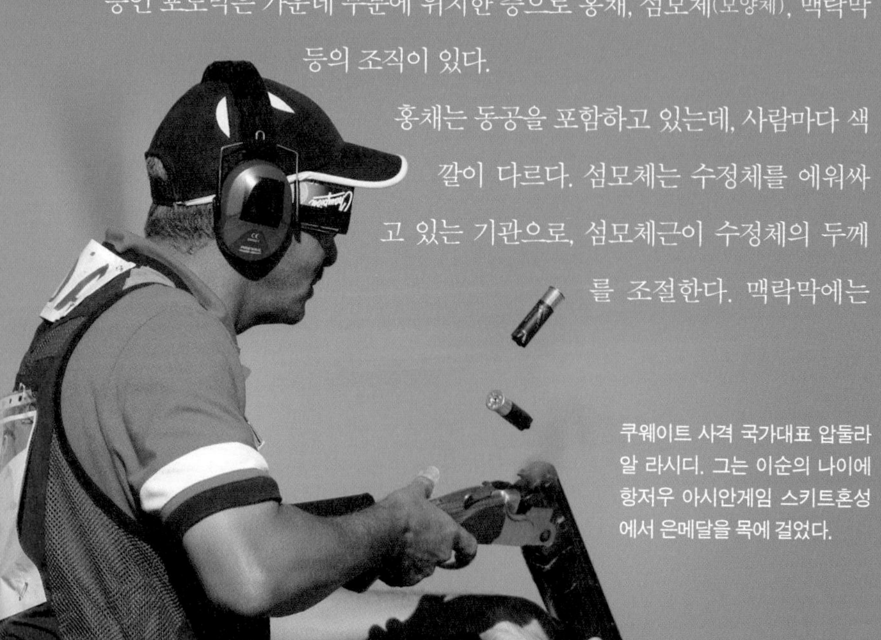

쿠웨이트 사격 국가대표 압둘라 알 라시디. 그는 이순의 나이에 항저우 아시안게임 스키트혼성에서 은메달을 목에 걸었다.

많은 혈관이 지나는데, 혈관을 통한 혈액이 안쪽의 망막으로 영양과 산소를 공급한다.

가장 안쪽에 있는 망막은 신경이 분포하는 층으로 원뿔세포 및 막대세포와 같은 광수용세포가 있다. 원뿔세포(원추세포)는 망막의 중심부에 많으며, 밝은 빛을 감지하고 색상에 반응하는 역할을 한다. 막대세포(간상세포)는 망막의 주변부에 있는 원기둥 모양의 세포로 약한 빛을 감지하기 때문에 어두운 밤에 제 기능을 한다. 망막에서 원뿔세포가 많이 모여 있는 황반의 중심오목은 빛을 가장 선명하고 정확하게 받아들인다.

이처럼 눈을 이루는 다양한 조직은 기본적으로 시력(視力)에 직·간접적인 영향을 미친다. 시력은 물체의 존재나 형상을 인식하는 눈의 능력을 뜻하는 데, 광도나 그 밖의 조건이 동일할 때 시각 세포의 분포 밀도가 클수록 시력이 좋다고 평가한다.

일반적으로 안과나 안경점에서 사용하는 시력표에서 외경 7.5밀리미터, 굵기 1.5밀리미터의 C자 모양 고리를 5미터 떨어진 거리에서 바라봐서 끊어진 틈을 알아볼 수 있으면, 시력을 1.0으로 판정한다. 사람 눈의 원뿔세포 밀도는 평균 200,000개/제곱밀리미터로, 생물학적으로 최대 시력은 2.0에서 2.5에 이른다. C자 모양을 가리켜 '란돌트 고리(Landolt Ring)'라고 하는데, 이를 바탕으로 국제표준기구에 의거하여 1997년 한국형 시력표인 '진용한 시력표'가 개발되었다.

사격선수의 시력은 세부종목에 따라 정지시력과 동체시력으로 나눠 살펴봐야 한다. 정지시력은 정지한 상태에서 사물을 바라보는 시력으로, 일반인이 시력판에 있는 숫자나 기호를 보며 판정한다. 몸을 정지한 상태에

| 눈 구조 |

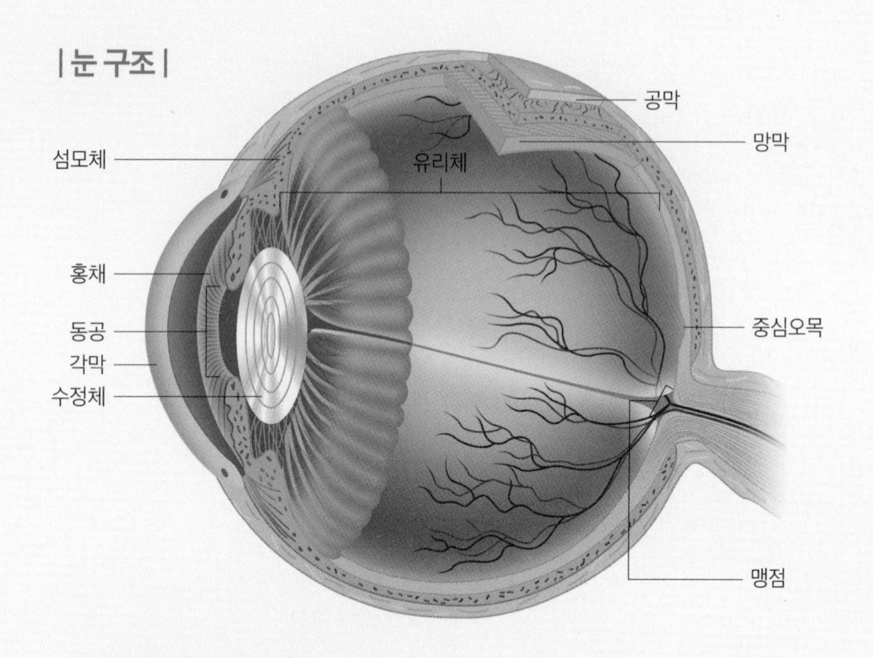

눈은 3개의 층안에 다양한 구조물로 이루어져 있다. 시각정보는 각막과 동공, 수정체를 거쳐서 들어와 시각신경이 분포하는 망막으로 전달된다. 이 정보가 뇌로 전달되어 우리 몸은 시각정보를 인식하게 된다.

사격선수의 시력은 세부종목에 따라 정지시력과 동체시력으로 나눠 살펴봐야 한다. 정지시력은 정지한 상태에서 사물을 바라보는 시력으로, 몸을 정지한 상태에서 과녁을 조준하는 소총과 권총 종목에서 중요하다. 동체시력은 움직이는 물체를 정확하고 빠르게 인지하는 능력이다. 산탄총 종목인 클레이 사격에서 강조된다.

서 과녁을 조준하는 소총과 권총 종목에서 중요하다. 동체시력은 움직이는 물체를 정확하고 빠르게 인지하는 능력이다. 산탄총 종목인 클레이 사격에서 강조된다.

멀리 있는 작은 사물을 잘 식별하는 사람이 움직이는 차창 밖의 가까운 물체를 제대로 알아보지 못하는 경우가 있는데, 이는 정지시력은 좋지만 동체시력이 나쁜 경우다. 동체시력은 움직이는 속도가 빠를수록 떨어진다. 동체시력이 좋으면 물체의 움직임을 순간적으로 정확하게 포착할 수 있기 때문에 클레이 사격에서 중요하게 작용하는 것이다.

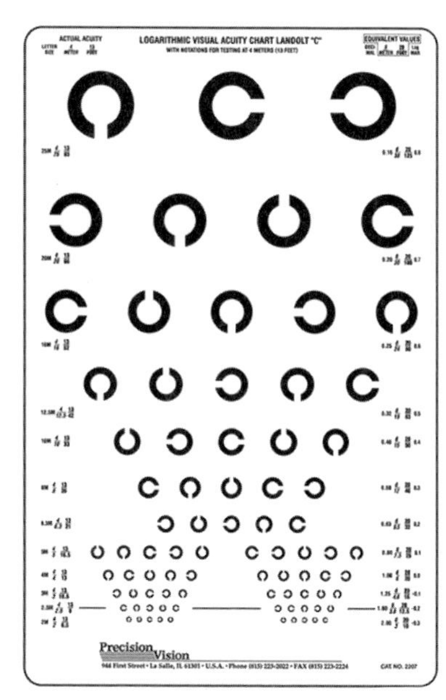

란돌트 고리 시력표. 시력 측정에 쓰이는 시표로, C모양으로 되어 있다. 고리의 일부에 잘린 데가 있어서 그 방향을 검출함으로써 시력을 측정한다. 스위스 태생의 안과의사 에드문트 란돌트(Edmund Landolt)가 개발했다.

동체시력은 비단 클레이 사격에서만 강조되는 건 아니다. 야구와 테니스, 탁구 등 구기종목에서 빠른 속도로 날아오는 공을 순간적으로 포착해 내려면 동체시력이 발달해야 한다. 동체시력은 훈련을 통해 향상시킬 수 있다. 일본인 메이저 리거 스즈키 이치로鈴木一朗는 강속구 투수의 공에 대처하기 위해 평소 달리는 자동차 안에서 차창 밖 다른 자동차들의 번호판을 읽는 방식으로 동체시력을 높이는 훈련을 했다고 한다.

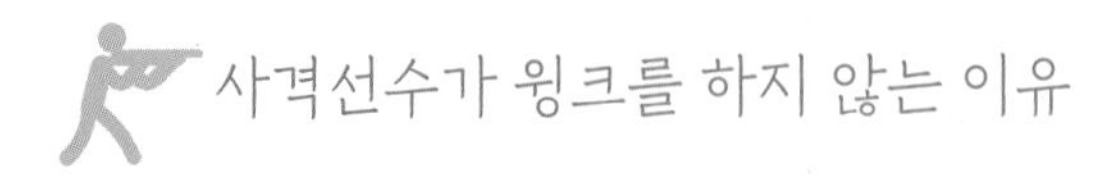

사격선수가 윙크를 하지 않는 이유

군대를 다녀오지 않았더라도 유원지 같은 데서 한 번쯤은 사격게임을 해 봤을 것이다. 그때 당신은 한쪽 눈을 감고 조준했는가, 아니면 양쪽 눈을 다 뜬 상태로 조준했는가. 아마도 한쪽 눈을 감고 조준했을 것이다. 이를 가리켜 단안조준(單眼照準)이라 한다.

사격을 처음 해보는 사람일수록 한쪽 눈을 감고 겨냥하는 것이 편하기 때문에 대부분 단안조준을 하기 쉽다. 그런데 단안조준은 원근감이 흐려지고 뜬쪽 눈의 시력까지 빠르게 저하될 뿐 아니라 시야도 좁아진다. 그런 까닭에 사격선수들은 두 눈을 모두 뜨고 사격을 하는 데, 이를 가리켜 양안조준(兩眼照準)이라 한다. 양안조준은 빠른 속도로 날아가는 클레이 피존을 맞춰야 하는 산탄총 사격에서 특히 강조된다. 물론 정지된 표적을 맞추는 소총이나 권총 사격에서도 양안조준은 기본이다. 한쪽 눈을 감아 뜬 눈의 시력을 일부러 떨어뜨릴 이유가 없기 때문이다.

그런데 사격선수들은 양쪽 눈을 다 뜨고 있긴 하지만 실제로 가늠자를 들여다보고 겨누는 눈은 한쪽뿐이다. 다른 한쪽 눈은 그냥 뜨고 있을 뿐 표적도 조준구도 보지 않는다. 따라서 사격선수들은 경기 중에 모자 차양에 한쪽 눈을 가리는 덮개를 붙이거나 총기의 가늠자 옆에 한쪽 눈을 가리는 판을 붙인다. 안경 한쪽에 검은 테이프를 붙이고 사격을 하는 경우도 있다.

이때 사격에서 과녁을 바라보는 눈을 가리켜 마스터 아이(master eye)라 한다. 손에 오른손잡이와 왼손잡이가 있듯이 눈에도 더 잘 보이는 눈이 있는데, 이 눈이 마스터 아이가 된다. 보통 오른손잡이인 사람은 오른쪽 눈이 마스터 아이가 되지만, 그렇지 않은 경우도 있다.

자신의 마스터 아이가 어느 쪽 눈인지 알고 싶다면 손을 뻗어 얼굴 앞에 손가락으로 원을 만들고 원을 통해 표적을 보면 된다. 이때 한쪽 눈을 감는다. 뜬 눈이 마스터 아이라면 표적은 그대로 원 안에 있을 것이다. 만약 표적이 원에서 벗어나 보인다면 뜬 눈은 마스터 아이가 아니고 감은 눈이 마스터 아이다.

양궁에서는 대개 오른쪽 눈으로 표적을 겨냥하고, 왼쪽 눈은 감게 되므로 보통 오른쪽 눈이 마스터 아이가 된다.

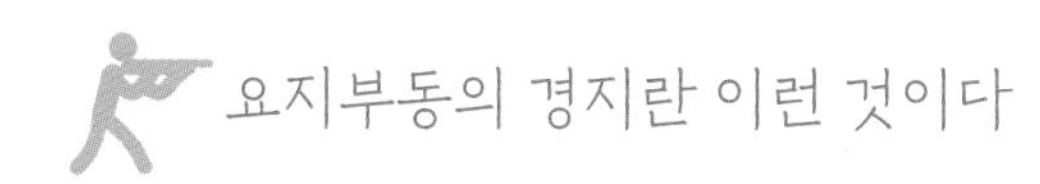

요지부동의 경지란 이런 것이다

사격에는 크게 3가지 자세가 있는 데, 서서쏴(입사, standing), 무릎쏴(슬사, kneeling), 엎드려쏴(복사, prone)가 여기에 해당된다. 서서쏴는 곧게 서서 양팔만으로 총을 지지하는 자세이고, 무릎쏴는 한쪽 무릎을 세우고 다른 쪽 무릎을 지면에 붙인 뒤, 세운 무릎에 한쪽 팔꿈치를 얹는 자세다. 엎드려쏴는 배를 지면에 대고 양 팔꿈치를 바닥 위에 붙인 상태에서 총을 지지하는 자세다. 이 가운데 엎드려쏴 즉, '복사' 자세는 해부학에서 기준이 되는 자세 중 하나인 '복위'와 유사하다.

사격에서 아무리 강조해도 지나치지 않는 게 바로 '자세'다. 자세는 사격의 기본이자 시작인 동시에 끝이다. 자세가 제대로 잡히지 않으면 사격의 시작 단계에서 호흡부터 불안정하게 되고, 이로 인해 영점이 흐려진

| 해부학적 자세 |

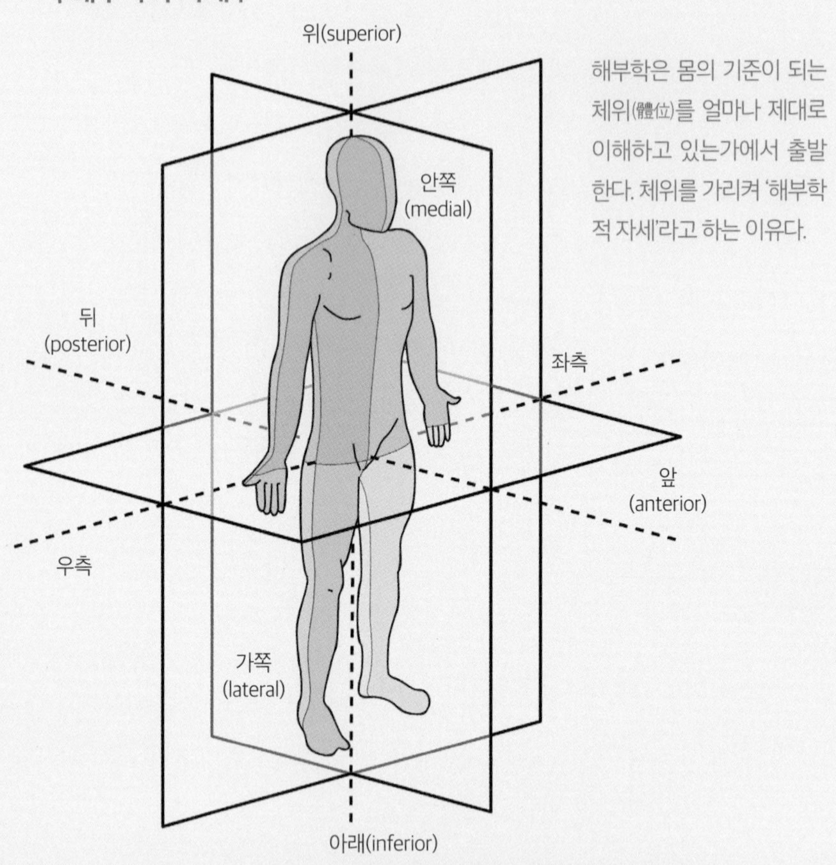

해부학은 몸의 기준이 되는 체위(體位)를 얼마나 제대로 이해하고 있는가에서 출발한다. 체위를 가리켜 '해부학적 자세'라고 하는 이유다.

사격의 엎드려쏴 즉, '복사' 자세는 해부학에서 기준이 되는 자세 중 하나인 '복위'와 닮았다.

다. 사격은 한마디로 요지부동(搖之不動)의 운동인데, 이를 완성하는 건 자세에 달렸다 해도 지나치지 않다.

해부학도 다르지 않다. 해부학은 몸의 기준이 되는 체위(體位)를 얼마나 제대로 이해하고 있는가에서 출발한다. 체위를 가리켜 해부학적 자세(anatomical position)라고 하는 이유다.

똑바로 서서 얼굴과 눈을 앞으로 향한 후, 팔을 몸통 양옆으로 내려서 손바닥을 앞으로 향하게 한다. 이어서 두 발을 발끝이 앞쪽을 향하도록 한다. 이렇게 했을 때, 위(superior)와 아래(inferior), 안쪽(medial)과 가쪽(바깥쪽, lateral), 앞(anterior)과 뒤(posterior)가 나누어진다.

해부학적 자세 그대로 누웠을 때 배 쪽이 위로, 등 쪽이 아래로 향하는 자세를 앙와위(仰臥位)라고 한다. 반대로 가슴과 배를 아래쪽으로 엎드린 자세를 복위(伏位)라고 한다. 손바닥을 기준으로 했을 때 아래팔의 두 뼈가 교차하여 손등이 위쪽으로 향하는 것을 의미한다.

앙와위와 복위의 자세 변화에 따라 폐용적, 횡격막 등을 통해 호흡기능에 영향을 미친다. 특히 급성폐손상이나 급성호흡곤란증후군 환자에게서 복위 자세는 폐의 산소화를 호전시킨다. 그런 이유로 해부학의 복위 자세, 즉 사격의 엎드려쏴(복사) 자세는 폐활량에 도움을 줘 호흡을 원활하게 돕는다. 아직 해부학적으로 유의미한 연구가 이뤄진 건 아니지만, 복사 자세에서의 기록이 입사나 슬사 보다 우위에 있다면 그건 해부학적 자세 때문이라고 추론해 볼 수 있겠다.

22 OLYMPICS & ANATOMY

신궁의 입가에 깃든 미소

양궁 Archery

"농구에서 미국 드림팀의 위상을 양궁에서는 한국팀이 가지고 있습니다."

2016년 리우데자네이루 올림픽 당시 미국 NBC 방송 양궁 해설위원이 남긴 코멘트다. 한국 양궁대표팀은 (정식종목이 된 1972년 뮌헨대회부터 2020년 도쿄대회까지) 역대 올림픽에서 모두 43개(금메달 27개, 은메달 9개, 동메달 7개)의 메달을 따냈다. 무엇보다 금메달 숫자가 압도적으로 많다. 2위 미국(16개, 금메달 8개, 은메달 5개, 동메달 3개)보다 월등하다. 양궁을 빼면 한국의 올림픽 종합순위는 확 떨어진다. 한국 양궁을 설명할 때는 효자종목이란 수식어조차 식상한 이유다.

활쏘기를 뜻하는 영어표기(archery)에서 알 수 있듯이 양궁은 스포츠 이

전에 인류의 중요한 수렵 수단이었다. 활은 갈수록 위력이 강력해지면서 수렵보다는 전쟁의 도구로 활용되다가 화약의 발명으로 근대 이후 더 이상 무기로 쓰이지 않게 되었다.

역사학자들은 양궁의 기원을 이루는 활쏘기가 고대 이집트 18번째 왕조(기원전 1567~1320년) 당시 파라오들이 가장 즐겼던 '놀이'였음을 밝혔다. 스포츠로서의 활쏘기 문화가 고대에도 존재했다는 얘기다. 중국 주나라(기원전 1046~256년)에서도 활쏘기 놀이가 유행했는데, 당시 귀족들을 중심으로 활쏘기대회가 열렸다는 기록이 전해진다.

활쏘기가 좀 더 넓게 퍼지게 된 계기는 1538년 영국 헨리 8세Henry VIII의 영향이 컸다. 궁도 애호가였던 헨리 8세는 영국 전역에 활쏘기대회를 여는 등 보급에 앞장섰다. 이후 활쏘기는 근대를 지나 20세기에 이르러 지금과 유사한 양궁의 형식을 갖추며 1900년 파리 올림픽에서 처음 시범종목으로 채택되었다. 양궁은 1908년 런던 올림픽부터 제외되었다가 1920년 앤트워프 올림픽에서 다시 채택되는 부침을 겪었다. 이후 양궁은 1972년 뮌헨 올림픽에서 정식종목이 될 때까지 올림픽과 인연을 이어가지 못했는데, 국제경기 규칙이 제대로 통일되지 못했기 때문이었다.

우리나라에 양궁이 도입된 건 1959년경이다. 당시 수도여고 체육교사 석봉근 선생이 남산에 있는 국궁활터 석호정(石虎亭)에서 사람들을 모아 연습을 이어간 게 계기가 됐다. 국궁(國弓)과의 구별을 위해 명칭을 양궁(洋弓)으로 정한 것도 그 즈음이다. 이후 1963년 당시 국제양궁연맹(FITA)에 정식회원국으로 가입을 마쳤고, 같은 해 9월 서울시 체육대회에 경기종목으로 채택되어 20미터 경기가 열렸다.

1979년 서베를린 세계양궁선수권대회에서 개인 및 종합 우승을 석권한 김진호 선수.

한국의 양궁은 빠른 속도로 발전을 이어갔는데, 1979년 서베를린에서 열린 세계양궁선수권대회에 처음 출전한 여자팀 김진호 선수가 60미터 · 50미터 · 30미터에서 개인 및 종합 우승을 석권하면서 크게 화제를 모았다. 올림픽에서 첫 메달을 딴 건 1984년 로스앤젤레스 올림픽에서다. 서향순 선수가 금메달, 김진호 선수가 동메달을 목에 건 이후 한국 양궁은 지금까지도 전 세계 양궁계가 경외(敬畏)하는 드림팀으로 군림해 오고 있다. 특히 여자양궁 단체전은 올림픽에 처음 정식종목으로 도입된 1988년 서울대회부터 단 한 번도 금메달을 놓치지 않고 2020년 도쿄대회까지 9연패를 달성하기도 했다.

 10점이라고 다 같은 10점이 아니다

양궁경기를 보면서 화살을 과녁의 정중앙에 가깝게 맞출수록 높은 점수를 획득하는 단순한 스포츠라고 생각하면 곤란하다. 양궁을 제대로 이해하기 위해 한 걸음 더 들어가 보면, 다양한 경기 방식 및 복잡한 규칙과 조우하게 된다.

양궁은 경기 방식에 따라 크게 필드경기, 컴파운드경기, 표적경기로 나뉜다. 필드경기는 말 그대로 장애물이 없는 넓은 평야(field)에서 치러진다. 올림픽 종목은 아니지만 세계양궁연맹이 주관하는 세계선수권대회가 표적경기대회와 별도로 2년마다 짝수 해에 열린다.

컴파운드 경기는 활의 양쪽 끝에 원형의 도르래가 달린 컴파운드 활을 사용한다. 도르래 원리를 이용하므로 활시위를 당기는 힘에 비해 활의 속도가 빠르다. 역시 올림픽 종목은 아니지만 세계선수권대회에서 정식종목으로 치러지며, 유럽 등지에서 레저용으로 널리 보급되어 있다.

올림픽과 아시안게임 및 세계선수권대회에서는 표적경기 방식을 채택하고 있다. 표적경기는 정해진 거리에서 정해진 수의 화살로 표적(target)을 쏜 뒤 점수를 계산한다.

올림픽에서 양궁은 70미터 거리에서 4세트 경기를 펼친다. 각 세트당 3발씩 쏘며, 점수의 합을 비교하여 세트를 이길 경우 2점, 동점일 경우 1점, 지는 경우 0점을 얻게 된다. 세트 포인트 6점을 먼저 획득하는 선수가 승리하게 된다. 화살이 과녁의 정중앙 부분 가장 작은 고리를 맞추면 10점을 얻고, 바깥 고리로 갈수록 득점이 낮아진다. 점수 경계선에 맞으면 둘 중 더 높은 점수로 인정된다.

10점에 해당하는 과녁을 맞춘다 해도 다 같은 10점이 아니다. 10점 고리 정중앙의 작은 점을 정확히 맞추면 '퍼펙트골드'라 하고, 안쪽 원에 맞으면 '엑스텐(X-10)', 안쪽 원 바깥쪽이면 '텐'이라 하여 구별한다. 과녁은 원거리용(122센티미터)과 근거리용(80센티미터)의 지름이 각각 다르며, 점수에 따라 5가지 색의 동심원으로 이뤄져 있다.

'궁아일체(弓我一體)'의 경지

양궁선수에게 있어서 활은 '제3의 팔'이란 말이 있다. 그만큼 양궁선수에게 활은 분신만큼 중요하단 얘기다. 경기에서 몸 컨디션이 아무리 좋다고 해도 활 상태에 조금이라도 문제가 생기면 경기를 그르치는 경우가 적지 않게 발생한다.

활은 경기 방식을 나눌 만큼 양궁에서 비중이 절대적이다. 경기에 사용되는 활에는 크게 리커브(recurve bow)와 컴파운드(compound bow)가 있는데, 올림픽에서는 리커브만 사용된다. 리커브는 화살이 포물선을 그리며 날아가는 반면, 컴파운드는 화살이 직선으로 날아간다. 리커브 화살 속도는 (남자선수 기준) 최대시속 200킬로미터 안팎이고, 컴파운드는 최대시속 300킬로미터에 이른다.

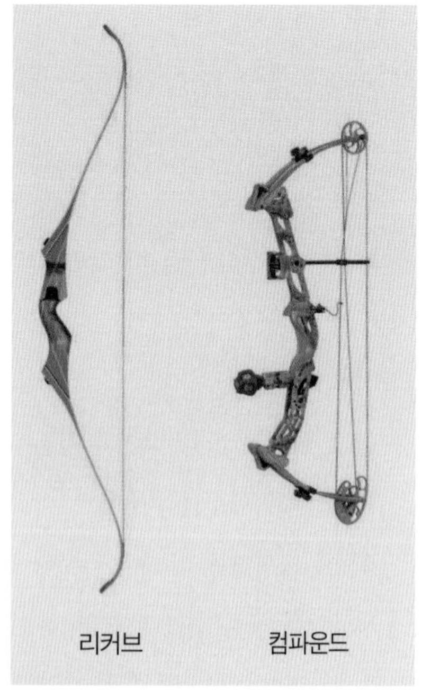

양궁에서 활은 경기 방식을 나눌 만큼 중요한데, 올림픽에서는 리커브만 사용된다.

리커브 활의 양 끝 굴곡은 에너지의 효율성을 높여주는 역할을 하는데, 이 부분을 가리켜 밖으로 다시(re) 굽었다고 해서 '리커브'라고 부른다. 조준 렌즈를 부착할 수 없고 조준기는 1개만 사용하므로 오로지 사수의 눈과 힘(궁력)에 의존해야 한다. 컴파운드는 활 끝에 도르래가 부착되어 있어서 활시위를 쉽게 당길 수 있고 확대 렌즈를 포함해 2개의 조준기가 있어 과녁을 조준하는 데도 유리하다.

활과 단짝을 이루는 화살의 중요성도 아무리 강조해도 지나치지 않다. 활이 과정이라면 화살은 결과라 할 수 있다. 화살에는 알루미늄 합금인 두랄루민 또는 글라스파이버 재질을 사용하는데, 활의 강도에 따라 화살의 굵기와 무게가 달라진다. 화살은 화살촉(point)이 달린 화살대(shaft)와 노크(nock, 화살을 활시위에 끼는 것 또는 끼는 용구), 깃(fletching)으로 구성된다. 화살대의 지름은 9.3밀리미터를 넘지 말아야 하고, 화살촉의 지름은 9.4밀리미터를 넘어선 곤란하다. 선수마다 화살대에 자신의 이름 혹은 머리글자를 새겨 넣는다.

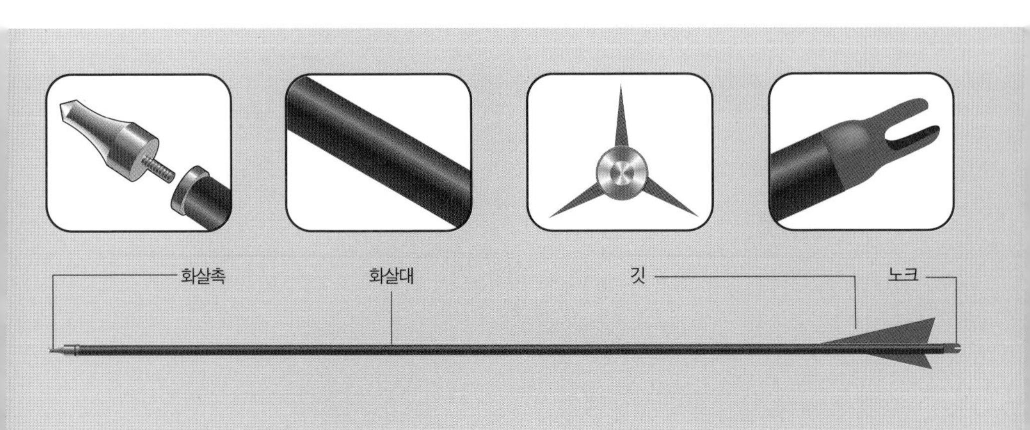

화살의 구조(출처 : 네이버 두산백과에 실린 이미지를 다시 그림)

외부충격에도 고른 호흡을 유지해주는 넓은등근

양궁경기를 보고 있으면 어떻게 과녁으로부터 70미터나 떨어져 있는 거리에서 명중을 시킬 수 있는지 놀라울 따름이다. 신궁(神弓)이라는 찬사를 보낼 수밖에 없는 이유다. 신궁이 되기 위해서는 우선 그에 맞는 신체조건을 만들어야 한다.

70미터나 되는 먼 거리로 화살을 날리려면 활시위를 당기는 어깨근육이 특히 발달되어 있어야 한다. 그런데 실제로 양궁선수들의 몸을 보면 보디빌더처럼 어깨근육이 울퉁불퉁하게 발달되어 있지 않다. 그럼에도 불구하고 어떻게 그렇게 먼 거리에 있는 과녁으로 화살을 정확하게 쏠 수 있는 걸까.

활시위를 잡아당기기 위해서는 어깨뼈(견갑골)의 움직임과 안정성이 매우 중요하다. 숙련된 양궁선수들의 경우 팔의 근육보다 등의 근육을 더 많이 사용하는 것으로 알려져 있다. 실제로 넓은등근과 등세모근(승모근)을 효과적으로 사용하면 어깨근육의 진동을 감소시켜 안정된 자세로 활을 쏠 수가 있다.

넓은등근(광배근)은 등의 아래쪽과 허리를 넓게 덮고 있는 근육으로, 몸통에서 위팔뼈로 이어져 어깨관절에 직접적으로 작용한다. 넓은등근은 위팔뼈를 펴거나 안쪽으로 돌리며, 어깨뼈를 등 뒤로 들이기(후인)도 한다. 또한 큰가슴근과 함께 위팔을 모으기도 한다. 뿐만 아니라 넓은등근은 팔을 어깨 위로 벌린 상태에서 위팔을 제자리로 되돌아가게 당겨주는 턱걸이나 수영의 접영동작에서도 중요한 역할을 한다.

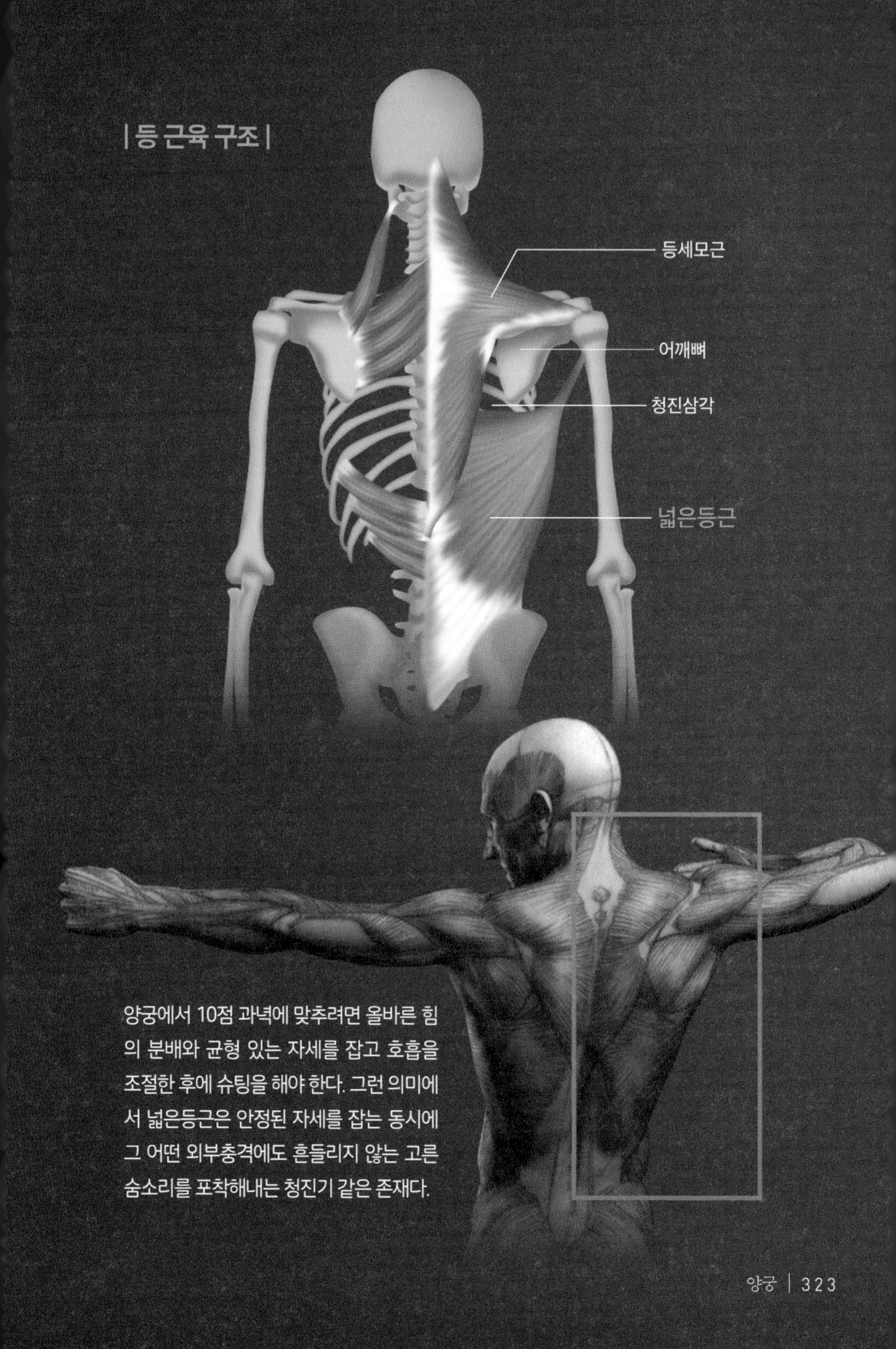

양궁에서 10점 과녁에 맞추려면 올바른 힘의 분배와 균형 있는 자세를 잡고 호흡을 조절한 후에 슈팅을 해야 한다. 그런 의미에서 넓은등근은 안정된 자세를 잡는 동시에 그 어떤 외부충격에도 흔들리지 않는 고른 숨소리를 포착해내는 청진기 같은 존재다.

넓은등근을 지배하는 가슴등신경(흉배신경)은 겨드랑이 부위를 따라 가슴의 바깥쪽 아래로 내려간다. 넓은등근의 위쪽면에는 근육이 덮여있지 않은 부분이 있는데, 가슴부위에 청진을 하기 좋은 위치에 있다 해서 청진삼각이라고 한다.

넓은등근은 양궁 뿐 아니라 다양한 스포츠 종목에서 핵심 근육 역할을 한다. 또 어깨관절의 안정성을 높이기 위해서도 없어서는 안 되는 근육이기도 하다. 특히 양궁에서 10점 과녁에 맞추려면 올바른 힘의 분배와 균형 있는 자세를 잡고 호흡을 조절한 후에 슈팅을 해야 한다. 그런 의미에서 넓은등근은 안정된 자세를 잡는 동시에 그 어떤 외부충격에도 흔들리지 않는 고른 숨소리를 포착해내는 청진기 같은 존재가 아닐까 싶다.

결국 양궁에서 등 근육을 강조하는 이유는 올바른 자세가 등에서부터 나오기 때문이다. 양궁은 호흡과 자세에서 승부가 갈린다는 얘기가 있을 정도로 기본자세를 중시하는 종목이다. 양궁의 기본자세를 하나하나 짚어보면 고개가 끄덕여진다.

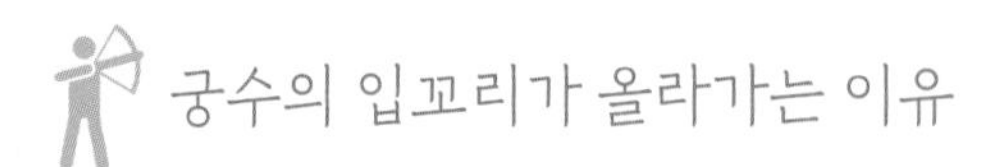

궁수의 입꼬리가 올라가는 이유

양궁은 사선(shooting line)에서 표적과 일직선으로 선 다음 활을 발등에 올려놓는 준비자세인 세트(set) 동작으로 시작된다. 이어 화살을 시위에 거는 노킹(noking) 동작을 한 다음, 팔을 들어 올리는 셋업(set-up), 시위를 당기는 드로잉(drawing), 당긴 활시위를 고정시키는 앵커링(anchoring), 표적을 조준하는 에이밍(aming), 그리고 손가락에서 활시위를 놓는 릴리즈

| 안면 신경 구조 |

삼차신경의 최종 가지인 턱끝신경은 아랫입술과 턱 끝 부위의 감각을 담당한다. 턱끝신경은 양궁선수들이 활시위를 당길 때 눌리는 부위다.

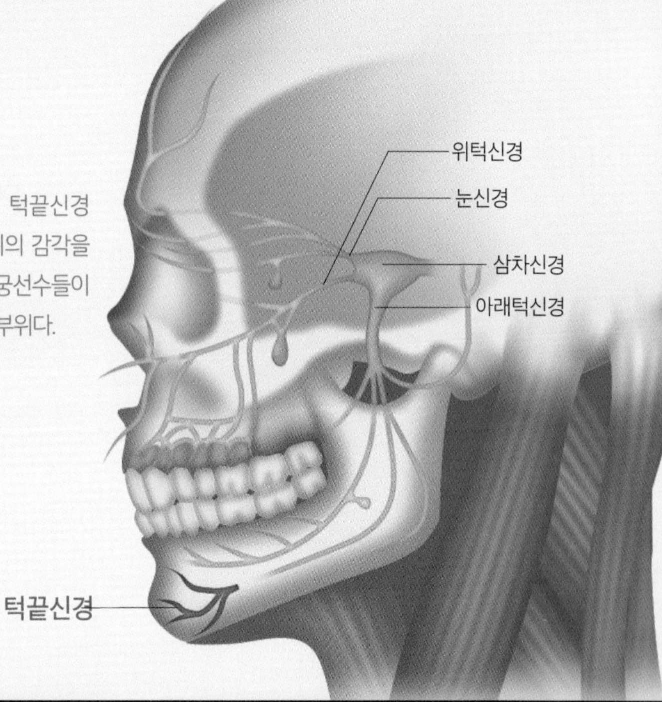

양궁선수들은 화살을 조준할 때 항상 얼굴의 같은 입술 부위에 활시위를 고정하여 앵커링 한다. 1밀리미터만 위치가 벗어나도 화살의 방향이 달라지기 때문에 가장 긴장하는 순간이다.

(release) 동작으로 자연스럽게 연결해서 슈팅(shooting)으로 이어가야 한다. 특히 앵커링 단계에서 선수들은 활을 당기는 손을 턱 부근에 고정하게 되는데, 이 때 활시위가 입술과 코를 누르게 된다. 시합을 마친 양궁선수들의 입술 부위에 활시위로 눌린 자국이 남아 있는 건 이런 이유에서다.

"양궁경기에서 화살을 조준할 때 선수들은 항상 같은 입술 부위에 활시위를 고정하는 연습을 합니다. 이때 1밀리미터만 위치가 바뀌어도 화살이 과녁으로부터 크게 벗어날 수 있습니다."

양궁선수들이 항상 강조하는 '1밀리미터의 마법'이다. 선수들은 화살을 조준할 때 항상 얼굴의 같은 위치에 활시위를 고정하여 앵커링 한다. 1밀리미터만 위치가 벗어나도 화살의 방향이 달라지기 때문에 가장 긴장하는 순간이다.

그런데 하필 활시위가 입술 부위에 와닿는 이유는 왜일까. 입술 주변은감각이 매우 예민한 부위이기 때문에 정확하게 화살을 조준할 수 있는 기준점이 되는 데 안성맞춤이다. 입술 부위의 턱끝신경이 이를 가능하게 한다.

턱끝신경은 다섯 번째 뇌신경인 삼차신경에서 나온 분지(分枝)다. 삼차신경은 얼굴의 감각 전달과 물기, 씹기 등의 운동조절에 관여하는 뇌신경으로, 이름 그대로 3개의 분지가 있다. 눈신경, 위턱신경, 아래턱신경이 그것인데, 이 가운데 아래턱신경은 이름 그대로 턱의 아래쪽 안쪽으로 지나간다.

아래턱신경의 분지인 턱끝신경은 턱 끝에 있는 구멍을 통하여 얼굴로 나온 가지로 아랫입술과 턱끝 부위의 감각을 담당한다. 턱끝신경을 비롯한 삼차신경의 많은 분지들이 얼굴 전체에 퍼져 분포되어 있다. 턱끝신경 위에 외상을 입거나 염증, 종양 등이 생겨 삼차신경에 압박이 가해지면 얼굴에 감각이 저하되면서 마치 전기쇼크를 받았을 때처럼 찌르는 듯한 통증이 나타나게 된다. 이때 통증이 심해지면 얼굴을 움찔거리면서 '틱(tic)'과 같은 발작을 일으키기도 한다. 필자가 올림픽에서 양궁선수들의 입술 부위가 활시위에 눌린 자국을 볼 때마다 삼차신경통에 걸리진 않을까 걱정이 앞서는 이유다(다행히 아직까지 양궁선수 중에서 삼차신경통을 호소하는 뉴스기사를 접하진 못했다).

양궁선수들이 앵커링 하는 위치를 좀 더 자세히 살펴보면 해당 부위 신경 주변에서 입꼬리내림근, 입꼬리올림근, 위입술올림근, 아랫입술내림근, 작은광대근, 큰광대근 등 다양한 근육을 만나게 된다. 이들 근육은 입술의 움직임에 관여하는 데, 여기서 주목을 끄는 것으로 입꼬리내림근이 있다. 입꼬리내림근은 아래턱뼈에서 위로 올라가 입둘레근에 붙어 입꼬리를 내리게 한다. 입꼬리내림근이 슬픈 표정을 짓게 만드는 근육인 까닭이다.

사람들은 나이가 들수록 중력에 의해 입꼬리가 내려가는 현상을 겪는다. 보톡스 시술을 통해 해당 부위 근육의 힘을 적당히 약하게 만들어 입꼬리 방향이 위로 올라가게끔 하는 이유가 여기에 있다. 양궁선수들은 이 근육을 활시위가 누르고 있기 때문에 일반인에 비해 입꼬리가 내려가는 경우가 드물지 않을까 싶다. 특히 경기 중에 양궁선수들의 입꼬리를 한껏 올라가게 하는 플레이가 있다.

신궁의 덕목

혹시 '로빈훗 애로우(Robin Hood's arrow)'라는 말을 들어본 적이 있는가. 과녁에 꽂혀있는 화살의 얇은 단면에 화살을 맞추는 경우를 일컫는다. 과녁 정중앙에 설치된 카메라에 화살을 명중시키는 '불스아이(bull's eye)'보다도 훨씬 달성하기 어려운 기록으로, 영화 〈로빈훗〉에서 해당 장면이 나와 '로빈훗 애로우'라고 불리게 되었다. 과녁에 꽂힌 앞의 화살을 반으로 쪼갠다고 해서 '스플릿 애로우(split arrow)'라고도 불린다.

로빈훗 애로우는 말 그대로 영화에서나 가능한 일이 아닐까 싶지만, 양궁경기에서 아주 가끔 기적처럼 일어나 궁사의 입꼬리를 치켜세운다. 지름 122센티미터의 과녁 전체에서 단면의 지름이 0.93센티미터인 화살이 동시에 같은 곳에 명중할 확률은 0.0058%에 불과하다. '신의 경지'로 불

로빈훗 애로우는 과녁에 꽂힌 앞의 화살을 반으로 쪼갠다고 해서 '스플릿 애로우'라고도 불린다.

리는 로빈훗 애로우는 선수들의 연습 장면에서는 간혹 볼 수 있지만, 몇 발 쏘지 않는 실전경기에서는 거의 보기 힘들다.

1986년 당시 양궁의 샛별이던 김수녕 선수는 선수권대회에서 로빈훗 애로우를 쏴 큰 화제를 모았다. 물론 화살에 박힌 화살은 앞선 화살과 같은 점수를 받는 데 그쳤지만, 김수녕 선수는 훗날 올림픽에서 금메달 4개, 은메달 1개, 동메달 1개를 따내 사격의 진종오 선수와 함께 국내 최다 올림픽 메달리스트가 됐다.

"시위를 떠난 화살에 더 이상 미련을 두지 않는다."

로빈훗 애로우의 주인공 김수녕 선수가 남긴 말이다. 그는 선수시절 아무리 절박한 순간에서도 평정심을 유지하기 위해 각고의 노력을 기울였다고 한다. 그러고 보면 평정심은 아무에게나 주어지는 게 아니다. 양궁 선수들이 화려한 기술과 단단한 근육을 연마하는 것만큼 강조하는 게 마인드 컨트롤, 즉 평정심이다. 화살을 쏠 때마다 욕망의 덫에 빠져 허덕이지 않는 평정심이야말로 강한 근육과 화려한 기술보다 중요한 신궁의 덕목이 아닐까.

TOKYO
JOOLA

펠프스의 허파

23 OLYMPICS & ANATOMY

물살에 가려진 편견과 차별

수영 Swimming

"No room for racism."

잉글랜드 프리미어리그 축구선수들의 유니폼에 새겨진 문구다. 그런데 정말로 인종차별에 여지는 없는 걸까. 스포츠 해설가들의 발언을 분석한 외신에 따르면, 피부색이 밝은 선수에 대해선 주로 지능과 노력, 직업정신 등을 언급하는 반면, 피부색이 어두운 선수를 향해서는 유독 힘과 속도를 더 높게 평가한다. 인종차별적 사고가 여전히 만연함을 방증하는 대목이다.

수영종목에도 인종차별적 편견이 존재한다. 흔히 흑인선수들은 인체과학적인 이유라면서 높은 골밀도와 근육질 때문에 수영에 적합하지 않다는 주장이 있지만, 사실이 아니다. 미국의 한 언론에서는, 흑인은 타고난 근육질 탓에 물에 뜨는 부력(浮力)이 상대적으로 부족하다는 기사를 출고해 주목을 끌기도 했지만, 이 역시 과학적으로 근거가 없다. 수영종목에서 흑인선수들이 두각을 나타내지 못한 이유는 미국사회의 뿌리 깊은 인종차별 문제에서 비롯했다고 보는 게 설득력 있다.

수영은 미국에서 대중적인 레저스포츠였지만, '대중적인'이란 말에 흑인은 포함되지 않았다. 1965년까지 시행되어온 짐크로법(Jim Crow Law)*은 미국이 대놓고 인종차별을 인정한 하나의 증거였다. 이 법에 따르면 수영장 같은 공공장소에서 흑인 출입을 금지해도 문제될 게 없었다. 한때 백인들의 흑인 혐오는 도를 넘었다. 심지어 흑인이 풀(pool) 안에 들어가면 수영장의 물을 모두 버리고 다시 채우는 경우도 있었다. 흑인이 수영장에 들어갔다는 이유로 물에 염산을 뿌렸던 한 백인의 극악무도한 범죄행위는 미국사회의 민낯을 그대로 투영했다.

'짐크로법'이 철폐된 뒤로도 사정은 나아지지 않았다. 수영코치들 가운데 흑인 아이들 레슨을 기피하는 경우가 적지 않았다. 과거 미국의 한 여론조사에 따르면 흑인 청소년 중에 수영을 할 줄 모르는 비율이 70%에 육박했다.

수영에서의 심각한 흑백분리 현상은 올림픽 같은 국제대회에도 적지 않은 영향을 미쳤다. 수영은 첫 근대 올림픽인 1896년 아테네대회부터

---

* 1876년부터 1965년까지 미국 남부에서 시행된 법으로, 공공장소에서 흑인과 백인의 분리와 차별을 명시했다. 법의 명칭인 '짐 크로'는 1830년대 미국 코미디 뮤지컬에서 백인배우가 연기해 유명해진 바보 흑인 캐릭터 이름에서 따온 것으로, 흑인을 경멸하는 의미로 사용돼 왔다.

흑인이 올림픽 금메달을 딴 것은 비교적 최근인 2016년 리우데자네이루 올림픽에서였다. 미국 여자 수영대표팀의 시몬 매뉴얼은 자유형에서 금메달 2개와 은메달 2개를 목에 걸었는데, 당시 언론은 시몬에게 'black swimmer'라는 수식어를 붙였다.

줄곧 정식종목이었지만, 수영경기장에서 흑인선수를 보는 것은 매우 드문 일이었다. 흑인이 올림픽 금메달을 딴 것은 비교적 최근인 2016년 리우데자네이루 올림픽에서였다. 미국 여자 수영대표팀의 시몬 매뉴얼Simone Manuel은 자유형에서 금메달 2개와 은메달 2개를 목에 걸었는데, 당시 언론은 시몬에게 'black swimmer'라는 수식어를 붙였다. 하지만 어떤 백인 수영선수에게도 'white swimmer'란 표현을 쓰지 않는다. 짐크로법은 오래 전에 폐지됐지만, 흑인을 달리 보는 시선은 여전하다.

 물에서 기어다니는 압도적인 속도감

수영은 기원전부터 존재해온 인류의 기본적인 생활양식 가운데 하나였다. 인류 역사상 최초의 수영대회는 서구문명이 아닌 일본에서 기원전 36년에 행해졌다는 기록이 전해진다. 역사적으로 인간이 수영을 기피했던 건 중세 유럽사회에서였다. 당시 유럽에서는 흑사병이 자주 창궐했는데, 질병이 강이나 호수의 물을 매개로 전염된다고 생각했다. 인종에 따라 수영장 출입을 금지했다는 사실은 20세기 미국에서나 존재했을 뿐이다.

근대로 넘어오면서 헤엄치는 기술(泳法, 영법)이 체계적으로 발전한 건 올림픽의 영향이 컸다. 올림픽에서 수영은 육상과 더불어 가장 많은 메달이 걸린 종목이다. 여기서 수영종목은 좁은 의미로 경영(競泳)을 가리키는데, 영어로는 'swimming race' 혹은 'swimming competition'으로 표기한다. 넓은 의미에서의 수영은 경영을 포함해 다이빙, 싱크로나이즈드 스위밍, 수구 등을 총칭한다.

올림픽에서 경영(이하 '수영')은 50미터 길이의 실내수영장에서 영법에 따라 평영, 접영, 배영, 프론트 크롤(자유형)로 나눠 치러지며, 여기에 혼영(混泳)과 계영(繼泳), 혼계영이 추가된다. 혼영은 접영 - 배영 - 평영 - 자유형 순으로 영법을 번갈아 치러지는 종목이고, 계영은 4명이 한 조가 되어 자유형으로 진행된다. 혼계영(단체혼영)은 4명의 선수가 한명씩 배영 - 평영 - 접영 - 자유형 순으로 완주하는 것이다.

올림픽 수영에서 가장 많은 메달이 걸린 세부종목은 자유형이다. 배영, 평영, 접영은 모두 '헤엄칠 영(泳)'으로 표기하지만, 자유형만은 '영'이 아니라 '모형 형(型)'을 쓴다. 1696년경 프랑스 작가인 테베노M. Thevenot가 쓴 〈수영의 기술(Art de Nager)〉이란 책에는 당시 평영이 가장 빠른 영법으로 소개되어 있었다. 하지만 19세기 후반에 평영보다 속도가 훨씬 빠른 자유형이 개발되면서 가장 보편적인 영법으로 자리매김한 것이다.

|올림픽 수영 세부종목 |

(2024년 파리 올림픽, 남녀 기준)

자유형	50m, 100m, 200m, 400m, 800m, 1500m
배영	100m, 200m
평영	100m, 200m
접영	100m, 200m
개인혼영	200m, 400m
계영	400m, 800m
혼계영	400m

'freestyle swimming'으로 사전에 명기된 자유형의 별칭은 '크롤 영법(crawl stroke)'이다. 여기서 'crawl'은 '기어간다'는 뜻이다. 물 위에서 팔을 어깨 위로 들어 올려 휘저으면서 번갈아 발차기를 하는 영법이 마치 갓난아기가 기어다니는 모습과 같다고 해서 붙여진 이름이다. 처음 크롤 영법이 나왔을 때 사람들은 그 모습이 우스꽝스럽다며 거부감을 드러내기도 했지만 압도적인 속도감만큼은 의심의 여지가 없었다.

 펠프스의 폐활량은 타고난 것이다

수영경기의 모든 영법은 누가 얼마나 빨리 목표지점에 도달하는가에 초점이 맞춰져 있다. 하지만 수영에 처음 입문하는 초심자들은 알 것이다. 물에 들어갔을 때 앞으로 나아가는 동작부터 배우지 않는다는 사실을. 그보다 먼저 몸이 물에 가라앉지 말고 떠 있어야 한다.

물에서 앞으로 나아가는 힘이 추진력이라면, 물 위에 뜨는 힘은 부력이다. 수영장에 들어간 우리 몸에는 물 위로 뜨는 부력과 물 아래로 가라앉는 중력이 동시에 작용한다. 따라서 우리 몸은 부력과 중력 중에서 더 크게 작용하는 쪽으로 움직이게 된다. 중력이 부력보다 크면 우리 몸은 가라앉고, 중력보다 부력이 크면 수면으로 떠오르는 것이다. 따라서 우리 몸이 부력을 이용해 수면 위로 떠 있으려면 무게는 가볍고 부피는 커야 한다. 부피가 커질수록 비중이 줄어들고 물에 닿는 면적이 넓어져 부력을 받는 면적도 넓어지므로 더 쉽게 물에 뜰 수 있는 것이다. 이를테면 무게가 가벼운 구명조끼에 공기를 가득 넣어 부피가 커지면 물에 쉽게 뜨는 원리와 같다.

우리 몸에서 부력과 밀접한 부위는 허파, 즉 폐(lung)다. 근육이 없는 폐의 안쪽은 진공상태인 까닭에 숨을 내쉬면 줄어들고 다시 숨을 들이마시면 커진다. 오른쪽 폐가 왼쪽에 비해 조금 더 큰 이유는 심장이 왼쪽으로 약간 치우쳐 있기 때문이다.

폐 속 기관지의 끝에는 포도송이처럼 생긴 폐포가 형성돼 있다. 폐포는 거미줄 같은 모세혈관으로 덮여 있으며, 가스교환 작용을 돕는다. 가스교환이란 폐가 호흡을 통해 공기 중의 산소를 얻어 혈액에 공급해 전신으로 보내고, 혈액속의 노폐물인 이산화탄소는 다시 폐로 이동하여 호흡을 통해 몸 밖으로 보내는 작용을 말한다.

수영에서 폐가 중요한 이유는, 폐활량이 크면 밀도가 낮아져 그만큼 부력이 증가하는 효과를 가져오기 때문이다. 폐활량이란 허파 속에 최대한도로 빨아들인 뒤 다시 배출하는 공기의 양을 말한다. 수영은 물속에서 호흡이 제한된 상태에서 유산소운동을 하기 때문에 짧은 호흡시간에 보다 많은 양의 공기를 마시는 과정을 반복한다. 폐활량이 발달할수록 물속에서의 호흡이 유리한 이유다. 미국의 수영황제 마이클 펠프스Michael Phelps의 폐활량은 무려 8,500씨씨인 데, 이는 건강한 남성 평균 폐활량(3,500씨

| 폐와 폐포 구조 |

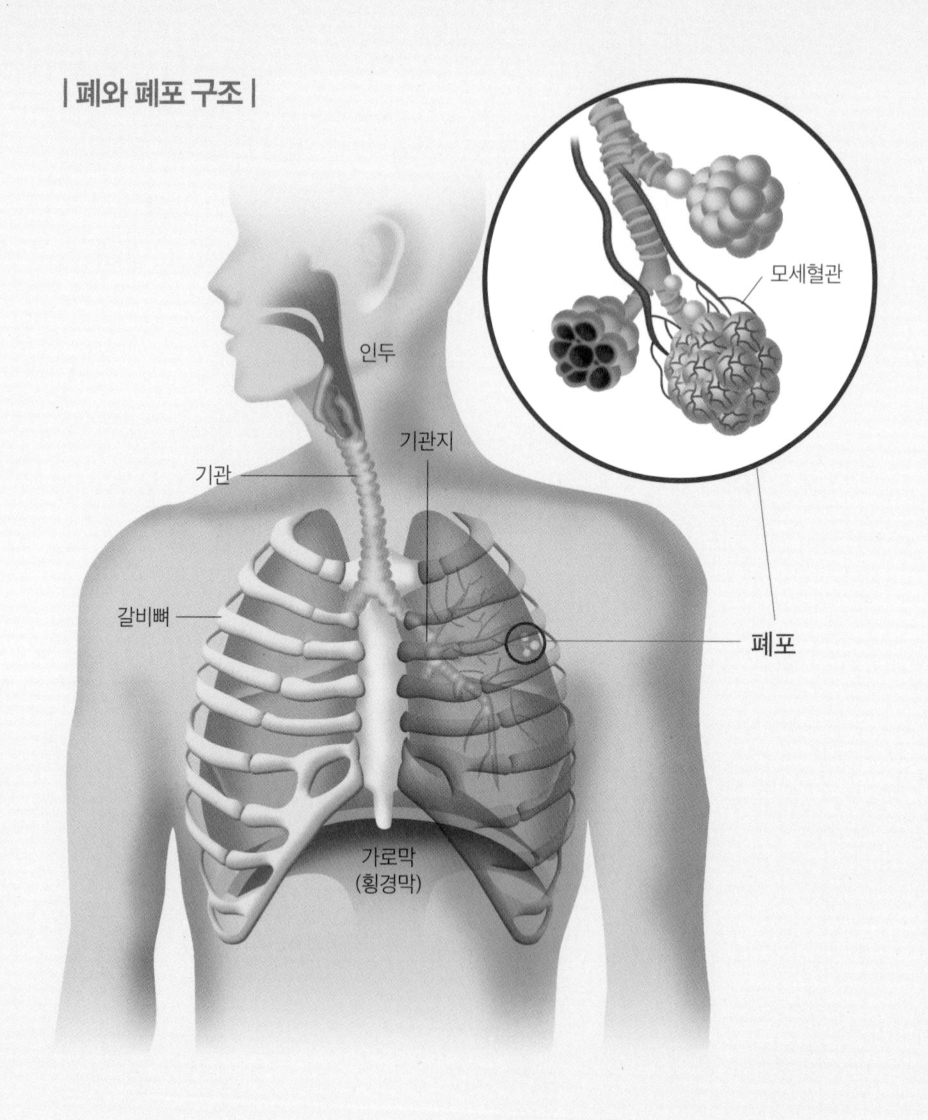

수영에서 폐가 중요한 이유는, 폐활량이 크면 밀도가 낮아져 그만큼 부력이 증가하는 효과를 가져오기 때문이다. 폐활량이란 허파 속에 최대한도로 빨아들인 뒤 다시 배출하는 공기의 양을 말한다. 폐활량은 선천적으로 타고나는 것이지 수영을 많이 한다고 해서 커지는 것은 아니다. 다만 꾸준한 수영이 폐포 기능을 향상시키는 효과는 있다.

씨)의 2배를 크게 웃도는 수치다.

그런데 수영을 많이 할수록 폐활량이 늘어나는 것으로 알고 있지만, 그렇지 않다. 폐활량은 선천적으로 타고 나는 것이어서 수영을 아무리 많이 해도 폐활량은 증가하지 않는다. 펠프스의 엄청난 폐활량은 훈련으로 만들어진 게 아니라는 얘기다. 다만 꾸준한 수영이 폐포의 기능을 향상시키는 효과는 있다.

미국의 인터넷 미디어 〈비즈니스 인사이더〉는 마이클 펠프스가 2008년 베이징 올림픽 수영 8관왕의 위업을 달성할 수 있었던 4가지 신체조건으로, 넓은 양팔간격, 긴 상체, 짧은 종아리와 함께 폐활량을 조명했다.

형상저항을 줄이는 유선형 라인

부력으로 몸이 물에 떴다면 이제 물살을 헤치고 앞으로 나아가야 한다. 자유형, 배영, 평형, 접영 등 각 영법마다 동작은 제각각이지만, 팔과 다리를 사용해 물을 끌어당기고 뒤로 밀어 추진력을 얻는 원리는 대동소이하다. 수영에서의 추진력은 뉴턴의 운동 3법칙인 작용-반작용의 원리로 설명할 수 있다. 물처럼 질량이 있는 물체는 밀어낸 만큼 되미는 힘이 생기는데, 이때 두 힘은 방향은 다르지만 크기는 같다.

다만 수영의 추진력을 작용-반작용의 원리로 이해하는 데 있어서 주의를 기울여야 할 게 있다. 수영은 단순히 팔다리로 물살을 뒤로 밀어내는 반대작용으로 앞으로 나아가는 게 아니다. 손으로 물살을 헤치고 발로 물을 차는 동작을 반복함으로써 몸 주변에 물의 흐름을 만들어 추진력을 얻는 것이다. 수영에서 추진력은 3분의2가 손으로 물살을 헤치는 스트로크(stroke) 동작에서 나온다. 여기서 핵심은 스트로크를 빨리 하는 게 아니라, 물의 흐름에 맞춰 정확한 스윙으로 보다 많은 양의 물을 뒤로 보내는 데 있다. 뒤로 보내는 물의 양만큼 몸은 더 멀리 앞으로 나아가게 된다.

수영에서 앞으로 나가는 추진력은 3분의2가 손으로 물살을 헤치는 스트로크 동작에서 나온다. 여기서 핵심은 스트로크를 빨리 하는 게 아니라, 물의 흐름에 맞춰 정확한 스윙으로 보다 많은 양의 물을 뒤로 보내는 데 있다.

| 형상저항을 줄이는 체형 |

수영선수들은 대게 목에서 어깨로 내려오는 부위에 두툼한 근육을 가지고 있는데, 이 근육이 상체구조를 좀 더 유선형에 가깝게 만들어 줌으로써 어깨에서 내려오는 형상저항을 줄여준다.

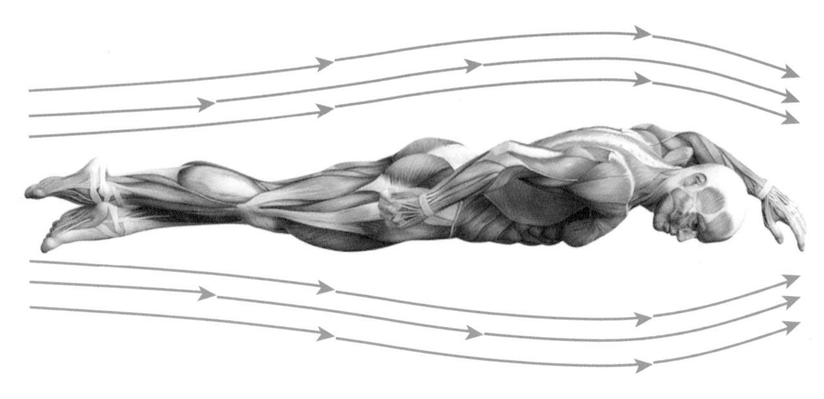

부력과 추진력까지 이해했다면 마지막으로 한 가지 더 짚고 넘어가야 할 게 있다. 바로 '물의 저항'이다. 수영은 공기에서보다 밀도가 약 800배나 높은 물에서 이동하는 스포츠다. 그만큼 동작에 강한 저항을 받는다는 얘기다.

수영을 할 때 발생하는 물의 저항은 90%의 '형상저항'과 10%의 '마찰저항'으로 구분된다. 형상저항은 한마디로 '물의 흐름을 거스르는 신체의 모양(형상)'을 가리킨다. 일반적으로 수영을 할 때 물에서 소용돌이가 치는 와류(渦流)가 많이 발생했다면 그만큼 형상저항이 컸음을 의미한다. 다시 말해 선수의 신체활동 중에서 물이 흐르는 방향과 평행이 아닌 동작이 많았다는 얘기다.

수영선수들이 물에서 신체의 모양을 최대한 유선형(流線型, streamline)으로 만들려는 이유는 바로 형상저항을 줄이기 위해서다. 유선형이란 물이나 공기의 저항을 줄이기 위해 앞부분을 곡선으로 만들고, 뒤쪽으로 갈수록 뾰족하게 유지하는 형태를 말한다. 배를 건조할 때 물고기의 유선형을 본떠 설계하는 것도 선체가 물의 저항을 덜 받게 하려는 데 있다. 수영선수들의 몸을 살펴보면 목에서 어깨로 내려오는 부위에 두툼한 근육을 가지고 있는데, 이 근육이 상체구조를 좀 더 유선형에 가깝게 만들어 줌으로써 어깨에서 오는 형상저항을 줄여주는 것이다.

수영복의 기술이냐, 선수의 기량이냐

앞서 말했듯이 물의 저항은 형상저항의 비중이 높지만, 0.01초로 메달 색이 바뀌는 수영경기에서는 마찰저항도 결코 무시할 수 없다. 실제로 마찰저항으로 승패가 가려지는 경우가 적지 않다. 마찰저항은 표면이 매끄러울수록 줄어든다. 수영선수들이 머리를 미는 등 몸에 난 털까지 제거하는 이유는 바로 마찰저항을 조금이라도 줄이기 위해서다.

피부가 물에 반응하는 마찰저항을 최대한 줄이려는 목적으로 개발된 게 '전신수영복'이다. 전신수영복을 입으면 피부가 직접 물에 닿지 않음으로써 마찰저항을 줄이는 효과가 있다. 전신수영복의 탁월한 효과는 엄청난 기록 향상을 이끌었지만 동시에 '기술도핑(technology doping)*'이라는 논쟁에 불을 지폈다. 그 중심에 독일 수영대표팀의 파울 비더만Paul

* 스포츠에서 장비나 도구가 선수의 기록 향상에 영향을 주는 것을 말한다. 스포츠는 신체의 기량이나 기술을 겨루는 것이기 때문에, 장비에 인간의 한계를 뛰어넘는 기술을 도입하면 기술도핑으로 간주된다.

Biedermann이 있었다.

비더만은 2009년 로마 세계수영선수권대회 400미터 결승에서 '인간 어뢰' 호주의 이언 소프Ian Thorpe가 7년 동안 보유했던 세계신기록(3분40초08)을 0.01초 앞당기며 우승했다. 더욱 놀라운 건 미국의 수영황제 펠프스마저 제압한 것이다. 비더만은 자유형 200미터 결승에서 펠프스의 세계신기록(1분42초96)을 무려 0.96초나 단축하며 금메달을 목에 걸었다.

2009년 로마 세계수영선수권대회에서 아레나의 '엑스 글라이드(X- Glide)' 전신수영복을 입고 출전한 비더만.

하지만 비더만의 경이로운 기록보다 스포트라이트를 받았던 건 그가 입은 스판덱스(spandex)를 함유한 전신수영복이었다. 스판덱스는 폴리우레탄 재질의 탄성사(彈性絲)로 만든 합성섬유를 가리킨다. 가벼우면서도 강도는 고무실의 3배 이상이고, 원길이에서 평균 6.5배나 늘어날 정도로 고탄성이다.

이러한 스판덱스 소재의 수영복이 비더만의 전신에 달라붙어 피부표면적을 축소시켰던 것이다. 피부표면적이 줄어들면 피부에 닿는 물의 마찰저항도 감소한다. 인간의 피부는 스판덱스만큼 신축성이 뛰어나다. 코르셋이나 기능성 속옷을 착용해 몸에 압축을 가하면 여성의 체형이 슬림해지는 것과 같은 원리다. 즉 스판덱스를 함유한 전신수영복은 높은 탄성으로 신체를 압박해 피부표면적을 줄임으로써 물의 마찰저항을 현저히 떨어트리는 효과가 있는 것이다.

전신수영복이 기록 단축에 효과가 크다는 것이 입증되자 거의 모든 수영선수들이 전신수영복을 입고 국제대회에 출전했고, 한 해에만 수십 개의 세계신기록이 쏟아져 나왔다. 이에 세계수영연맹(이하 'FINA')은 수영복 제조사의 '기술'이 선수들의 '기량'을 왜곡할 수 있다고 판단한 끝에 2010년부터 기록 단축에 현저한 영향을 미치는 첨단 소재의 수영복 착용을 규제했다.

FINA가 도입한 새 규정을 살펴보면, 수영복 소재를 폴리우레탄이 아닌 통기성 직물로 한정했다. 아울러 남자 수영복은 배꼽 부위를 넘거나 무릎 아래로 내려가선 안 되고, 여자 수영복도 목을 덮거나 어깨선을 넘어가거나 무릎 아래로 내려가선 안 된다. 또 수영복을 몸에 꽉 끼게 하는 지퍼의 사용도 금지했다.

전신수영복이 기술도핑 논란을 일으키는 건 '공정성' 때문이다. 스포츠에서의 공정성은 '페어플레이(fair play)'의 다른 말이다. 최첨단 소재로 만든 전신수영복을 입었는지의 유무에 따라 승패가 갈리는 건 분명히 문제가 있다. 다만 허용되는 첨단 장비에 대한 판단기준은 보다 섬세하고 명확해야 한다. 기술도핑이 두루뭉술한 선언적 프레임으로 작동하는 순간 스포츠과학의 발전을 저해할 뿐 아니라 오히려 공정성을 훼손하는 역효과를 가져올 수도 있기 때문이다.

레인의 배정에도 물의 저항 원리가……

수영경기에서의 레인 배정에도 물의 저항 원리가 숨어있다.
선수들의 영법 동작에 따라 물의 흐름에 불규칙한 파동이 발생하는데,
이러한 파동은 선수들이 물살을 헤치고 나가며 만드는 추진력을
떨어트리는 효과가 있다. 이때 중앙 레인에서 수영하는 선수는
양옆에 있는 선수에게 물의 저항을 줄 수 있다. 심지어 5번 레인에서
수영할 때 일어나는 물의 파동이 가장자리 레인인 1번과 8번으로까지
퍼져나간다. 반면 1번과 8번 선수는 한쪽으로는 물의 저항을 주지만
수영장 벽을 맞고 다시 자기 쪽으로 오기 때문에 물의 저항을
중앙에 있는 선수보다 훨씬 많이 받게 된다. 가운데 레인을
배정받을수록 물의 파동에 따른 저항을 덜 받게 되는 것이다.
따라서 결선에 오른 선수들은 예선 성적에 따라
4-3-5-6-2-7-1-8 순으로 레인 배정을 받게 된다.

24

OLYMPICS & ANATOMY

추락하는 것에도 날개가 있다

다이빙 Diving

"다이빙선수들이 참 싫어 할 그림이네."

데이비드 호크니David Hockney의 〈더 큰 첨벙〉이란 그림을 보다가 웃으며 속으로 했던 말이다. 호크니는 〈더 큰 첨벙〉을 통해 강렬한 햇볕이 내리쬐는 무더운 여름날에 누군가 다이빙대에서 시원하게 물속으로 뛰어든 모습을 표현했다. 그림 속 집과 수영장은 수평으로 배치돼 있고, 야자수만이 수직으로 솟아 올라가 있는 정적인 공간이다. 하지만 정적(靜寂)을 깨듯 수면 위로 튀어 오르는 물보라는 누군가 금방 물속으로 다이빙했음을 암시한다. 호크니는 이 짧은 순간을 표현하기 위해 다이빙대 앞에서 무려 2주간이나 물의 모습을 지켜봤다고 한다.

화가는 그림에서 다이빙을 한 인물을 밝히지 않았지만, 그가 다이빙선수가 아니라는 건 분명해 보인다. 다이빙선수라면 저렇게 요란한 물보라를 일으키진 않았을테니 말이다. 다이빙경기에서 입수 자세는 중요한 채점요소다. 입수할 때 물이 덜 튀어야 좋은 점수를 받는다는 얘기다. 그런데 작품의 제목은 '풍덩'도 아닌 '첨벙'이다. 심지어 '더 큰 첨벙'이다. 다이빙경기에서는 '풍덩'이나 '첨벙'이 아닌 '퐁'의 느낌으로 경쾌하게 입수해야 한다. 입수가 '퐁'이 되려면 물에 들어가는 순간 다이버의 몸이 물과 수직을 이뤄야 한다.

데이비드 호크니, 〈더 큰 첨벙(a bigger splash)〉(1967년), 런던 테이트 브리튼 미술관

'풍덩'이나 '첨벙'이 아닌 '퐁'

한여름 더위를 피해 호수나 강으로 뛰어든 아이들은 그들의 점프가 올림픽 종목이 되리라고는 생각하지 못했을 것이다. 처음에 다이빙은 수영을 하기 위해 물속으로 뛰어드는 행위 정도였다. 하지만 다이빙을 경험해본 사람들은 안다. 수영에서는 느낄 수 없는 짜릿한 전율 같은 게 다이빙에 있다는 사실을. 풍덩하고 물속에 들어간 아이들은 수영은 집어치우고 물 밖으로 나와 뛰어내렸던 곳으로 또 올라간다. 그리고 다시 풍덩, 또 다시 풍덩…… 그렇게 풍덩이 거듭될수록 공중에서의 동작도 다양해진다. 공중제비를 도는가 하면, 온몸을 비틀어 떨어지기도 한다.

우연히 이 모습을 지켜본 기계체조 코치들은 무릎을 쳤다. "공중에서 펼칠 갖가지 동작연습에 강기슭만큼 좋은 곳이 없구나." 그렇게 이곳이 체조선수들의 연습장이 되면서 다이빙에서의 회전은 갈수록 진화했다. 이윽고 체조선수들의 공중묘기는 하나의 종목으로 굳어졌다. 다이빙경기가 탄생한 것이다.

1886년 제1회 세계다이빙선수권대회가 독일에서 열린 것을 계기로 스포츠로서의 다이빙은 전 세계로 뻗어나갔다. 1904년 세인트루이스 올림픽에서 정식종목으로 채택되더니, 1908년 런던 올림픽부터는 스프링보드와 플랫폼으로 나눠 경기가 치러졌다.

다이빙은 보드에서 물속으로 뛰어내리거나 떨어지면서 예술적인 아름다움이 돋보이는 아크로바틱(acrobatic)한 동작을 겨루는 종목으로, 보드에 따라 스프링보드와 플랫폼으로 나뉜다.

스프링보드(springboard)는 길이 4.8미터, 너비 0.5미터의 스프링보드 위에서 반동을 이용해 물속에 뛰어드는 경기로, 스프링보드의 높이에 따라 1미터와 3미터로 나뉘는데, 올림픽에서는 3미터 경기만 치러진다. 스프링보드 자세에는 앞으로 뛰기(forward), 뒤로 서서 앞으로 뛰기(inward), 뒤로 뛰기(backward), 앞으로 서서 뒤로 뛰기(reverse) 그리고 비틀기(twisting) 등 5가지가 있다.

하이다이빙이라고도 불리는 플랫폼(platform)은 너비 2미터, 길이 6미터의 플랫폼에서 스프링보드의 5가지 자세에 물구나무서서 뛰기(armstand)가 추가되어 경연을 펼친다. 플랫폼의 높이는 1 · 3 · 5 · 7.5 · 10미터가 있으며, 올림픽에서는 10미터 경기만 치러진다.

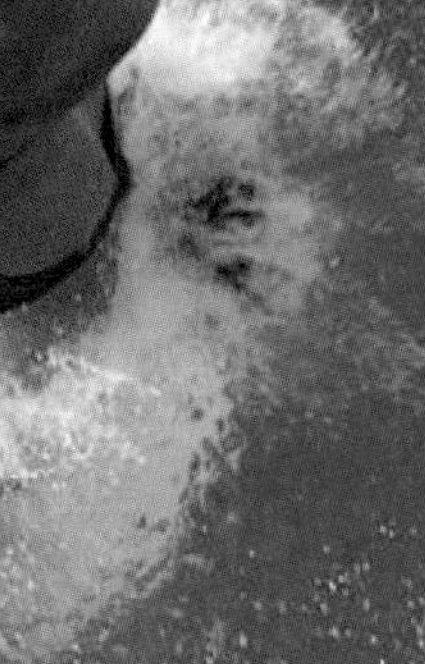

다이빙경기에서는 '풍덩'이나 '첨벙'이 아닌 '퐁'의 느낌으로 경쾌하게 입수해야 한다. 입수가 '퐁'이 되려면 물에 들어가는 순간 다이버의 몸이 물과 수직을 이뤄야 한다.

싱크로나이즈드 다이빙.

올림픽에서 스프링보드와 플랫폼은 개인전과 싱크로나이즈드(단체전) 경기로 열리며, 각각 4개씩 모두 8개의 금메달이 걸려 있다. 여기서 '싱크로나이즈드(synchronized)'는 말 그대로 2명의 선수가 '동시에' 다이빙을 하는 것으로 2000년 시드니 올림픽에서 정식종목으로 채택되었다. 싱크로나이즈드에서 두 선수의 다이빙 동작은 서로 완벽하게 일치하거나 혹은 의도적으로 반대방향으로 연기함으로써 조화미를 갖춰야 한다.

다이빙 연기의 채점 기준은 심판의 주관에 따라 달라질 수 있기 때문에, 개인 다이빙의 경우 세계수영연맹이 지정한 7명의 심사위원단이 참여한다. 가장 높은 점수 2개와 가장 낮은 점수 2개를 제외한 3개의 점수를 합산한 다음, 선수가 연기한 다이빙의 난이도 등급을 곱해서 최종 점수를 도출한다. 싱크로나이즈드는 11명의 심사위원이 배정되는데, 이 중 6명은 다이버 각각의 기술과 예술미를, 5명은 팀으로서의 조화미 즉 싱크로나이즈드를 주목해서 평가한다.

심사위원은 도약동작과 공중동작, 입수동작을 기준으로 도약시 정점의 높이, 도약거리, 자세의 정확성, 입수각도 등을 꼼꼼히 살핀다. 다이빙을 보는 일반인의 눈에는 다이버들의 동작에서 확연한 차이점을 발견하기가 쉽지 않다. 하지만 입수할 때의 각도와 물보라의 크기 등은 일반인들도 어느 정도 식별이 가능하다.

다이빙선수들이 올림픽에서 경기하는 모습을 보면, 선수들은 꽤 높은 곳에서 고난도의 회전을 하면서 입수를 하는데도 불구하고 대체로 물을 많이 튀기지 않고 입수한다. 이때 물과의 마찰을 최소화하려면 손바닥을 마주하고 손가락을 뾰족하게 펴는 게 유리하다고 생각하겠지만, 선수들은 손바닥을 넓게 편 상태로 수면을 치면서 들어간다. 이 동작을 가리켜 '플랫핸드(flat hand)'라고 하는데, 입수할 때 머리와 어깨가 들어갈 만한 공간을 손으로 만들어 주는 게 핵심이다.

플랫핸드를 이용해 물에 들어가면 마치 종이를 찢는(rip) 듯한 소리가 나기 때문에 이러한 입수를 가리켜 립엔트리(rip-entry)라고 부르기도 한다. 립엔트리의 완성도를 높이려면 다음 3가지가 필수다.

① 양손의 엄지를 걸고 손가락을 겹쳐 쭉 펴는 플랫핸드 자세 취하기

② 양팔은 귀 옆에 딱 붙여서 곧게 뻗기

③ 몸 전체를 똑바로 정렬하기

특히 ③동작의 완성도를 높이려면, 공중에서 고난도의 회전을 마친 다음

입수하는 순간에 다시 자세를 잡아 손끝에서 발끝까지 곧게 뻗어야 한다.

물보라를 줄이는 입수법의 해부학적 비밀

다이빙에서 플랫핸드 자세를 위해 손목을 펴는 근육으로는 크게 3가지가 있다. 엄지손가락 쪽에 있는 긴노쪽손목폄근과 짧은노쪽손목폄근 및 새끼손가락이 있는 자쪽손목폄근이다.

긴노쪽손목폄근은 부분적으로 위팔노근으로 덮여 있으며, 종종 이 두 근육이 붙기도 한다. 짧은노쪽손목폄근은 긴노쪽손목폄근보다 짧으며 긴노쪽손목폄근에 덮여 먼 쪽을 향한다. 긴노쪽손목폄근은 주로 손목의 폄과 벌림 작용을 돕고, 짧은노쪽손목폄근은 손목뼈관절에서 손을 펴고 벌리는 작용을 돕는다. 아울러 이들 근육은 안쪽의 네 손가락을 굽힐 때 손목을 고정하는 역할을 한다. 자쪽손목폄근은 독립적으로는 손목뼈관절을 펴고 안쪽으로 모으는 역할을 한다.

플랫핸드는 손목을 펴는 근육으로 손목을 편 상태에서 양손의 엄지를 걸고 손가락을 겹쳐서 손바닥에 공기가 들어가지 않도록 해야 한다. 이때 손가락을 벌리고 모으는 근육을 가리켜 뼈사이근이라 한다.

손허리뼈 사이에 위치하는 뼈사이근은 등쪽뼈사이근과 바닥쪽뼈사이근으로 나뉜다. 등쪽뼈사이근은 손가락을 벌리고, 바닥쪽뼈사이근은 손가락을 가운데손가락 방향으로 모은다. 이러한 손가락근육으로 물샐틈없이 손가락을 모아 입수해야 물보라가 덜 생기게 된다.

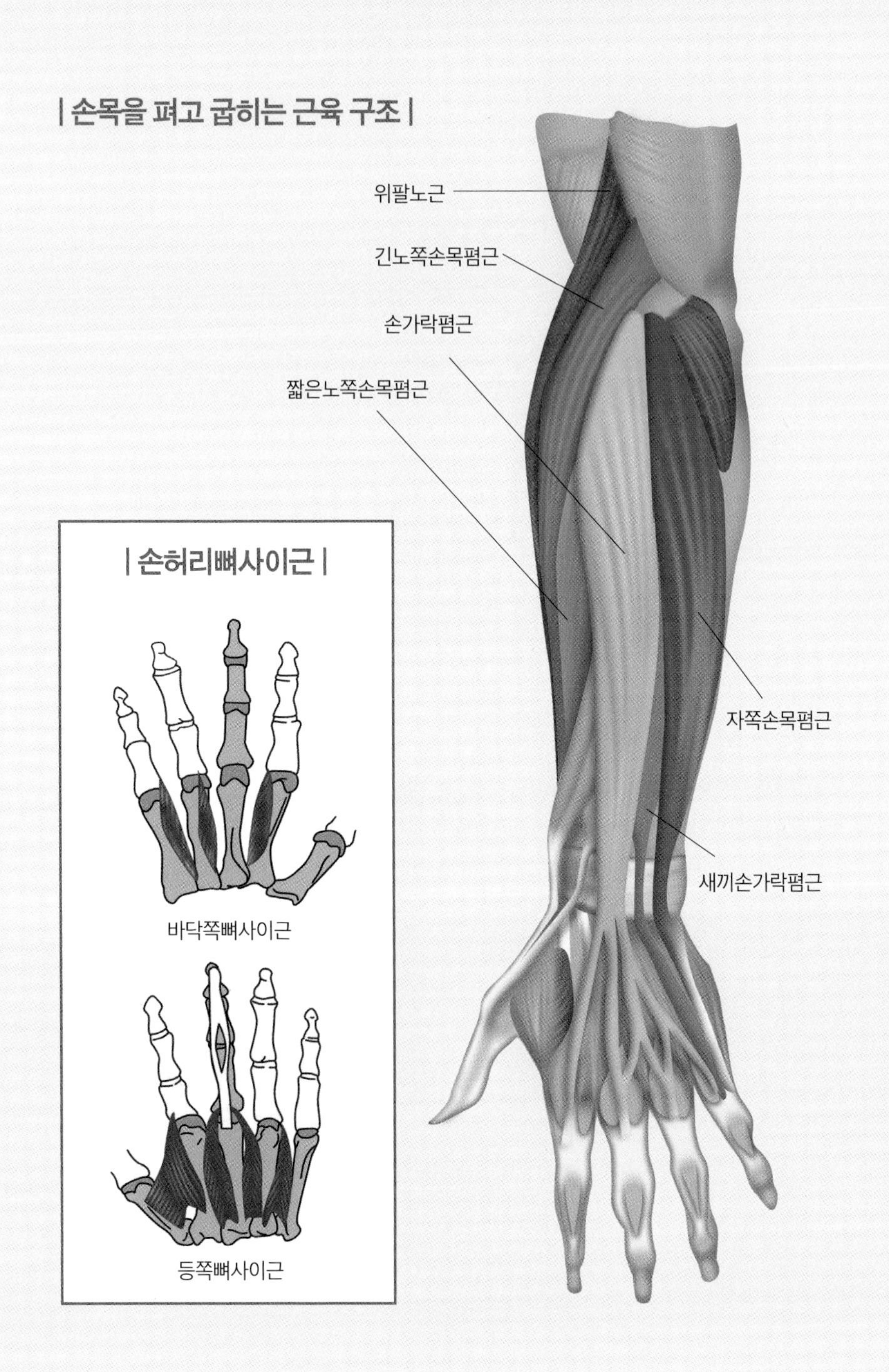
| 손목을 펴고 굽히는 근육 구조 |
위팔노근
긴노쪽손목폄근
손가락폄근
짧은노쪽손목폄근
자쪽손목폄근
새끼손가락폄근
| 손허리뼈사이근 |
바닥쪽뼈사이근
등쪽뼈사이근

왕관의 무게를 받치는 목근육

다이빙에서는 선수가 경기 시작 전에 경연에서 구사할 다이빙 기술 목록을 작성하여 심사위원에게 제출해야 한다. 선수들은 높은 점수를 받기 위해 고난도 기술을 목록에 포함시키곤 한다. 올림픽 다이빙경기에서 가장 어려운 기술은 파이크(pike) 포지션에서의 4바퀴 반 공중돌기(트위스트)다.

하지만 무조건 난이도가 높은 기술을 구사하려는 전략은 자충수가 될 수 있다. 고난도 기술은 성공 확률이 낮아 오히려 감점을 받을 수 있다. 무엇보다 부상 위험이 커질 수밖에 없다. 공중에서의 무리한 트위스트 동작으로 목뼈가 골절(경추골절)되면서 목 주위 신경에 치명적인 손상을 초래할 수 있다.

목(neck)은 머리와 몸통을 연결하고 신경과 동정맥이 지나는 중요한 신체부위다. 왕관의 무게를 견뎌야하는 운명이라고 해야 할까. 4~7킬로그램에 달하는 무거운 머리를 평생 지탱해야만 한다. 주로 앞뒤로 움직이는 허리나 몸통과 달리, 목은 좌우앞뒤로 원활하게 움직이기 때문에 목관절에 관여하는 근육이나 인대가 많은 편이다. 하지만 사고가 나면 허리나 몸통은 단단한 근육과 인대가 안전하게 잡아주는 반

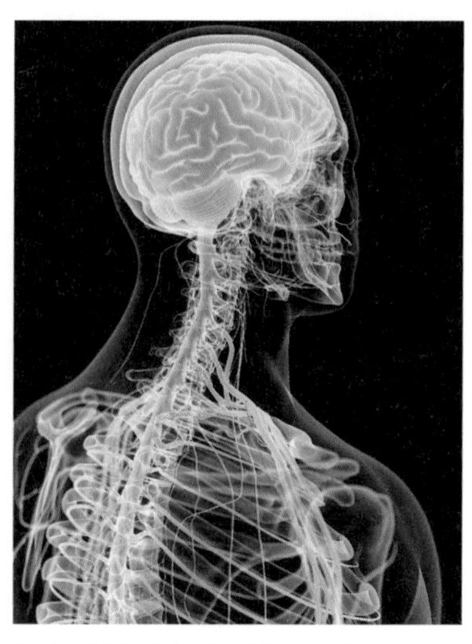

목뼈 주변을 지나는 복잡한 신경 구조.

올림픽 다이빙경기에서 가장 어려운 기술인 파이크 포지션(왼쪽)에서의 4바퀴 반 공중돌기(오른쪽).

면, 목 주위의 근육은 이러한 역할을 제대로 해주지 못한다. 목이 해부학적으로 약한 부분에 해당하는 이유가 여기에 있다.

다이빙에서 경추골절은 그 자체로 위험천만한 상황을 초래할 수 있다. 목뼈(경추) 안으로 나 있는 척추뼈 공간에는 척수와 목신경이 통과하는데, 뇌에서 팔다리로 전달되는 운동신경과 몸 전체에서 뇌로 전달되는 감각신경이 척수로 연결되어 척추뼈 공간을 통과한다. 또 심장 박동과 호흡을 조절하고 소화를 돕는 자율신경이 목뼈 근처로 지나간다. 이러한 목뼈에 골절이나 탈구가 일어날 경우에는 사망하거나 온몸이 마비될 수 있다.

척주*의 앞쪽에 있는 척주앞근육에는 목긴근, 머리긴근, 앞머리곧은근,

---

* 척주와 헷갈리기 쉬운 개념으로 '척추'와 '척수'가 있다.
• 척주(脊柱)는 척추뼈가 서로 연결되어 기둥처럼 이어진 전체를 이르는 말이다.
• 척추(脊椎)는 머리뼈 아래에서 엉덩이 부위까지 33개의 뼈가 이어져 척주를 이루는 각각의 뼈를 가리키는 말이다. 위쪽부터 7개는 목뼈, 12개는 등뼈, 5개는 허리뼈, 5개는 엉치뼈, 4개는 꼬리뼈로 이뤄진다.
• 척수(脊髓)는 척주관 속에 있는 중추신경 계통을 말한다. 길이는 약 45센티미터이고 원기둥 모양이며, 위쪽은 머리뼈안의 숨뇌로 이어지고 아래쪽 끝은 대개 둘째 허리뼈 높이에서 끝난다.

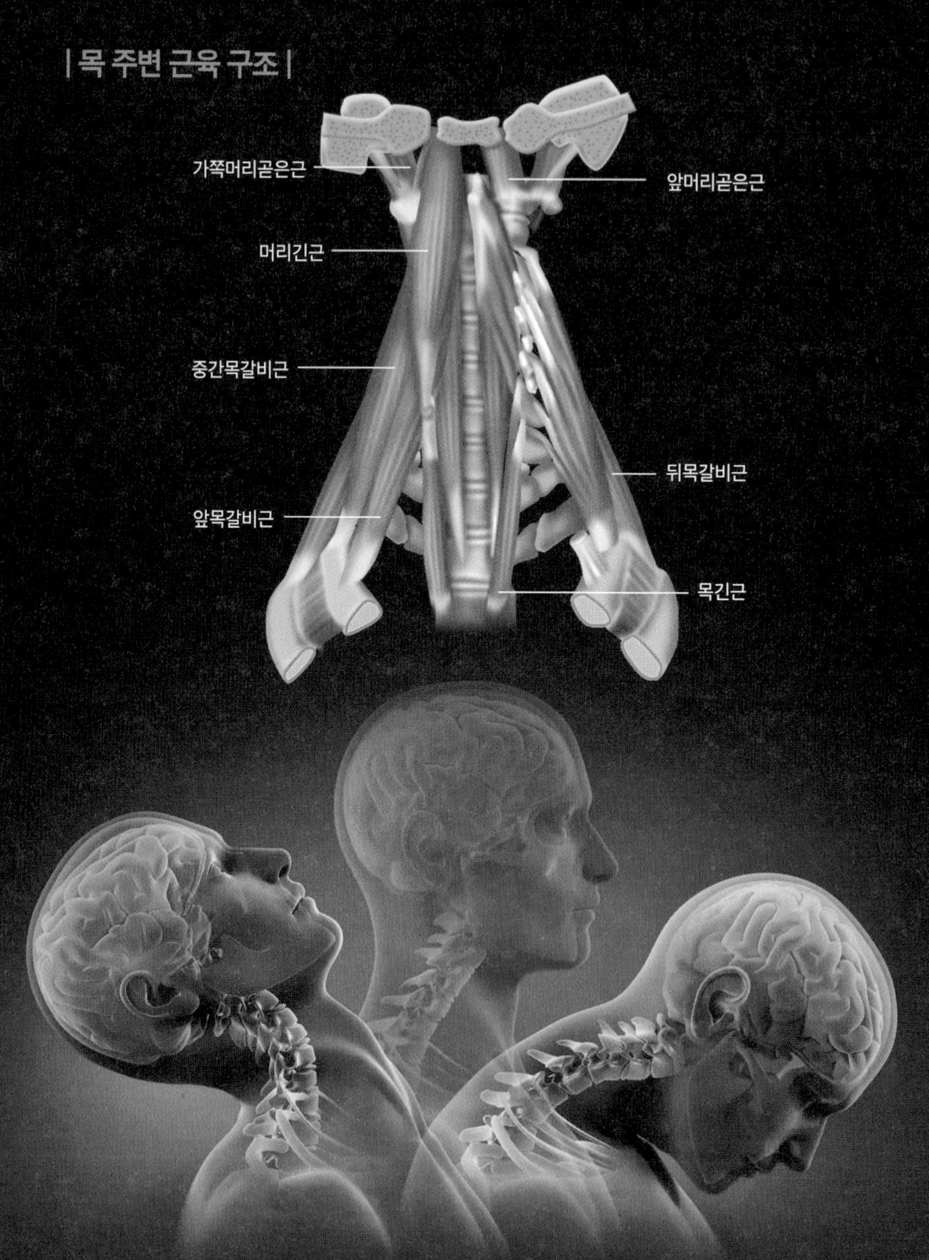

목은 좌우앞뒤로 원활하게 움직이기 때문에 목관절에 관여하는 근육이 많다. 하지만 목 주변 근육은 허리나 몸통에 붙은 근육만큼 단단하게 고정시켜주는 역할에 취약하다. 목이 해부학적으로 약한 부분에 해당하는 이유가 여기에 있다.

가쪽머리곧은근이 있다. 그리고 앞·중간·뒤목갈비근으로 이뤄진 가쪽 척주근육은 목의 뒷면 바깥쪽 부위에 있다. 이들 근육은 목의 원활한 움직임을 돕는다.

낮은 곳으로 임하는 공포감 혹은 안도감

경추골절만큼 다이빙선수들이 두려워하는 게 있다. 고소공포증(acrophobia)이다. 고소공포증은 말 그대로 높은 곳에서 극도의 불안감을 느끼는 증세다. 사람들은 대부분 보호 장비 없이 높은 곳에 올라가면 두려움을 느끼기 마련이다. 정도가 심할 경우 '추락'의 공포를 극도로 느낀 나머지 어지러움이나 호흡곤란 증세를 호소하기도 한다.

올림픽에서 플랫폼 다이빙이 열리는 높이인 10미터는 인간이 가장 심하게 고소공포증을 느끼는 높이로 알려져 있다. 다이빙선수들이 처음 10미터 플랫폼 다이빙대에서 뛰어드는 훈련을 할 때는 발 아래 있는 풀(pool)이 너무나 좁아 보여서, 뛰어들었다가는 풀 밖으로 나갈 것 같은 공포를 느끼곤 한단다. 물론 풀의 면적은 가로×세로가 각각 25미터로 결코 좁지 않은데도 말이다.

지난 2020년 도쿄 올림픽에는 고소공포증에 시달리는 한 다이빙선수의 이야기가 조용히 외신을 탔다. 플랫폼 종목에 출전한 콜롬비아 대표 세바스티안 비야 카스타네다Sebastián Villa Castañeda다. 세바스티안은 어느 날 갑자기 찾아온 고소공포증으로 한때 선수생활을 접으려고 했던 적이 있었다. 다이빙선수는 기본적으로 고소공포증이 없을 것 같지만 현실은 그

다이빙선수들은 처음 10미터 플랫폼 다이빙대에서 뛰어드는 훈련을 할 때 발 아래 있는 풀이 너무나 좁아 보여서 뛰어들었다가 풀 밖으로 나갈 것 같은 공포를 느끼곤 한다.

렇지 않다. 훈련 중 부상을 당하거나 원인 모를 슬럼프에 빠지면 뜻하지 않게 고소공포증으로 이어지기도 한다.

세바스티안에게도 고소공포증이 찾아왔다. 다이빙대에 오르면 눈앞이 캄캄해졌고, 도저히 제 기량을 발휘할 수 없는 지경에 이르렀다. 그는 수없이 은퇴를 고민했다. 다이빙대를 떠나면 홀가분해질 거라 생각했지만, 그럴수록 공허함이 엄습해왔다. 세바스티안이 선택한 것은 정면 돌파였다. 그는 여전히 고소공포증에 시달렸지만 다이빙대를 떠나지 않았다. 특별한 비결은 없었다. 다만 머릿속에서 모든 잡념을 지워버리는 것이 중요했다. 그렇게 무념(無念)의 경지에 이르렀을 때 주저 없이 뛰어내렸다.

세바스티안은 다이빙대를 박차고 공중에 부유하는 동안 형언할 수 없는 자유를, 입수를 하는 순간에는 다시 태어나는 기분을 느낀다고 했다. 어떤 다이버의 말을 빌리자면, 공포감을 떨치고 뛰어내려 입수를 하고나면 물속은 어머니의 품처럼 안도감을 준다고 한다. 그의 말 속에서, 마치 어머니의 자궁 속에서 양수를 유영하는 태아의 모습이 그려진다.

사실 추락은 중력에 순응하는 자연스런 현상이다. 다이버들이 추락을 두려워할 필요가 없는 까닭이다. 바닥에는 어머니의 자궁 같은 평온한 물이 있기 때문이다. 추락하는 것에도 날개가 있다면, 그건 다이버들의 얘기가 아닐까 싶다. 그들에게 추락은 공포의 순간이 아니라 경이로움을 만끽하는 찰나가 아닐까.

올림픽에서 복싱과 같은 격투종목을 제외하고 가장 격렬한 경기는 무엇일까. 의외의 종목이 거론 되는데 바로 '수구(水球)'다. 물에서 하는 핸드볼로 생각되지만, 선수들은 수영을 하면서 상대팀 선수와 치열한 몸싸움을 벌여야 하기 때문에 엄청난 체력 소모를 감수해야 한다.

수구는 물속에서 서로 잡고 차는 행위가 빈번하게 발생해 '수중 격투기'라고 불릴 만큼 과격한 스포츠다. 심지어 수영복이 자주 찢어지기도 해서 여자경기는 아예 라이브로 방송되지 않는다. 경기 중에 수영복이 찢어지면 코치가 수영복을 던져줘서 물속에서 갈아입어야 한다.

수구가 이처럼 험한 스포츠인 이유는 그 기원이 럭비에서 시작되었기 때문이다. 축구를 너무나도 좋아했던 영국인들은 물속에서조차도 축구와 닮은 경기를 하고 싶었다. 그들은 강과 호수에서 럭비를 즐겼는데, 이를 가리켜 '수중 럭비(water rugby)'라고 했다. 1877년 스코틀랜드의 수영 강사 윌리엄 윌슨William Wilson은 아예 물속에 골대를 세우고 일련의 경기 규칙까지 만들었다. 하지만 물속에서 하는 럭비는 체력적으로 너무 힘이 들었다. 결국 수구는 점차 핸드볼과 비슷한 형태로 바뀌었고, 정식 명칭도 '워터폴로(water polo)'가 되었다(물론 이는 명칭만 유사할 뿐이다. 막대기 끝에 망치가 달린 도구로 말 위에서 공을 치는 폴로는 수구와 크게 상관이 없다).

수구는 유럽을 넘어 미국으로까지 확산되었다. 미국에서는 실내 수영장에서 경기를 치를 수 있게 시설이 갖춰지기도 했다. 이를 계기로 1900년 파리 올림픽에서 정식종목으로 채택되었고, 1908년 국제수영연맹(FINA)이 창설되어 지금에 이르기까지 세계선수권대회를 주관해오고 있다. 그리고 2000년 시드니 올림픽에서는 여자수구가 정식종목으로 채택되었다.

부끄럽지 않은 치골미남? 장골미남!

수구경기는 골키퍼 1명을 포함해 7명으로 구성된 팀이 8분 4쿼터로 진행된다. 수영복을 입은 하체는 물속에 있기 때문에 수영모자인 헤드기어가 팀을 구별하는 유니폼 역할을 한다. 헤드기어에는 선수들의 포지션을 나타내는 고유한 번호가 새겨져 있는데, 1번과 13번은 골키퍼, 2번 레프트 백, 3번 라이트 백, 4번 하프 백, 5번 레프트 포워드, 6번 센터 포워드, 7번 라이트 포워드다.

수구는 공을 풀(pool) 중앙에 놓고 시작을 알리는 신호와 함께 양 팀 선수들이 동시에 헤엄쳐 나아가 먼저 공을 차지한 쪽이 선제공격을 취한다. 한 번의 공격은 30초로 제한되며, 선수들이 패스 등을 통해서 상대 골문으로 전진하여 골을 넣으면 1점을 얻는다. 4쿼터 종료 후 동점일 때는 3분씩 두 차례의 연장전을 치르고, 연장전에서도 승부가 나지 않으면 페널티 슛으로 승패를 가린다.

수구경기가 열리는 풀의 면적은 남자용이 20×30미터이고, 여자용은 20×25미터로 남자용보다 세로 길이가 짧다. 수심은 1.8에서 2미터에 이른다. 미국 스탠퍼드대학 수구팀의 연구결과에 따르면, 수구경기당 선수 1명이 헤엄치는 평균거리는 약 1.6킬로미터 정도로 엄청난 지구력을 요한다.

중요한 것은 40분이 넘는 경기시간 동안 쉬지 않고 발을 움직여 물위에 떠 있어야 한다. 바닥에 발을 딛고 뛰어올라오는 것도 금지된다. 이를 위해 수구선수들은 경기 내내 에그비터 킥(eggbeater kick)을 해야 한다. 에그비터 킥이란 머리를 물 위에 내놓은 채로 두 다리를 넓게 벌려 달걀 모양으로 한 발씩 물을 차서 부력을 유지하는 동작이다. 기본적으로 양다리를 번갈아 움직여 물을 저어 몸을 띄우는데, 한 쪽 다리는 시계방향, 반대 쪽 다리는 반시계방향으

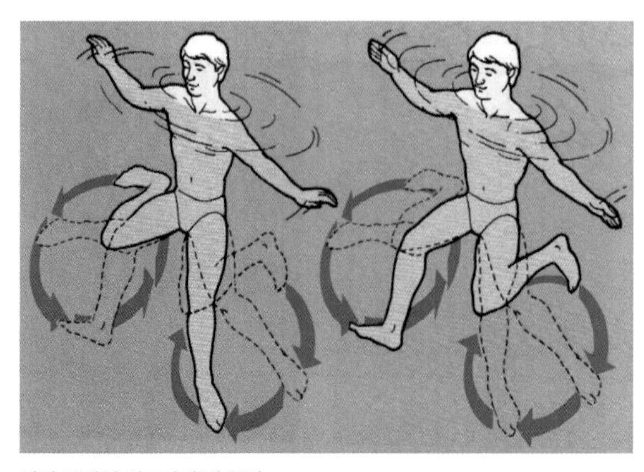

달걀 모양의 에그비터 킥 동작.

| 골반뼈 구조 |

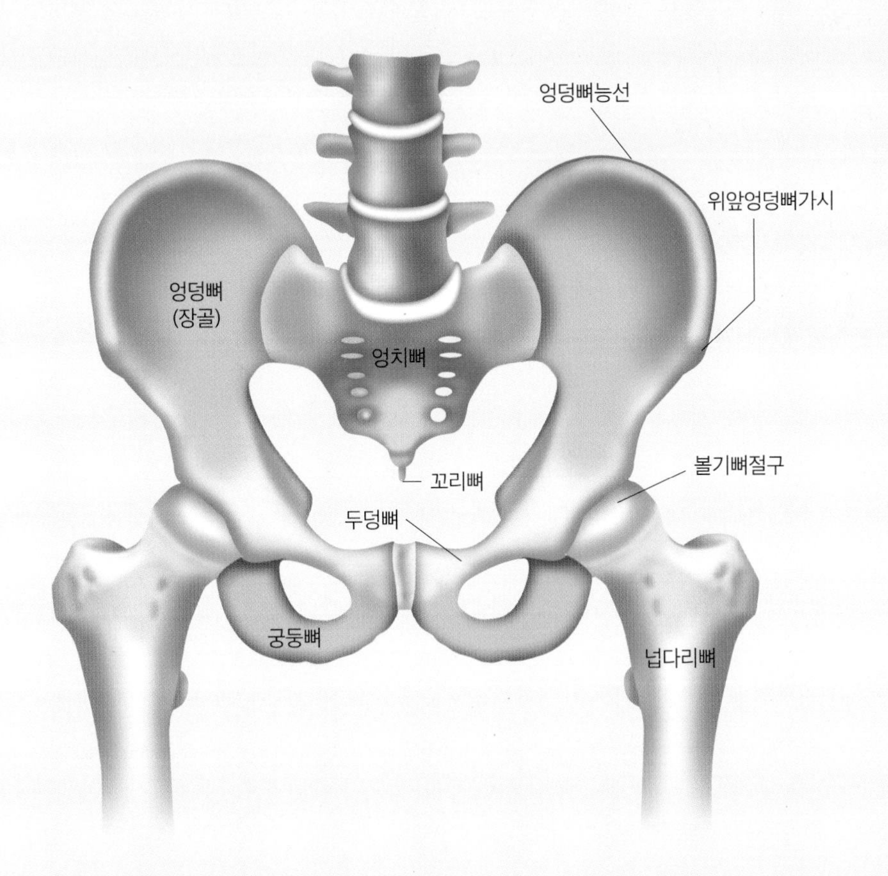

물속에서 쉴 새 없이 에그비터 킥을 차야 하는 수구선수들은 몸통과 두 다리를 연결하는 골반이 매우 중요하다. 골반은 배의 아랫부분으로 몸통과 다리를 연결하며, 배 속의 장기를 싸고 있는 부분으로, 이 부위의 뼈를 의미하기도 한다. 엉덩뼈능선의 시작과 끝에는 앞뒤로 각각 위엉덩뼈가시가 돌출되어 있는데, 특히 위앞엉덩뼈가시는 손으로 쉽게 만져지므로 해부학에서 '뼈표지점'으로 읽힌다.

로 자전거 페달을 밟듯이 움직인다.

이때 해부학자의 시선은 자연스럽게 물속에서 엄청난 운동에너지를 일으키는 선수들의 하체, 특히 골반을 향한다. 물속에서 쉴 새 없이 에그비터 킥을 차야 하는 수구선수들은 몸통과 두 다리를 연결하는 골반이 매우 중요하다.

골반(骨盤, pelvis)은 배의 아랫부분으로 몸통과 다리를 연결하며, 배 속의 장기를 싸고 있는 부분으로, 이 부위의 뼈를 의미하기도 한다. 영문명인 pelvis는 '물동이'라는 뜻으로, 골반의 모양에서 기원했다.

골반은 양쪽에 2개의 볼기뼈 및 뒤쪽의 엉치뼈와 꼬리뼈로 구성되어 있다. 볼기뼈는 한 쌍의 뼈로 엉덩뼈(장골), 궁둥뼈, 두덩뼈가 Y자 형태로 합쳐지면서 형성된다. 엉덩뼈 하단 바깥쪽으로는 오목하게 파인 볼기뼈 절구가 위치해 넙다리뼈(대퇴골)의 머리와 관절을 이뤄 엉덩관절(고관절)을 형성한다.

볼기뼈의 넓적하고 둥근 윗부분을 엉덩뼈날개라고 하는데, 이 부위의 라인을 가리켜 엉덩뼈능선이라 부르기도 한다. 엉덩뼈능선의 시작과 끝에는 앞뒤로 각각 엉덩뼈가시가 돌출되어 있는데, 특히 위앞엉덩뼈가시는 손으로 쉽게 만져지므로 해부학에서 '뼈표지점'으로 읽는다.

우리는 흔히 위앞엉덩뼈가시가 도드라져 보이는 남성을 가리켜 '치골미남'이라 부른다. 그런데 치골미남은 해부학적으로 잘못된 표현이다. 치골(부끄러울 치, 恥)을 의미하는 두덩뼈는 골반의 앞부분에 위치하며 음모와 생식기가 있는 내밀한 부위이기 때문이다. 치골미남 대신 '장골미남' 혹은 '엉덩미남'이라고 하는 게 맞다.

대부분의 수구선수들은 장골미남이다. 혹자는 수구선수들의 수영복이 골반의 절반만 덮을 정도로 짧은 이유가 섹시미를 드러내기 위한 게 아니냐며 색안경을 끼고 보기도 한다. 하지만 색안경 대신 물안경을 쓰고 물속에서 선수들이 경기 내내 반복하는 에그비터 킥을 본다면 그렇게 말할 순 없을 것이다. 그들의 수영복이 짧은 건 장시간 동안 엉덩관절의 유연성을 극대화하기 위해 골반과 수영복의 마찰을 최대한 줄이려는 의도이기 때문이다.

 해부학자의 시선이 선수들의 귀에 쏠리는 이유

여자수구가 처음 정식종목으로 채택된 2000년 시드니 올림픽에서의 일이다. 격렬한 몸싸움으로 선수들의 수영복이 찢어진 채로 경기가 진행되었고, 이 장면이 전파를 타고 전 세계로 방송되었다. 사람들은 경기보다도 해프닝에 주목했다. 그 순간 수구는 선정적인 슬랩스틱 코미디로 비화됐다. 2012년 런던 올림픽에서는 미국과 스페인의 경기 도중 여자선수의 가슴이 노출되는 사고가 일어났다. 이를 계기로 여자수구는 올림픽에서 생방송이 금지되고 말았다.

수구는 몸싸움이 격렬한 만큼 파울도 자주 일어난다. 수구에서 파울은 마이너(일반)와 메이저(개인)로 나뉜다. 마이너 파울은 두 손으로 동시에 공을 잡거나, 상대선수의 자유로운 움직임을 방해하거나 물을 끼얹는 등의 가벼운 반칙으로, 횟수에 제한이 없으며 벌칙으로 상대팀에게 프리스로(free throw)를 준다. 메이저 파울은 상대선수를 때리거나 가라앉

수구는 물속에서 서로 잡고 차는 행위가 빈번하게 발생해 '수중 격투기'라고 부를 만큼 과격한 스포츠다. 심지어 수영복이 자주 찢어지기도 해서 여자경기는 라이브로 방송되지 않는다.

히거나 뒤로 당기는 등의 폭력적인 반칙으로, 정도가 심하다고 판단되면 20초 동안 퇴장당할 수도 있다. 그리고 한 경기에서 메이저 파울을 3회 범하면 해당 경기를 더 이상 뛸 수 없도록 완전 퇴장조치 된다.

하지만 심판이 아무리 단호하게 파울을 선언해도 선수들은 격렬한 몸싸움으로 크고 작은 부상에 시달린다. 수구경기를 마치고 나면 온몸은 찰과상투성이가 되고, 갈비뼈가 골절되거나 얼굴뼈가 함몰되기도 한다. 그럼에도 불구하고 선수들은 헤드기어와 수영복 말고는 그 어떤 보호 장비도 없이 시합에 임한다. 그나마 수구선수들의 헤드기어에는 귀를 보호하는 장치가 부착되어 있다. 수구경기에서 귀 부위 부상이 유독 잦은 탓이다.

귀는 얼굴의 바깥쪽에 위치해 있기 때문에 외부로부터의 충격에 취약해 부상을 당할 위험이 높다. 실제로 수구경기에서는 헤드기어를 착용했어도 귀 주변을 공에 맞거나 머리나 주먹, 팔꿈치 등으로 가격을 당해 부상을 호소하는 경우가 잦다. 이로 인해 고막에 구멍이 생기는 고막천공이 나타나기도 한다. 고막천공으로 출혈이 발생하면 세균에 감염되어 염증이 생기거나 심할 경우 청력 손실로 이어지기도 한다.

귀와 물은 상극이다. 수구처럼 장시간 물속에서 격렬한 운동을 하면 외이도염(外耳道炎)이 생길 수 있다. 외이도염은 말 그대로 바깥귀길에 생기는 염증이다. 헤드기어를 착용했다고 해서 물을 완전히 차단할 순 없다. 귓속은 우리가 생각하는 것 이상으로 훨씬 좁고 복잡하다. 그 속으로 물이 들어간 채로 방치되면 세균이나 곰팡이균이 생겨 염증을 일으킨다.

귀(ear)는 크게 바깥귀(외이, external ear), 가운데귀(중이, middle ear), 속귀(내이, internal ear)로 구분된다. 바깥귀와 가운데귀는 소리를 증폭하여 속귀로 전달한다. 속귀에는 청각기관과 평형감각기관이 있다. 소리를 전달해주는 청각기관은 알겠는데, 평형감각기관은 조금 낯설다. 쉽게 말해 눈으로 보지 않고도 운동이나 신체 균형을 느낄 수 있도록 돕는 기관을 가리킨다.

귀에서 소리를 전달하는 핵심 역할은 고막이 담당한다. 고막은 바깥귀길의 가장 안쪽에 있는 지름 1센티미터 가량의 얇고 타원형인 반투과막이다. 바깥쪽으로는 아주 얇은 피부로 덮여있고 안쪽에는 가운데귀의 점막이 감싸고 있다. 이처럼 고막은 작은 레이더나 위성 안테나의 모양을 하고서 소리의 신호를 받을 자세를 취하고 있다.

고막은 바깥귀길을 통해서 전달되는 공기의 흔들림에 반응하여 움직인다. 고막이 받은 진동은 중이의 귓속뼈를 지나 속귀의 달팽이(와우관)로 전달된다. 그리고 청소골의 공기진동이 달팽이에서 액체진동으로 바뀌면서 달팽이 속 청각세포를 자극한다. 청각세포는 그것을 전기신호로 바꾸고 시신경을 타고 대뇌의 청각중추로 전달된다.

귀는 매우 예민한 기관이다. 예민하다는 것은 그만큼 약하다는 뜻이기

| 귀 주변 구조 |

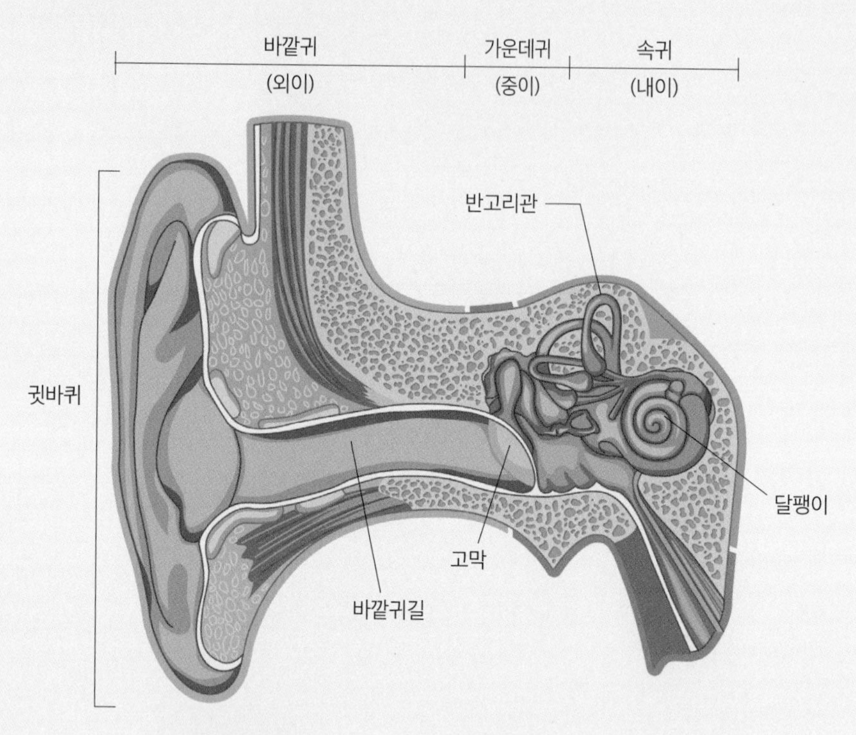

귀는 매우 예민한 기관이다. 예민하다는 것은 그만큼 약하다는 뜻이기도 하다. 수구선수들의 헤드기어에는 귀를 보호하는 장치가 부착되어 있다. 수구경기에서 귀 부위 부상이 유독 잦은 탓이다. 하지만 거친 몸싸움이 일상인 수구경기에서 헤드기어가 선수들의 귀를 얼마나 보호하는지는 의문이다.

도 하다. 실제로 고막천공은 코를 세게 풀거나 격렬한 키스로도 생길 수 있다. 키스를 하면 귀 내부 기압이 급격하게 떨어지는데 이때 상대의 거친 숨이 고막을 뚫을 수 있기 때문이다.

귀는 소리를 뇌로 전달하는 청각기관인 만큼 소리에 민감하게 반응한다. 달리 말하면 소리에 약하다고도 말할 수 있겠다. 흔히 '귀청 떨어진다' 혹은 '귀청이 찢어진다'고 할 때는 해당 부위를 맞아서가 아니라 소리 때문이다. 여기서 귀청은 고막을 가리킨다.

하물며 물속에서 격렬한 몸싸움을 펼치는 수구경기에서 선수들의 귀가 온전하기를 바라는 것은 언감생심이다. 올림픽에서 수구경기를 볼 때마다 해부학자의 시선이 유독 선수들의 귀로 향하는 까닭이다.

'피의 목욕'과 '64대0'

전통의 수구강국은 헝가리가 꼽힌다. 수구를 국기(國技)로 삼을 정도다. 헝가리의 수구 남자대표팀은 올림픽에 22번 참가해 금메달 9개, 은메달 3개, 동메달 3개를 쓸어 담았다.

수구에서 유럽과 북미의 벽은 여전히 견고하다. 몸싸움이 극심한 탓에 한국을 비롯한 동양권 선수들이 서구선수들과 맞서기엔 아무래도 무리가 있다.

1956년 멜버른 올림픽 남자수구 준결승전에서 소련선수에게 가격을 당해 피를 흘리고 있는 헝가리선수.

헝가리에서 수구가 특별한 의미를 갖게 된 데는 그만한 사연이 있었다. 1956년 멜버른 올림픽에서는 이른바 '피의 목욕'이라는 끔찍한 사건이 있었다. 당시 헝가리와 소련(지금의 러시아)은 서로 적대적인 관계에 놓여 있었다. 헝가리에서는 스탈린Josepf Stalin의 사진을 불태우는 등 소련을 향한 시위가 들끓었다. 이에 소련군은 헝가리 수도 부다페스트로 진격해 시민들을 학살했다. 양국의 관계는 돌이킬 수 없는 지경에 이르렀는데, 공교롭게도 올림픽 수구 준결승전에서 두 나라가 맞붙게 된 것이다.

그날 경기는 한마디로 살벌했다. 헝가리가 연속으로 골을 넣자 소련선수들은 이성을 잃었다. 물속에서 폭력이 난무했고, 급기야 소련선수가 헝가리선수의 머리를 심하게 가격하면서 순식간에 수구경기장이 피로 물들었다. 더 이상 게임을 진행할 수 없었던 경기요원들은 경찰을 불렀고 선수들은 서로 격리된 채 경기장을 빠져나갔다. 헝가리가 4대0으로 앞선 채로 경기가 끝난 것이다. 결승에서 헝가리는 유고슬라비아마저 제압하고 금메달을 목에 걸었다.

당시 올림픽 수구에서의 금메달은 헝가리 국민들에겐 각별했다. 아마도 소련이라는 거대한 권력에 굴하지 않고 싸워 이긴 하나의 훈장과도 같았을 것이다. 전 국민적 성원에 힘입은 헝가리 수구 남자대표팀은 한동안 세계 최강국의 지위를 누렸지만, 2008년 베이징 올림픽까지 3연속 금메달을 끝으로 다소 주춤하는 분위기다.

국제대회에서 유럽과 북미의 벽은 여전히 견고하다. 몸싸움이 극심한 탓에 한국을 비롯한 동양권 선수들이 서구선수들과 맞서기엔 아무래도 무리가 있다.

지난 2019년 광주 세계수영선수권대회에서는 헝가리 여자대표팀이 국제대회에 첫 출전한 한국 여자대표팀을 상대로 무려 64대0의 승리를 거뒀다. 역대 세계수영선수권대회 여자수구 최다 점수 차였다. 당시 한국대표팀은 중학생 2명, 고교생 9명, 대학생 1명, 일반부 1명으로 이뤄졌다. 경기를 지켜본 사람들은 어린 선수들이 경기 결과에 큰 상처를 받지 않을까 걱정했지만, 대표팀을 이끈 진만근 코치의 인터뷰는 퍽 인상적이었다. "헝가리 선수들이 봐주지 않아서 오히려 고마웠습니다. 다음 경기에서는 꼭 골을 넣고 싶습니다."

스포츠에서 승부의 세계는 냉혹하다고들 하지만, 그 의미는 부여하기 나름이다. 70여 년 전 멜버른에서 소련선수들이 이성을 잃고 '피의 목욕'이란 불편한 기억을 남겼다면, 헝가리에게는 국민적 아픔을 공유하는 촉매제가 됐다. 한국의 대표팀 지도자는 64대0이란 스코어에도 선수들을 자랑스러워했다. 그의 바람대로 대표팀은 다음 경기에서 드디어 세계대회 첫 골을 기록했다. 상대는 러시아였다.

26 OLYMPICS & ANATOMY

바람을 지배하는 욕망의 그림자

요트 Sailing

"The BIRD is God."

영화 〈리플리〉에서 선박갑부의 아들 디키에게 접근하려는 의도로 리플리가 던진 말이다. 디키는 재즈 색소포니스트 찰리 파커Charlie Parker의 닉네임 BIRD를 자신의 요트명으로 삼을 만큼 재즈마니아다. 리플리는 "버드(찰리 파커)야 말로 신적인 존재야!"라고 외치며 디키의 환심을 사는 데 성공한다. 하지만 리플리에게 신적인 존재는 럭셔리한 요트 BIRD였다. 디키와 친해진 리플리는 BIRD를 얻어 타고 지중해를 배회하며 유희를 즐기지만, 타깃은 오로지 디키의 재산이다. 그렇게 부자 디키를 향한 리플리의 '사냥'은 요트 위에서 시작해 결국 요트 위에서 파국을 맞는다.

1893년에 열린 아메리카 컵을 묘사한 미국의 해양 전문화가
프레더릭 코젠스(Frederick S. Cozzens)의 회화.

영화에서 요트 안은 탐욕의 공간이다. 공교롭게도 요트(Yacht)의 어원은 '사냥하다', '추격하다'를 뜻하는 네덜란드어 야흐트(Jaght)에서 유래했다. 17세기경 상업으로 번성한 네덜란드는 대서양에서 무역선을 갈취하는 해적들이 골칫거리였는데, 해적선을 추격하는 용도로 만든 배가 요트였다.

그 당시 요트는 네덜란드 왕실의 중요한 외교선물이기도 했다. 1660년경 네덜란드는 영국의 찰스 2세Charles II 즉위식에 요트 2척을 선물로 보냈다. 요트 선물이 흡족했던 찰스 2세는 동생들과 템스 강에서 100파운드의 상금을 걸고 레이스를 펼쳤는데, 이것이 요트경기의 시초가 되었다.

상류층의 레저 수단에 머물렀던 요트가 국제적인 스포츠 종목이 된 건 신대륙 미국에서 배 한 척이 영국으로 건너오면서다. 1851년 뉴욕 요트 클럽 회원들은 영국에서 열리는 요트대회에 '아메리카'라는 이름의 101피트 스쿠너를 타고 참가해 트로피를 들어올렸다. 미국은 이를 기념해서 요트대회를 열었는데, 이것이 바로 현재 세계적인 요트대회인 '아메리카

컵(The America's Cup)'의 효시다.

요트는 1896년 아테네 올림픽에서 정식종목으로 채택되었으나 기상 악화로 예정된 경기가 모두 취소되고 말았다. 이후 1900년 파리 올림픽에서 처음 치러진 요트경기는 1904년 세인트루이스대회를 제외하면 지금까지 모든 올림픽에서 개최되었다.

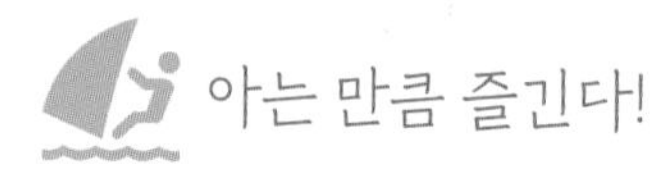

아는 만큼 즐긴다!

올림픽에는 배를 이용하는 스포츠로 카누와 조정, 요트가 있다. 세 종목에 걸린 금메달은 모두 40개나 된다(카누 16개, 조정 14개, 요트 10개. 2020년 도쿄 올림픽 기준). 그런데 우리나라에서는 세 종목 모두가 낯설다. 국토의 3면이 바다라는 사실이 무색할 따름이다.

메달이 많이 걸려있다는 건 그만큼 세부종목이 많다는 얘기다. 금메달이 10개가 걸린 요트도 마찬가지다. 올림픽에서 요트를 즐기려면 경기에 사용되는 배에 대해서 조금은 알고 있어야 한다. 하지만 국제적으로 공인된 요트경기에 사용되는 배의 종류만 무려 100가지가 넘는다. 요트경기가 대중적인 관심을 모으기 쉽지 않은 까닭이다. 올림픽에서 사용되는 배를 기준으로 요트의 세부종목을 짧게 살펴보면 다음과 같다.

딩기(dinghy)는 1인승 내지 2인승의 작은 요트로, 올림픽에서 무려 6개 종목에서 사용된다. 남자 1인승은 ILCA7를, 여자 1인승은 ILCA6를 사용하는데, 남자용은 여자용에 비해 돛의 크기가 좀 더 크다. 딩기(470)에서 470은 선체 길이가 470센티미터를 뜻하며, '트라피즈'라 불리는 밧줄을 돛대 상단과 선원의 몸에 연결해 조종한다. 남녀 스키프(49er) 종목에서 49er 역시 선체 길이(4.99미터)를 뜻한다.

킬보트(keelboat)는 배의 밑바닥 중앙에 두꺼운 철판을 붙여 무게중심을 낮춰 복원력을 높인 요트로, 먼 항해에 적합하다. 올림픽에서는 2개 종목에서 킬보트를 사용한다.

윈드서핑(windsurfing)은 선체가 아닌 보드 위에 돛을 단 것으로, 올림픽에서 남녀 2개의 금메달이 걸렸다. 윈드서핑은 보드 밑에 수중날개가 있어 수면 위에 떠 오른 상태에서 속도를 높일 수 있다.

멀티헐(multihull)은 선체가 2개인 '나크라17'이란 요트를 사용하며, 올림픽에서는 남녀 혼성으로 1개의 금메달이 걸렸다.

카이트보딩(kiteboarding)은 공중에 띄운 연(카이트)을 이용해 추진력을 얻어 물 위를 질주하거나 점프하는 종목으로, 2024년 파리 올림픽에서 처음 도입되었다.

요트경기는 부표로 표시된 코스를 따라 가장 먼저 결승점을 통과함으로써 승패를 가린다. 바람과 조류, 파도 등 기후조건에 영향을 많이 받기 때문에

2020년 도쿄 올림픽에서의 요트경기

레이스를 여러 번 펼친 다음 성적을 합산해 순위를 정한다.

요트의 균형감을 유지해주는 근육

요트경기에서 가장 중요한 것은 '균형감'이다. 시시각각 돌변하는 바람과 파도에 휩쓸려 균형을 잃는 순간 곧바로 위기가 찾아온다. 선체의 균형은 승원(乘員), 즉 크루(crew)의 몫이다. 크루가 취하는 하이크 아웃(hike out)은 선체의 균형을 유지하는 데 있어 가장 기본이 되는 자세다. 흔들리는 파도 위에서 몸을 선체 밖으로 내밀면서 체중을 이용하여 배의 균형을 유지하는 기술이다. 하이크 아웃은 보는 것만으로도 땀이 날 만큼 힘든 동작이다. 특히 선체에 발만 걸친 채로 하늘을 보고 누운 자세를 유지해야 하기 때문에 코어근육의 사용이 강조된다.

코어근육은 해부학 용어는 아니지만, '몸의 대들보'라고 부를 정도로 매우 중요하다. 상체와 하체를 연결하는 척추세움근, 몸의 균형을 잡아주는 볼기근(엉덩이근육) 등이 모두 코어근육에 포함된다. 코어근육을 다치면 자세가 틀어지면서 허리 부위에 심각한 손상이 발생할 수 있다. 이때 허리 부위에 나타나는 통증과 밀접한 근육 중에서 특히 엉덩허리근(장요근)을 주목해야 한다.

엉덩허리근이란 허리의 전방과 측면에 붙어 있는 3가지 근육인 엉덩근, 큰허리근, 작은허리근을 통칭한다. 엉덩허리근은 허벅지를 앞으로 들어올리는 엉덩관절 굽힘 작용을 돕는다. 아울러 허리와 골반, 다리를 연결함으로써 골반의 안정화에 매우 중요한 역할을 한다.

| 엉덩허리근 구조 |

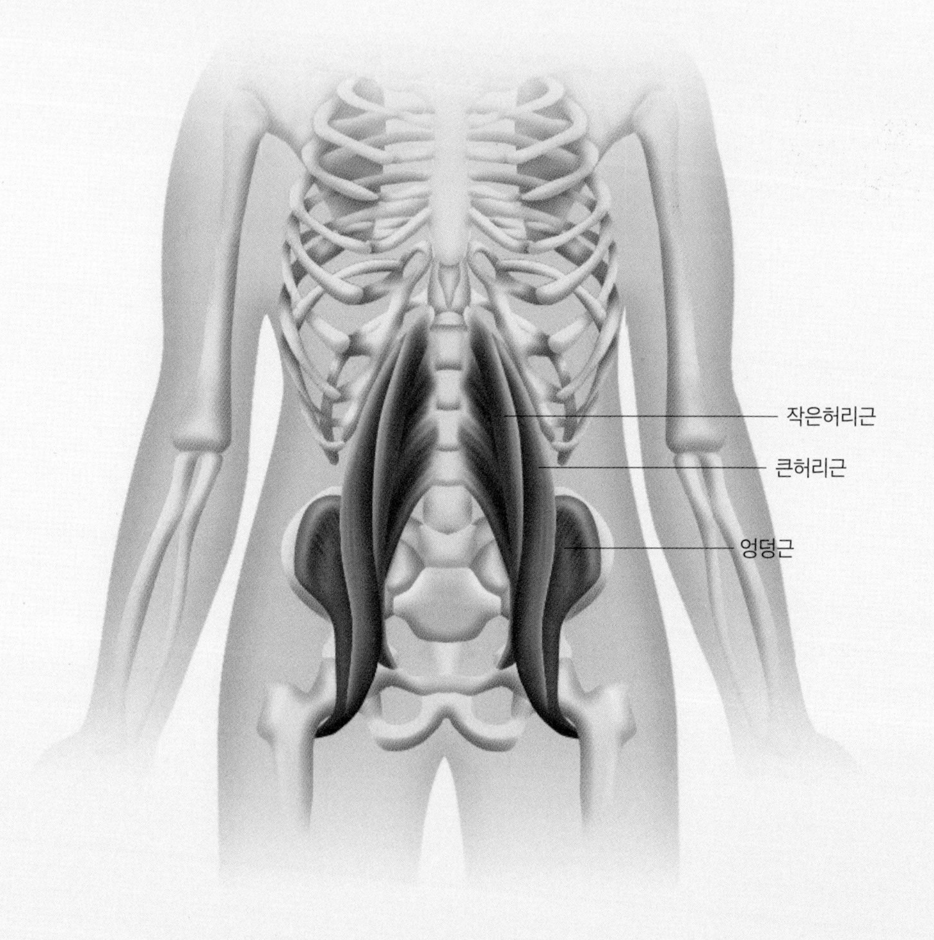

엉덩허리근이란 허리의 전방과 측면에 붙어 있는 3가지 근육인 엉덩근, 큰허리근, 작은허리근을 통칭한다. 엉덩허리근은 허벅지를 앞으로 들어올리는 엉덩관절 굽힘 작용을 돕는다. 아울러 허리와 골반, 다리를 연결함으로써 골반의 안정화에 매우 중요한 역할을 한다. 요트경기에서의 하이크 아웃 동작처럼 코어부위에 많은 부담을 주면서 오랫동안 고정된 자세를 취할 경우 엉덩허리근에 무리가 가게 된다.

요트에서 하이크 아웃 동작은 선체의 균형을 유지하는 가장 기본이 되는 자세다. 흔들리는 파도 위에서 균형을 잡기 위해 몸을 선체 밖으로 내밀면서 체중을 이용하여 배를 기울이는 기술이다.

하지만 요트경기에서의 하이크 아웃처럼 코어 부위에 많은 부담을 주면서 오랫동안 고정된 자세를 취할 경우 엉덩허리근에 경고음이 울린다. 엉덩허리근은 하이크 아웃 뿐 아니라 우리가 의식하지 못하는 일상생활에서도 적지 않는 영향을 받는다. 이를테면 하루 종일 의자에 앉아 있어야 하는 경우에는 특별히 엉덩허리근의 힘을 요하는 건 아니지만 장시간 좌식 자세를 유지함으로써 근육의 길이가 짧아질 수도 있다. 오랫동안 앉아 있다가 일어섰을 때 갑자기 허리가 잘 펴지지 않는다거나 심할 경우 담에 걸린 것 같은 통증이 느껴진다면, 엉덩허리근을 감싸고 있는 근막에 통증유발점이 발생한 것이다. 의학에서는 이를 가리켜 엉덩허리근의 근막통증증후군이라 부른다.

 흔들리는 파도 속에서 간문맥이 느껴진거야

요트는 돛의 원리상 바람이 불어오는 방향인 풍상(風上)의 정면으로는 항해를 할 수 없는 데, 이처럼 요트가 역풍으로 양력을 받아서 나아갈 수 없는 범위를 가리켜 '노고존(no go zone)'이라 부른다. 요트는 노고존에서는 항해할 수 없기 때문에 다시 바람을 받을 수 있도록 돛을 조정해야 한다. 이때 요트의 진행 방향에서 좌현을 포트(port side), 우현을 스타보드(starboard side)라고 부른다.

과거 바이킹시대에는 오른손잡이가 많았기 때문에 선박의 방향타(rudder)는 주로 오른쪽에 있었다. 조타판을 의미하는 'steering board'에서 유래한 'starboard'가 우현을 가리키게 된 이유다. 반면 배를 부두에 댈 때는 왼쪽으로 조정하는 것이 용이하기 때문에 부두와 닿는 면이란 의미에서 좌현을 'port side'라고 부르게 된 것이다.

| 요트의 진행방향 |

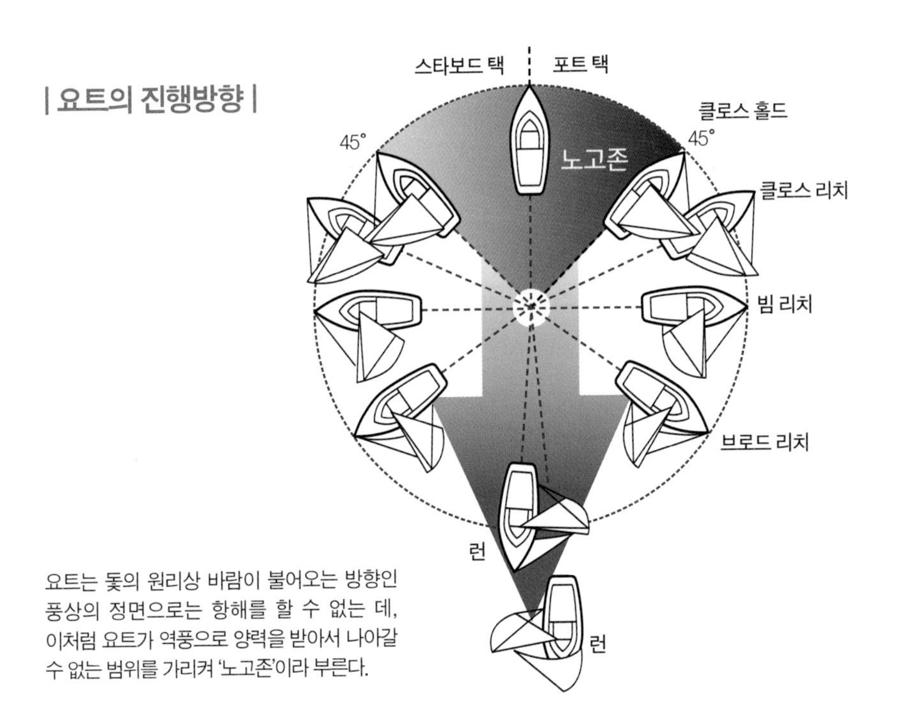

요트는 돛의 원리상 바람이 불어오는 방향인 풍상의 정면으로는 항해를 할 수 없는 데, 이처럼 요트가 역풍으로 양력을 받아서 나아갈 수 없는 범위를 가리켜 '노고존'이라 부른다.

바람이 불어오는 쪽을 기준으로 좌우 45도 각도는 요트가 범주(帆走)할 수 없는 노고존이므로, 이 구역에 진입한 요트는 양력을 만들지 못한다. 노고존 아래 45~35도인 클로스 홀드(close hauled)는 풍상 코스에서 가장 효율적인 항해 길이다. 이어서 클로스 리치(close reach)가 있고, 바람 방향과 90도를 이루는 좌우에 빔 리치(beam reach)가 있다. 빔 리치는 초급자들이 요트를 처음 배우는 코스이기도 하다. 빔 리치에서 풍하 방향으로 브로드 리치(broad reach)라 불리는 가장 빨리 달릴 수 있는 코스가 있고, 이어 뒤바람을 받아 앞으로 나아가는 범주인 런(run) 코스가 있다.

흥미로운 점은 우리 몸에도 부두를 향하는 계통이 존재한다는 사실이다. 바로 문맥(門脈, portal vein)이다. 문맥은 간장에 이르는 혈관의 출입구인 간문(porta hepatis)으로 통하는 정맥으로, 라틴어 porta(문, 항구)에서 유래했다. 문맥은 척추동물의 위, 창자, 이자, 지라*의 모세혈관을 돌고 온 정맥의 피를 모아서 간으로 운반한다. 이때 하나의 모세혈관 얼기를 지난 정맥이 다시 둘째 모세혈관 얼기를 이루는 혈관 계통을 문맥계라고 한다. 보통 혈액은 심장 → 동맥 → 모세혈관 → 정맥 → 심장 순으로 순환한다. 하지만 이와 다르게 모세혈관에서 또 다른 모세혈관으로 혈액을 이동시키는 혈관을 가리켜 문맥이라고 하는 것이다.

간문맥은 지라 및 위장관의 정맥혈을 간으로 운반한다. 이를 통해 소화기관에서 음식으로부터 흡수한 성분을 간으로 보내 영양소를 처리하고 독성물질은 분해한다. 큰창자에서 이어진 아래창자간막정맥은 지라정맥

* 척추동물의 림프 계통 기관. 위(胃)의 왼쪽이나 뒤쪽에 위치하며, 오래된 적혈구나 혈소판을 파괴하거나 림프구를 만드는 역할을 한다.

| 간문맥 계통구조 |

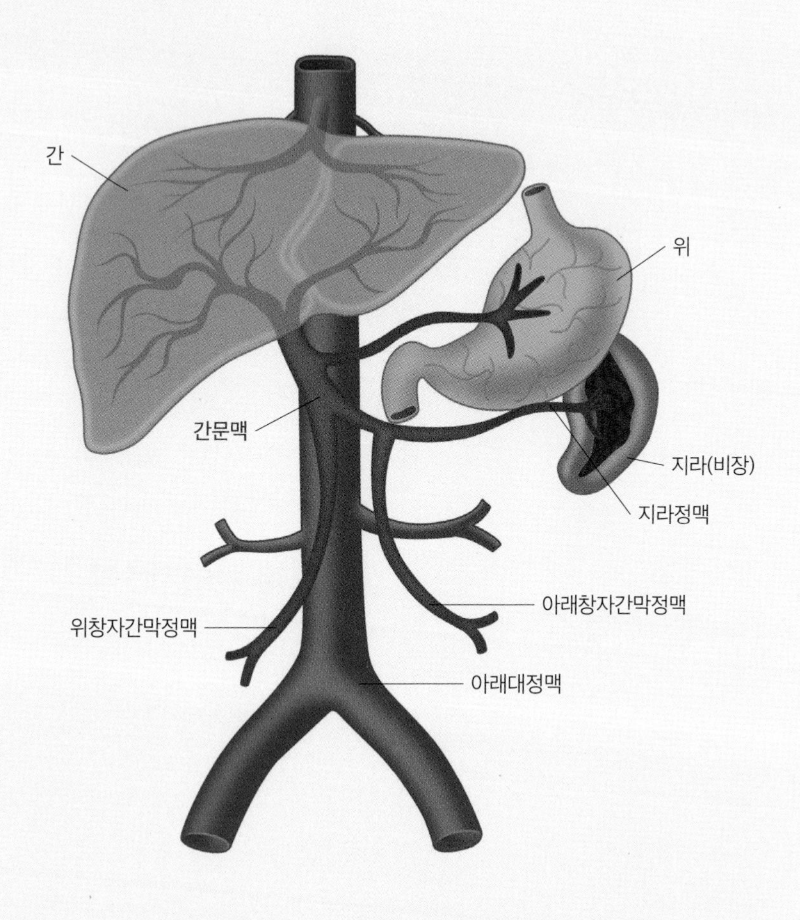

간문맥은 지라 및 위장관의 정맥혈을 간으로 운반한다. 소화기관에서 음식으로부터 흡수한 성분을 간으로 보내 영양소를 처리하고 독성물질은 분해한다. 큰창자에서 이어진 아래창자간막정맥은 지라정맥으로 연결되며, 작은창자에서 이어진 위창자간막정맥과 지라정맥이 합쳐져 간문맥을 형성한다.

으로 연결되며 작은창자에서 이어진 위창자간막정맥과 지라정맥이 합쳐져 간문맥을 형성하는 것이다. 간문맥은 약물대사와 관계가 있는데, 경구로 투여한 약물은 소화계통으로 흡수되어 간문맥을 통해 간에서 대사를 거치면서 약 효과가 나타난다.

 '리플리의 욕망'이 아닌 '랑헤의 정신'이 그리울 때

영화 속 주인공 리플리와 디키가 호사를 누리는 요트는 올림픽에는 존재하지 않는다. 요트경기는 타는 사람인 크루 뿐 아니라 보는 사람에게도 녹록치 않은 종목이다. 배의 종류에 따른 세부종목을 구별하는 것도 쉽지 않지만, 풍향에 따른 경기 규칙과 기술까지 웬만큼 조예가 깊지 않으면 경기를 이해하기가 쉽지 않다. 한마디로 비인기종목이란 조건은 다 갖추고 있다.

요트는 2020년 도쿄 올림픽에서 국내 지상파 방송국 3사로부터 철저하게 외면을 받았다. 방송통신위원회가 국회 과학기술정보방송통신위원회에 제출한 〈도쿄 올림픽에서 한국대표팀 경기 중계 현황〉을 살펴보면, 한국대표팀이 출전한 경기는 모두 30종목 377경기였는데 이 중 지상파 3사가 중복해서 중계한 경기는 155건에 이른다. 야구대표팀이 출전한 7경기와 축구대표팀이 출전한 4경기는 지상파 3사가 동시에 중계했다. 반면 모두 33경기가 치러진 요트경기는 지상파 1곳에서 단 1경기만 중계했다.

올림픽이 지나치게 상업화되면서 시청률과 중계권은 떼려야 뗄 수 없는 관계가 됐다. 금메달이 10개나 걸렸지만 한국에서 올림픽 요트경기 중계를 볼 수 있는 기회는 앞으로 더 희박해질 전망이다. 그럼에도 불구하고 필자는 다음 올림픽에서는 유튜브를 찾아서라도 요트경기 시청을 꼭 권하고 싶다. 다른 종목에서는 볼 수 없는 스포츠맨십이 요트경기에 존재하기 때문이다.

요트는 상대보다 빨리 목표지점에 도달해야만 승리하는 종목이다. 하지만 지나친 승부욕으로 상대팀 요트의 진로를 방해할 경우 충돌로 인한 침몰의 위험이 높아진다. 요트와 같은 해양스포츠에서 안전은 아무리 강조해도 지나치지 않는 전제조건이다. 요트경기가 감동적인 건 경기에 나선 거의 모든 요트들이 반환점(마크돌기)을 돌 때 줄을 맞춰 상대요트 뒤로 운항한다는 사실이다. 이기는 것보다 서로의 안전이 훨씬 중요하다는 마인드가 뼛속 깊이 새겨져 있기에 가능한 일이다.

아르헨티나 요트대표팀의 산티아고 랑헤Santiago Raúl Lange Roberti는 54세의 나이에 출전한 2016년 리우데자네이루 올림픽 요트 혼성 나크라 17 종목에서 금메달을 목에 걸었다. 당시 그는 위암 판정을 받고 위를 잘라내는 수술을 받은 뒤였다. 그는 우승 소감을 묻는 인터뷰에서 "나를 일으켜 세운 건 순리를 거스르지 않는 요트의 정신(attitude)이다"라고 했다.

하지만 올림픽 밖에서의 요트는 여전히 부(富)의 상징일 뿐이다. 외신을 통해 요트로 향하는 부자들의 플렉스를 보고 있으면 씁쓸할 따름이다. 리플리와 디키의 뒤틀린 욕망으로 가득 찬 요트가 아닌, 랑헤의 겸허한 정신이 깃든 요트가 그립다.

27

OLYMPICS & ANATOMY

한 배를 탄 크루들의 뜨거운 눈물

조정 Rowing

"So don't leave me high. Don't leave me dry."

(그러니 날 두고 가지마. 날 메말라가게 버리고 떠나지 마.)

영국의 록 밴드 라디오헤드의 〈high and dry〉에 나오는 구절이다. high and dry의 의미가 쉽게 와 닿지 않아 사전을 검색해보니 '물 밖에 나와 있는'이라는 뜻풀이가 달렸다. 이어 '뭍에(high) 버려져 메마른(dry) 배(船)'란 예시문까지 확인하고 나서야 그 의미가 수긍이 갔다. '뭍에 버려진 메마른 폐선'처럼 날 버리고 가지 말라며 노래하고 있으니 그 얼마나 절절한 외침인가.

올림픽 조정경기에서 결승선을 지난 뒤 질주를 멈춘 배들을 보고 조금은 뜬금없이 라디오헤드의 〈high and dry〉 가사가 생각났다. 한 배를 탄

조정선수들은 온힘을 다해 노를 저으며 2킬로미터를 질주한다. 경기를 마치고 선수들마저 모두 내리고 나면, 빈 배들은 줄에 묶여 출렁이는 물살에 힘없이 부대끼며 정착한다. 이겼을 땐 모든 영광이 선수들을 향하지만, 졌을 때는 때때로 배들에게 책임이 전가된다. 수명을 다했다고 판단될 경우 다시 물 위에 오르지 못하고 폐기되기도 한다. 인간은 참 냉정한 존재다.

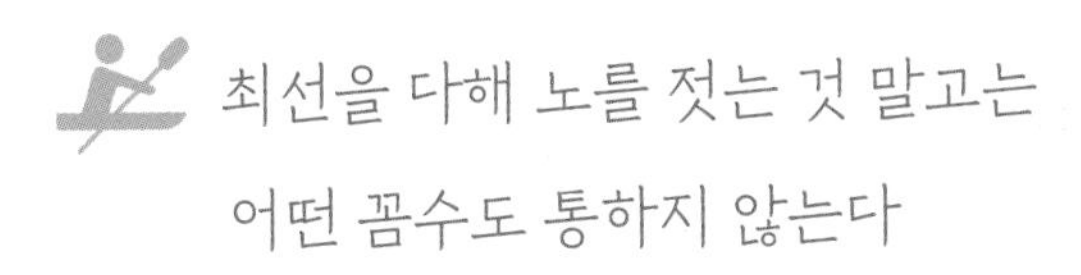

최선을 다해 노를 젓는 것 말고는 어떤 꼼수도 통하지 않는다

승마에서 말과 기수가 한 몸을 이루듯 조정(漕艇)도 마찬가지다. 배는 기구 이상의 의미가 있다. 조정선수는 배 없이 할 수 있는 게 아무 것도 없다. 출발선부터 결승선까지 2킬로미터의 거리를 오로지 배 위에서 노를 저어 속도를 겨뤄야 한다. 조정의 영어명은 rowing인데, 우리말로 노를 젓는 행위 자체를 가리킨다.

조정은 정직한 종목이다. 선수들이 그저 자기에게 주어진 레인을 (단체경기일 경우에는 동료들과 호흡을 맞춰) 최선을 다해 노를 저어 질주하는 것 말고는 그 어떤 꼼수도 통하지 않는다. 다른 경기정의 레인을 침범하거나 레이스를 방해하면 실격된다.

역사적으로 조정경기의 시작은 그리 오래되지 않았다. 1715년경 영국 런던 템스 강에서 조지 1세George I의 즉위를 기념하는 행사의 일환으로 '다게츠 코트 앤드 배지(Doggett's Coat and Badge)'라는 레이스가 열렸는데, 이를 근대 조정의 기원으로 본다.

2023년에 열린 옥스퍼드대와 케임브리지대의 조정경기

조정이 대중적인 인기를 끌게 된 계기는 1829년경 케임브리지대와 옥스퍼드대 간에 시합이 펼쳐지면서다. 여러 명이 한 배를 타고 한마음이 되어 노를 저어야 하는 조정은 학생들의 협동심과 희생정신을 함양하는 데 적합했다. 영국 왕실은 조정을 (명문대를 중심으로 해서) 학원 스포츠로 육성했는데, 이것이 바다 건너 미국으로까지 전파되었다. 1852년경 미국을 대표하는 명문사학 하버드대와 예일대도 조정 더비(derby) 전통을 만들어 이어갔다.

조정이 올림픽에서 선보인 건 1900년 파리 올림픽에서부터다. 1896년 아테네 올림픽에 정식종목으로 채택되었지만, 폭풍우로 열리지 못했다. 파리대회에서는 남자 4개 종목만 열렸고, 여자경기는 1976년 몬트리올 올림픽에 이르러 비로소 채택되었다. 이후 조정은 올림픽에서 세부종목이 늘어나면서 남녀 각각 7개씩 모두 14개의 금메달이 걸릴 정도로 꽤 비중 있는 종목으로 자리매김 해왔다.

올림픽에서의 카누경기 장면

물 위에서 배를 타고 경기를 치르는 올림픽 종목은 조정 외에도 요트와 카누(canoe)가 있다. 돛이 달린 배를 타고 바다 위에서 겨루는 종목인 요트는 조정 및 카누와 분명히 구별된다. 사람들은 대개 조정과 카누를 헷갈려 하는데, 노를 젓는 모습에서 두 종목은 완전히 다르다. 조정은 배 위의 받침대에 고정된 노를 앉은 자세에서 젓지만, 카누는 노를 들고 무릎을 꿇은 상태에서 패들링(paddling) 한다.

동양인을 위한 대안

배를 타고 레이스를 펼치는 조정의 경기방식은 단순하지만, 세부종목은 복잡하기 이를 데 없다. 세부종목별로 구별하지 못하면 '방금 치른 경기를 왜 다시 하는 거지?'라며 헷갈리기 일쑤다. 조정의 세부종목을 일목요연하게 정리하면 다음과 같다.

조정은 노를 뜻하는 오어(oar)를 어떻게 배치하느냐에 따라 '스윕(sweep)'과 '스컬(scull)'로 나뉜다. 스윕은 선수 1인이 두 손으로 1개의 노를 젓고, 스컬은 선수 1인이 좌우 양손으로 각각 2개의 노를 젓는다.

스윕은 다시 콕스(cox, 타수)라 불리는 리더가 배에 탑승하는지 여부에 따라 무타 페어(2-), 무타 포어(4-), 에이트(8+)로 나뉜다. 괄호 안 숫자는 한 배에 타는 선수가 몇 명인지를 나타내고, −는 타수가 없음(coxless)을, +는 타수가 있음(coxed)을 가리킨다.

스컬은 싱글스컬(1X), 더블스컬(2X), 경량더블스컬(L2X), 쿼드러플스컬(4X)로 나뉘는데, 역시 앞의 숫자는 배의 탑승인원을 가리키고, X는 양손으로 노를 젓는 스컬의 고유표시를 나타낸다. L은 출전선수의 체중이 경량(light)인 스컬종목을 뜻하는 데, 남자는 평균체중 70킬로미터, 여자는 평균체중 57킬로미터를 넘지 말아야 한다.

조정에 별도로 경량 종목을 추가한 것은 동양선수들에 대한 배려 때문이다. 조정은 서양선수들처럼 팔다리가 길수록 노의 회전력을 높여 배의 속도가 빨라진다. 올림픽 조정에서 유럽 국가들이 메달을 독식하자 세계조정연맹은 1996년 애틀랜타 올림픽에서 배에 오르는 선수들의 체중을 제한하는 경량더블스컬을 정식종목에 추가하는 대안을 마련한 것이다.

허벅지로 물살을 가른다

조정은 노로 물에 힘을 전달하여 그 반작용으로 배가 앞으로 나아가는 원리를 이용한 것인데, 강한 힘으로 노를 저을수록 배의 속도는 빨라진다. 흥미로운 점은 (콕스를 제외한) 선수들은 배의 진행 방향을 등지고 앉아 결승선을 거꾸로 통과해야 한다. 승리를 향해 앞을 보고 질주하는 게 아니라 뒤를 보고 노를 저어야 한다는 얘기다.

| 조정 세부종목 비교 |

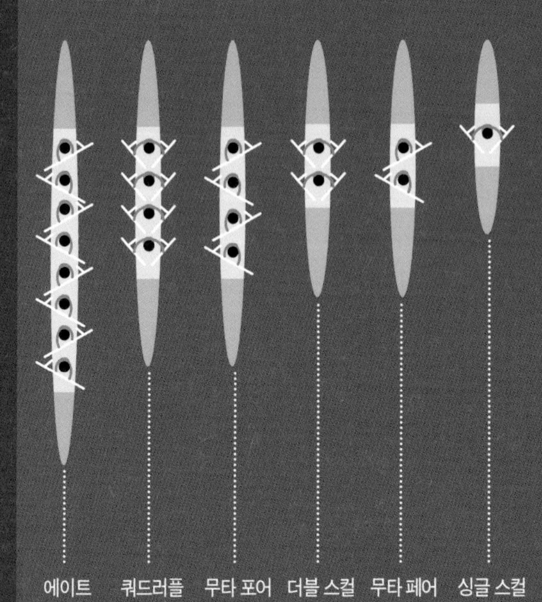

조정은 노를 뜻하는 오어를 어떻게 배치하느냐에 따라 '스윕'과 '스컬'로 나뉜다. 스윕은 선수 1인이 두 손으로 1개의 노를 젓고, 스컬은 선수 1인이 좌우 양손으로 각각 2개의 노를 젓는다. 이미지는 네이버 지식백과 올림픽 종목 소개 '조정'편을 참고로 하여 다시 그림.

여기서 한 가지 '얄궂은' 질문 하나. 조정선수들이 가장 힘을 써야 하는 신체부위는 어딜까. 팔로 노를 젓기 때문에 팔이 아닐까 생각한다면 필자의 '얄궂은' 의도를 읽지 못한 것이다. 물론 노는 팔로 젓는 게 맞지만 힘의 원동력은 팔이 아니라는 얘기다.

조정에서 선수가 타는 배의 좌석을 보면 의자가 앞뒤로 미끄러지듯 움직이도록 슬라이딩 장치가 되어 있다. 선수들은 슬라이딩 의자를 밀어내면서 하체, 특히 허벅지의 힘을 끌어올려 노를 젓는다. 실제로 조정선수들의 체형을 보면 상체보다 하체, 그 중에서도 허벅지 부위가 가장 돋보인다. 조정선수들이 "우리는 허벅지로 물살을 가른다"며 우스갯소리를 주고받는 이유가 여기에 있다. 대표적인 전신운동 가운데 하나인 조정에서 근력의 원천은 허벅지에서 비롯한다고 해도 지나치지 않다. 쉽게 말해서 노를 젓는데 필요한 근력은 우리 몸에서 가장 큰 근육인 허벅지(대퇴근)에서 시작해 온몸으로 뻗어나간다는 얘기다.

허벅지 부위에 있는 넙다리뼈(대퇴골)는 인체에서 가장 길고 큰 뼈이다. 넙다리뼈의 머리와 목에 해당하는 부위는 골반을 형성하는 볼기뼈와 관절로 연결되어 엉덩관절(고관절)을 이룬다. 그리고 고관절 주변에 위치한 엉덩넙다리인대, 두덩넙다리인대, 궁둥넙다리인대가 골반의 각 영역과 넙다리를 연결시킴으로써 가동성을 높인다. 조정선수들은 배의 좁은 공간에서 엉덩관절의 가동성을 극대화시켜 배의 속력을 끌어올리는 것이다.

엉덩관절의 연결 부위는 앞에서 보면 125도 정도로 경사각을 이루고, 위에서 보면 넙다리뼈의 비틀림각이 15도 정도로 나타난다. 그런데 조정선수들처럼 좁은 배 안에서 해당 부위를 장시간 반복해서 사용할 경우 비

| 엉덩관절 주변 및 인대 구조 |

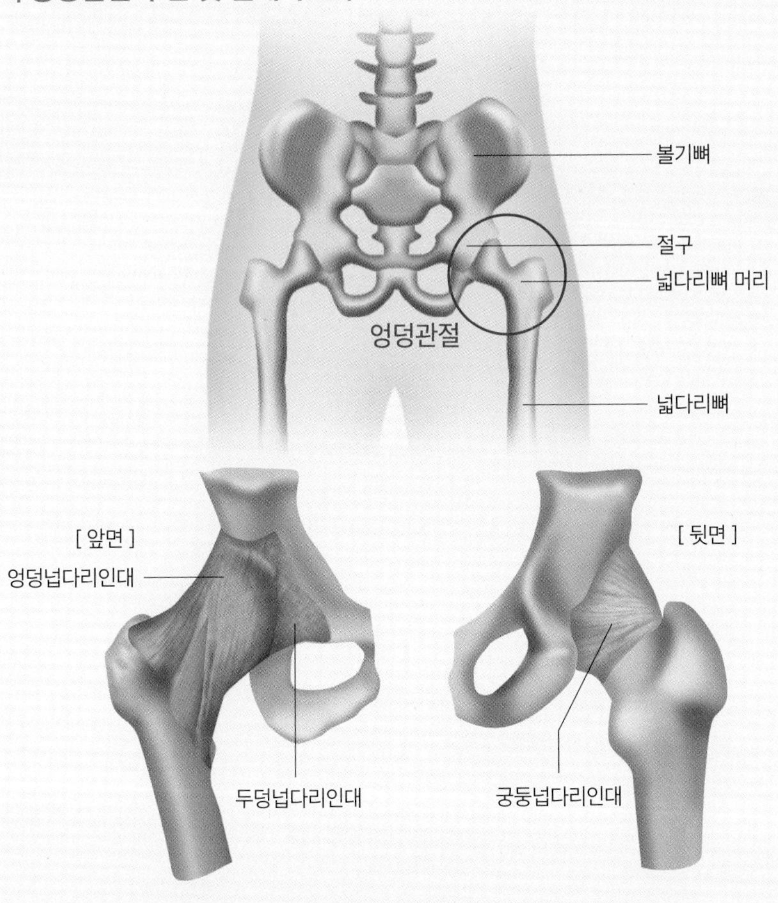

| 엉덩관절에서의 넓다리뼈 각도 |

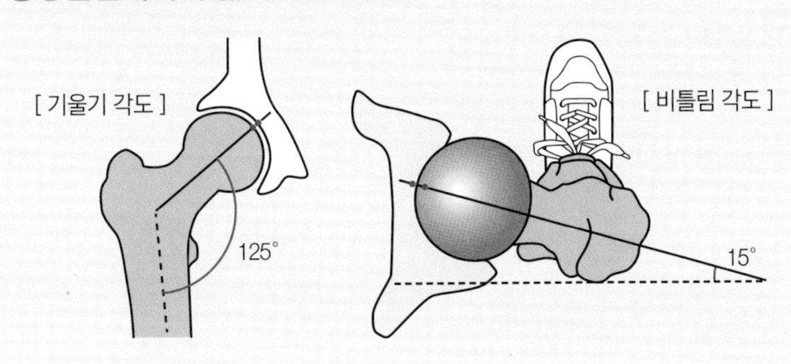

틀림이 심해져 각도가 변형되면서 관절면이 충돌을 일으킨다. 이를 가리켜 대퇴비구 충돌증후군이라 한다.

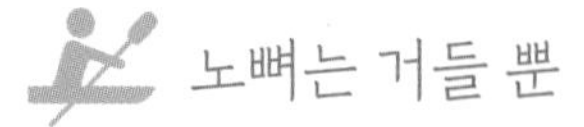

노뼈는 거들 뿐

조정이 제아무리 허벅지를 중심으로 하는 전신운동이라 해도 팔에 대한 해부학 얘기를 빼놓을 순 없다. 팔꿈치 아래를 이루는 노뼈 때문이다. 해부학에서 다루는 신체부위의 명칭은 어렵고 생소하지만 낱말의 어원을 찾아보면 간혹 싱겁다고 느낄 때가 있다. 노뼈도 마찬가지다. 이를테면 노뼈의 모양이 노를 닮아서 붙여진 이름이다. 그게 전부다. 실제로 뼈의 움직임이 노를 젓는 모습과 흡사하기도 하다. 노뼈는 한자로 요골(橈骨)이라 하는데, 임상에서는 아직도 많이 쓰는 명칭이다. 여기서 '橈(요)'자는 '배를 젓다', '휘다', '굽히다'를 뜻한다.

이왕 노뼈에 대한 얘기가 나왔으니 해당 부위를 간략하게 소개하면, 아래팔에는 2개의 긴뼈, 즉 노뼈와 자뼈가 있어서 우리가 손바닥을 앞뒤로 엎치고(pronation) 뒤치는(supination) 작용을 돕는다(270쪽). 새끼손가락쪽에 있는 자뼈(척골, ulna)는 위팔뼈와 관절을 이룬다. 자뼈는 길이가 대략 1자(23센티미터) 혹은 1척(尺)이 된다고 해서 붙은 이름으로, 한자어로 척골(尺骨)이라 부르기도 한다(160쪽).

손목을 움직일 때 자뼈는 고정되어 있는 반면, 엄지손가락과 연결된 노뼈는 반원을 그리며 손목의 회전을 돕는다. 노뼈의 영문명 radius가 수학에서 원의 반지름을 뜻하는 것과 일맥상통한다. 노뼈의 몸쪽 뼈끝은 노뼈

| 노뼈의 회전원리 |

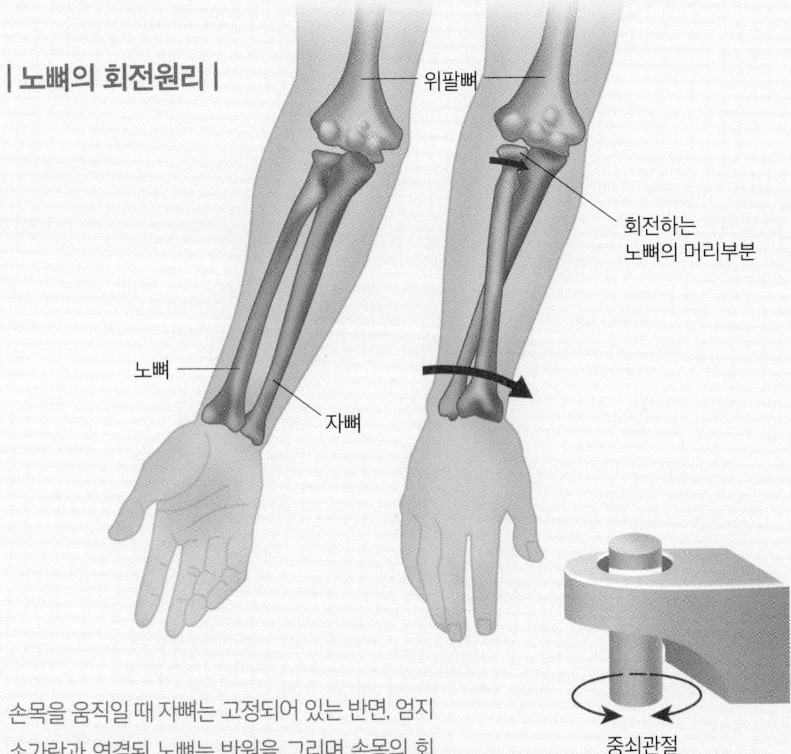

손목을 움직일 때 자뼈는 고정되어 있는 반면, 엄지 손가락과 연결된 노뼈는 반원을 그리며 손목의 회전을 돕는다. 노뼈의 영문명 radius가 수학에서 원의 반지름을 뜻하는 것과 일맥상통한다. 이러한 움직임을 돕는 관절을 중쇠관절(pivot joint)이라고 한다. 농구에서 한발을 바닥에 붙인 채 남은 한 발을 이용해 몸을 돌리는 피벗동작과 닮았다.

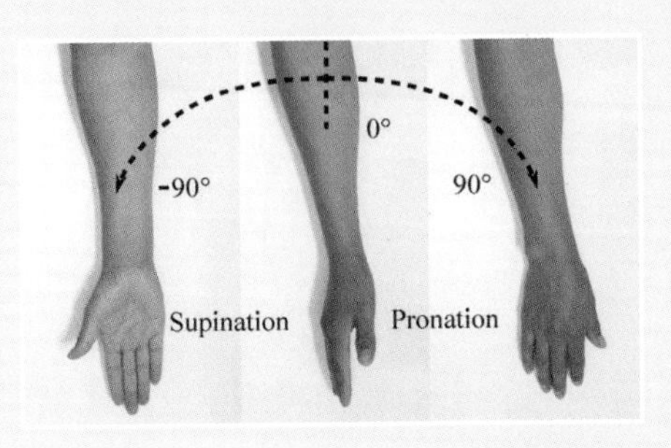

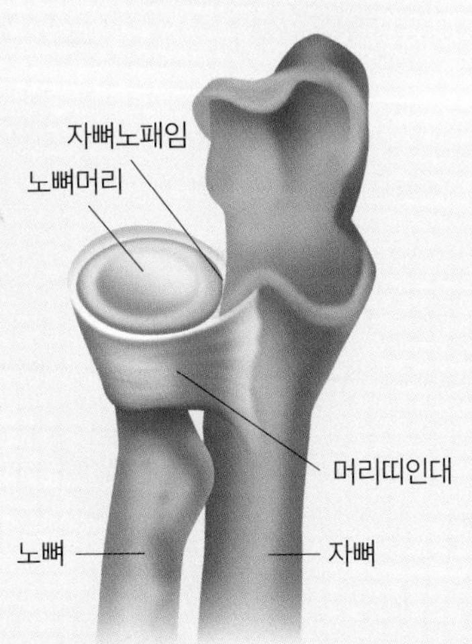

머리(요골두)라고 하며 자뼈노패임(요골절흔)과 관절을 이룬다. 머리띠인대가 노뼈머리를 둘러싸고 있어서 노뼈는 회전운동을 할 수 있는데, 이러한 움직임을 돕는 관절을 중쇠관절(pivot joint)이라고 한다. 농구에서 한발을 바닥에 붙인 채 남은 한 발을 이용해 몸을 돌리는 피벗동작과 닮았다.

그런데 실제로 노를 저을 때 팔꿈치관절을 많이 사용하지만, 노뼈는 이와 크게 상관이 없다. 팔꿈치관절은 위팔뼈와 자뼈가 연결되어 있는 반면, 노뼈는 위팔뼈와 직접적으로 연결되어 있지 않기 때문이다. 노를 저을 때 노뼈는 그저 거들 뿐이다. 노뼈란 명칭이 싱거운 까닭이다.

노뼈를 싱겁게 마무리 하는 게 못내 아쉬워 노뼈에 얽힌 유용한 해부학 지식을 짧게 소개할까 한다. 어린 아이들 중에 팔이 빠지는 경우가 종종 있는데, 이는 노뼈머리가 머리띠인대로부터 순간적으로 탈구하는 현상으로, 노뼈머리불완전탈구(요골두아탈구)라고 한다. 주로 보호자가 차도로 뛰어드

| 노뼈머리불완전탈구(보모팔꿈치) |

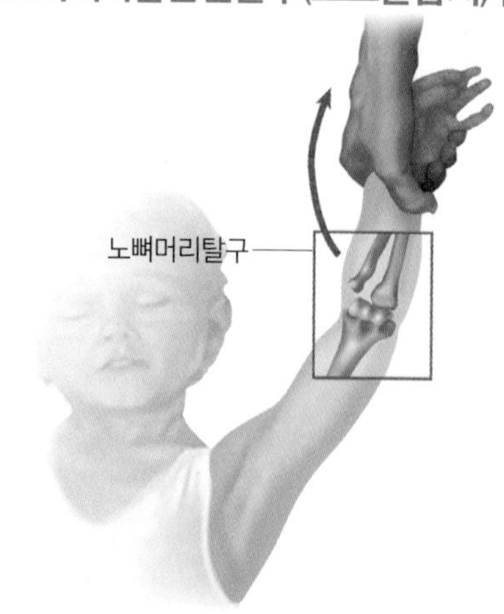

아이들의 팔이 빠지는 경우가 종종 있는데, 이는 노뼈머리가 머리띠인대로부터 순간적으로 탈구하는 현상이다. 주로 보호자가 차도로 뛰어드는 아이의 팔을 잡을 때 일어난다고 해서 보모팔꿈치라고도 부른다.

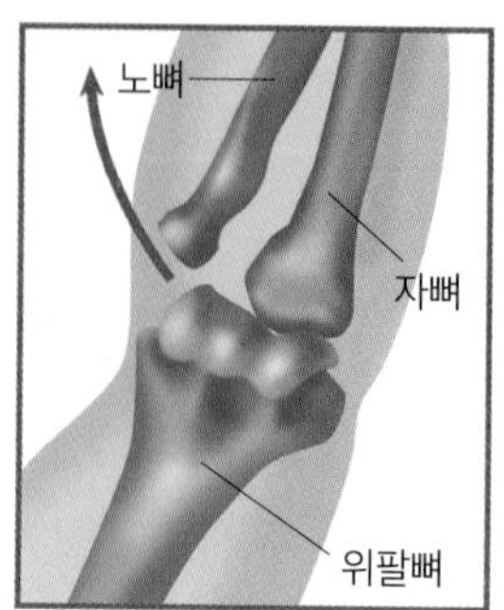

는 아이의 팔을 잡을 때 일어난다고 해서 당긴팔꿈치(pulled elbow) 혹은 보모팔꿈치(nursemaid's elbow)라고도 부른다. 노뻐를 기억하고 싶다면 조정선수의 근육질 팔보다는 아기천사의 가녀린 팔을 떠올리는 게 어떨까 싶다.

 we are the champion을 듣고 싶은 순간

조정은 '물위의 마라톤'이라 불릴 정도로 엄청난 체력 소모가 뒤따르는 스포츠다. 2킬로미터를 전력을 다해 노를 젓다보면, 선수들은 한 번의 레이스로 1.5킬로그램 이상의 체중이 줄어든다.

이처럼 험난한 노정(路程)에서 선수들에게 가장 강조되는 덕목은 '이타심(利他心, altruism)'이다. 이타심은 타인 혹은 동료 전체를 위해 기꺼이 자기를 희생하는 마음이다. 조정경기에서 최대의 적(敵)은 힘겨운 고통이 커질수록 자신도 모르게 치솟는 이기심이다.

결승선을 통과한 선수들이 기진맥진해 하면서도 동료에 대한 고마움과 미안함에 서로 얼싸안고 눈물을 흘리는 모습은 조정경기에서 흔히 볼 수 있는 광경이다. 선수들이 뜨거운 동료애가 어떤 것인지 진정으로 깨닫는 순간이다.

한마디 덧붙이자면 동료애의 온기가 선수들과 동고동락해온 경기정, 즉 배에게도 미쳤으면 하는 생각이다. 배는 비록 감정을 나눌 수 없는 사물이지만 (선수들로부터) 고마움과 미안한 마음을 받을 충분한 자격이 있다. 그 순간 배도 크루가 된다. 올림픽 조정경기를 보며 〈high and dry〉 같은 애가(哀歌)보다는 송가(頌歌) 〈we are the champion〉을 읊조리고 싶은 이유다.

28

OLYMPICS & ANATOMY

물 위를 걷는 자들에 관하여

서핑 Surfing

18세기경 유럽, 세계일주에서 돌아온 사람들은 저마다 신세계에 대한 여행담을 쏟아놓기에 바빴다. 그 중에는 물 위를 걷는 원주민에 대한 이야기도 있었다. 물 위를 걷는 원주민이라…… 예수 그리스도 같은 신적인 존재만이 할 수 있는 기적을 원주민이 했다는 이야기는 유럽인들이 듣기에 허무맹랑했고, 다른 한편으론 매우 불경스러웠을 게다.

하지만 물 위를 걷는 원주민 이야기는 영국인 탐험가 제임스 쿡James Cook이 기록한 항해일지에도 등장했다. 그는 1778년경 지금의 타히티 주변에서 나무판자 위에서 파도를 타는 원주민들을 목격했다고 썼는데, 이는 서핑에 대한 최초의 기록이기도 하다.

당시 폴리네시아 지역 원주민들은 아웃리거(outrigger)라 불리는 지금의 카누처럼 생긴 배를 타고 바다로 나가 물고기를 잡았다. 그들은 파도를 잘 탈수록 깊은 바다로 나가서 더 많은 물고기를 잡을 수 있음을 깨달았다. 그러자 원주민들 사이에선 파도를 잘 타는 사람을 달리 보기 시작했다. 파도타기 기술, 즉 서핑은 부족들 사이에선 신이 내린 축복으로 여겨졌다.

현대 서핑의 창시자 듀크 카하나모쿠.

서핑은 이내 폴리네시아인 사이에서 권력을 얻는 도구가 됐다. 서핑에 능한 사람 중에서 부족장이 나왔고, 그들은 정교하게 만들어진 보드를 소유했다. 원주민들은 저마다 서핑 실력을 갈고닦아 권력에 이르고자 했다. 그렇게 서핑은 신분 상승의 수단이 됐다.

유럽에서 온 선교사들은 원주민들의 서핑이 못마땅했다. 예수가 아닌 존재가 '물 위를 걷는 행위'부터 불편했을 것이다. 무엇보다 원주민의 시선이 예수 그리스도가 아닌 서핑에 능한 이에게 향하는 건 두고 볼 수 없었다. 폴리네시아에서 권력을 찬탈한 유럽인들이 원주민들의 서핑을 금지한 것은 당연한 수순이었다. 그들은 서핑으로 잡아온 물고기를 압수했고, 보드를 불태웠다.

자취를 감췄던 서핑이 하와이 와이키키 해변을 중심으로 다시 모습을 드러낸 건 20세기에 접어들면서다. 하와이 출신 올림픽 수영 금메달리스트 듀크 카하나모쿠Duke Kahanamoku가 와이키키 지역에서 처음으로 서핑클럽을 연 것이다. 보드에 서서 치솟은 파도 위에서 균형을 잡으며 곡예를 타는 모습은 전 세계 바닷가 젊은이들을 매료시켰다.

1960년대 초 미국 캘리포니아에 사는 더벅머리 윌슨Wilson 삼형제(브라이언Brian, 데니스Dennis, 칼Karl)는 서핑의 열기에 불을 지폈다. 삼형제가 주축인 밴드 비치 보이스(Beach Boys)는 〈Surfin' USA〉라는 경쾌한 로큰롤로 단숨에 미국 전역의 라디오와 쥬크박스를 정복했다. 더 많은 청춘들이 보드를 매고 해변으로 모여들었고, 심지어 삼형제의 노래는 (마치 지금의 케이팝처럼) 서프뮤직(surf music)이라는 하나의 대중음악 장르를 열었다.

서핑은 젊은이들의 물놀이에서 멈추지 않았다. 레저를 넘어 스포츠로 진화한 것이다. 1960년대에 세계선수권대회가 열렸고, 뒤이어 국제서핑협회가 창설되었다. 그리고 듀크 카하나모쿠가 와이키키에서 서핑클럽을 만든 지 100여 년 만에 올림픽에서도 서핑을 볼 수 있게 되었다. 서핑은 2020년 도쿄 올림픽에서 정식종목으로 채택되었다. 100여 년 전 "올림픽에서 메달을 목에 건 서퍼들을 보고 싶다"던 듀크의 꿈이 이뤄진 것이다. 그런데 궁금하다. 서핑은 대체 어떻게 승부를 가리는 걸까. 자연현상인 파도의 세기나 높이가 출전선수마다 다 제각각일 텐데 말이다.

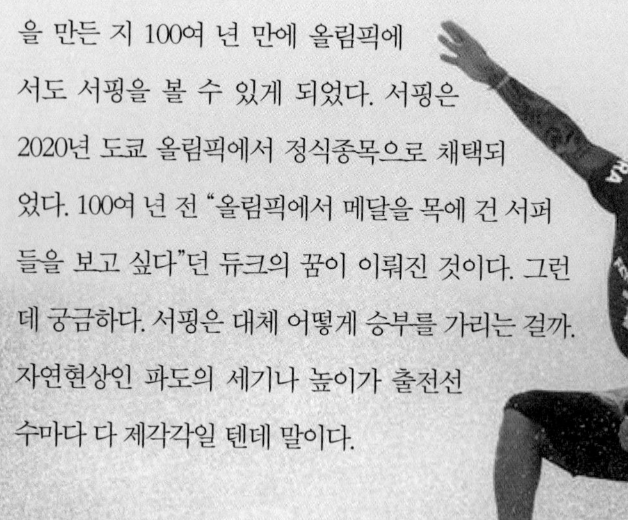

2020년 도쿄 올림픽 서핑 첫 금메달리스트 브라질의 이탈로 페레이라(Italo Ferreira).

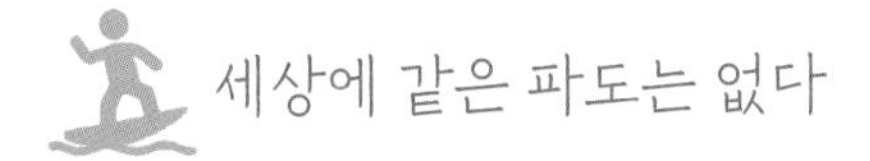

세상에 같은 파도는 없다

서핑은 서프보드(surfboard, 1.8미터의 쇼트보드)를 타고 몸의 균형을 잡아 가면서 밀려오는 파도를 타는 스포츠다. 서퍼는 보드 위에 엎드려 팔로 저어서(패들링) 파도가 높은 곳으로 이동한 다음 파도의 아래 부분에서 돌아서 파도의 꼭대기로 올라갔다가 다시 무너지는 파도를 타고 내려와야 한다. 이때 파도가 부서지는 라인을 따라 패들링하면서 파도타기에 적절한 타이밍을 기다리는 게 중요하다.

올림픽 등 경연에 출전한 서퍼들은 보드에 비스듬히 서서 체중을 옮겨 가며 다양한 기술을 발휘해야 한다. 올림픽에서는 5명의 심판이 서퍼가 선보인 퍼포먼스의 완성도 및 파도의 난이도 등을 종합적으로 평가한다.

서핑에서 가장 중요한 것은 파도다. 'No waves ever be the same.' '세상에 같은 파도는 없다'라는 불문율은 서핑경기에서 심사기준을 어렵게 만든다. 결국 심판은 서퍼들을 '상대적으로' 평가할 수밖에 없다. 이때 첫 번째 경연에 나서는 선수가 기준이 될 가능성이 높다. 첫 번째 선수의 퍼포먼스를 기준삼아 다른 선수들을 평가하는 것이다.

올림픽에서는 남녀 각 1개씩 모두 2개의 금메달이 걸려있는데, 예선 라운드와 본선 라운드 순으로 치러진다. 최종적으로는 1위를 가리는 금메달 결정전과 3위를 뽑는 동메달 결정전이 열린다. 각 선수는 라운드마다 30분 안에 25회까지 파도를 탈 수 있고, 이 중에서 매 라운드마다 10점 만점으로 채점해서 가장 높은 점수 2건을 합산한다.

서핑은 크게 4가지 동작으로 이뤄진다. 먼저 엎드려서 파도를 타기 직전까지 양팔로 노를 젓듯이 보드를 전진시키는 동작인 '패들링(paddling)'이 중요하다. 보드에 적절한 속도가 붙기까지 계속 팔을 저어서 나아가야 한다. 그러다 적절한 타이밍에서 보드에 양손을 짚고 팔을 쭉 펴서 몸을 일으키는 '푸시업(push up)'을 하면서 파도에 올라탈 준비를 한다. 이어 무릎을 세우고 상체를 일으키며 마치 비행기가 이륙하듯이 일어나는 '테이크오프(take off)'를 취해야 한다. 그리고 드디어 보드 위에 서서 균형을 잡으며 파도를 타는 '라이딩(riding)'에 돌입한다.

서핑의 목적이 라이딩인 건 두 말할 나위 없지만, 라이딩을 하는 순간은 매우 짧다. 서퍼들은 바다 위에서 대부분의 시간을 패들링에 보낸다. 서퍼들 사이에서 "70%는 패들링의 시간이고, 20%는 알맞은 파도가 칠 때를 기다리는 시간, 그리고 10%만이 라이딩의 시간"이라는 얘기가 회자되는 이유다. 패들링은 파도를 탈 수 있는 최적의 포인트에 도달하는 기술이다. 패들링 없이는 라이딩도 없는 것이다.

서핑에서 패들링이 차지하는 비중만큼 서퍼들은 어깨관절의 통증을 호소한다. 패들링 자체가 장시간 어깨관절을 반복적으로 사용하는 동작이기 때문이다. 이때 어깨근육이 어깨뼈의 봉우리 부분과 부딪혀 염증을 유발하는데, 이를 '어깨충돌증후군'이라고 한다. 이 질환이 생

서퍼들은 바다 위에서 대부분의 시간을 패들링에 보낸다. 패들링은 파도를 탈 수 있는 최적의 포인트에 도달하는 기술이다. 패들링 없이는 라이딩도 없는 것이다.

기는 기전을 이해하려면 어깨뼈의 모양부터 살펴봐야 한다.

어깨뼈(견갑골)는 큰 세모꼴의 납작한 모양의 뼈로 몸통 바깥뒤쪽의 둘째갈비뼈에서 일곱째갈비뼈를 덮고 있다. 어깨뼈는 전체적으로 얇아서 투명할 정도이지만 모서리에는 여러 근육이 붙어서 두껍다. 특히 위모서리의 바깥쪽 부위에 까마귀 부리 모양의 부리돌기가 바깥앞쪽으로 뻗어 있다. 바깥쪽의 끝 부분에는 타원형의 접시오목이 있는데, 위팔뼈머리와 만나서 오목위팔관절, 즉 어깨관절을 이룬다.

어깨뼈의 뒤쪽은 가로로 두껍게 솟아오른 뼈능선인 어깨뼈가시가 위로 올라가다 바깥으로 뻗어서 봉우리(견봉)를 형성한다. 가시위근은 어깨뼈가시의 위쪽에 위치하며, 위팔을 처음 15도까지 벌리는 작용을 한다. 이 근육은 봉우리 밑에 부리돌기 사이의 좁은 공간 사이로 지나가는데, 봉우리밑윤활주머니가 있어서 이 근육의 움직임에 따른 마찰을 줄인다. 하지만 서핑에서의 패들링처럼 어깨관절을 과도하게 사용하면 이 윤활주머니에 염증이 생기거나 석회화가 진행되어 팔을 움직일 때마다 통증이 나타난다.

'피부'라는 천연소재의 수트

'One wave One man'이라는 말이 있다. 쉽게 말해 하나의 파도를 2명의 서퍼가 탈 수 없다는 얘기다. 좋은 파도를 찾아서 수천 번 패들링을 하는 서퍼 입장에서는 파도에 대한 욕심이 생기기 마련이다. 하지만 서로 좋은 파도를 타겠다고 다툼이 벌어지면 바다는 아수라장이 되고 만다.

| 어깨뼈 구조 |

위팔뼈머리 부위가 어깨뼈의 접시오목에 연결되어 어깨관절을 형성하는데, 이는 360도로 움직일 수 있는 관절로 회전운동이 가능하다.

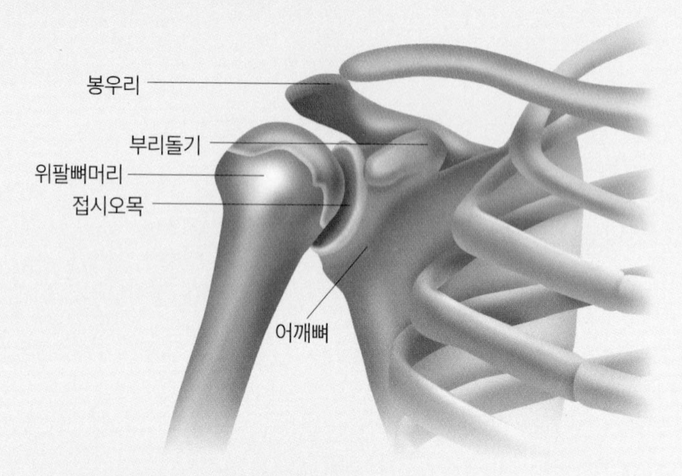

| 가시위근 구조 및 어깨관절 염증 |

가시위근은 어깨관절을 이루는 뼈들의 좁은 공간 속으로 지나간다. 어깨를 과도하게 사용하면 이 근육이 직접 손상되기도 하고, 윤활주머니에 염증이 생기기도 한다. 선천적으로 이 공간이 매우 좁은 경우, 봉우리와 근육의 마찰이 쉽게 일어난다.

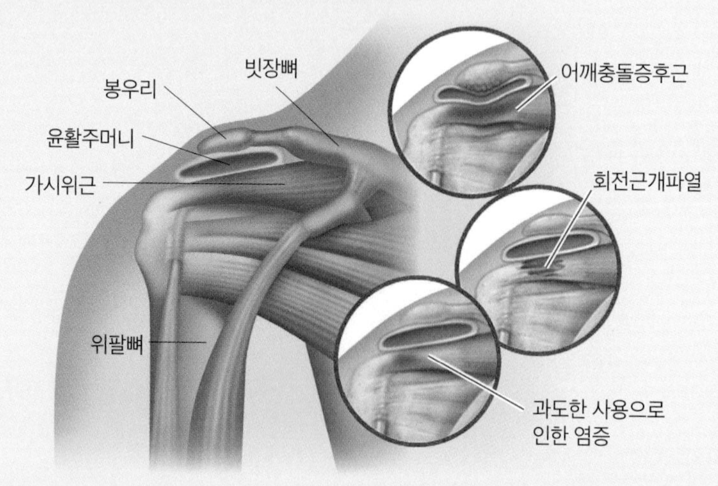

서핑에서는 파도 꼭대기에 가장 가까운 서퍼가 주도권을 쥐는 것이 기본 에티켓이다. 이는 서핑경기에서도 중요한 준칙이다. 실제로 경기 중에 주도권을 가진 서퍼를 무시하고 파도를 타려고 끼어드는 서퍼에게는 페널티가 적용된다.

설마 그 넓은 바다에서 서퍼들끼리 부딪히는 일이 얼마나 벌어질까 싶지만, 서핑에서 보드 충돌 사고는 매우 흔한 일이다. 서퍼들은 파도에 휩쓸려나가는 것을 방지하기 위해 보드와 발목을 연결하는 안전줄(보드리쉬)을 반드시 착용해야 한다. 2미터 가까운 길이의 보드에 안전줄까지 하면 약 3미터에 달한다. 이때 서로 파도를 타겠다고 덤볐다가 상대방의 보드를 잘못 밀어낼 경우 3미터나 날아가는 무기를 던지는 셈이 된다. 결국 큰 파도 주변에는 늘 서퍼들이 몰려있기 때문에 심각한 충돌 사고로 이어진다.

최근 우리나라에서도 서핑을 즐기는 인구가 증가하면서 강릉의 한 종합병원에는 해마다 부상을 입는 서퍼들이 크게 늘고 있다고 한다. 병원에 따르면 부상자 중 90% 이상이 외상환자인데, 보드나 보드에 달린 핀에 다친 열상(裂傷)이 40%에 이른다고 한다. 서핑 애호가인 연예인 엄정화씨는 '먹고 마시고 서핑하라'라는 제목의 유튜브 영상에서 서핑을 하다 정강이 부위를 3바늘이나 꿰매는 열상을 입은 경험을 토로하기도 했다.

외상만큼 서퍼들이 주의해야 할 것은 저체온증이다. 저체온증은 임상적으로 중심체온(심부체온)이 35도씨 이하로 떨어진 상태를 말한다. 인체의 열 생산이 감소하거나 열 손실이 증가할 때, 혹은 두 가지가 복합적으로 발생할 때 나타난다.

저체온증은 건강한 사람에게서도 우발적으로 나타난다. 특히 물에 완전히 젖거나 빠졌다면 물의 열전도율이 높기 때문에 더욱 쉽게 체온을 잃을 수 있다. 체온 손실은 물의 온도에 따라 달라지며, 보통 16~21도씨 이하의 수온에서 빈번하게 일어난다.

서핑에서 저체온증이 무서운 이유는 파도를 좇아 패들링을 하다보면 자신도 모르게 장시간 바닷물 속에서 머무르게 되기 때문이다. 저체온증이 오랫동안 지속되면 주요 장기의 기능이 저하되고 심하면 사망에 이를 수도 있다.

이처럼 서핑에서 열상이나 저체온증 사고가 잇따르면서 수트를 입는 것이 중요해지고 있다. 수트의 소재인 네오프렌(neoprene)은 보온성과 탄력성이 좋고 가벼우며 잘 찢어지지 않는다. 갈수록 수트의 첨단소재가 발전하면서 서핑은 이제 사계절 스포츠가 되었다. 수온이 차가운 계절에도 수트를 입고 바다를 찾는 서퍼들이 늘고 있는 것이다.

그런데 우리 몸은 이미 열상과 저체온증을 방어하는 '피부(skin)'라는 천연소재(!)의 수트를 입고 있다. 피부는 우리 몸을 지켜주는 제1방어막이자 체내에서 가장 큰 단일기관이다. 피부는 일반적으로 전체 체중의 15%에서 20%를 차지하는데, 피부를 벗겨(?) 활짝 펼치면 1.5에서 2제곱미터(성인 기준)나 된다.

대부분의 사람들은 피부에 담긴 해부학적 의미에 대해서는 둔감하다. 그저 우리 몸을 감싸는 보호막 정도로 생각한다. 하지만 피부조직은 그리 단순하지 않다. 그 역할 또한 경이로울 만큼 다양하다. 무엇보다 피부는 우리 몸속으로 병균의 침입을 막는다. 산성막으로 둘러싸인 표피의 산성

| 피부조직 구조 |

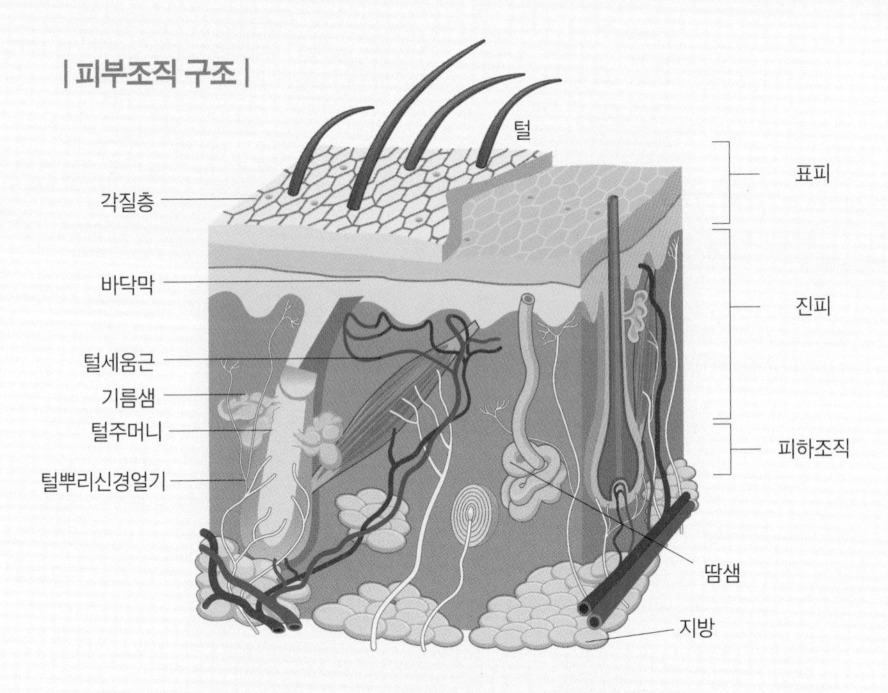

피부는 크게 표피(바깥쪽)와 진피(안쪽) 및 피하조직으로 나뉘며, 표피와 진피 사이에 둘을 구분하는 바닥막이 존재한다. 표피에는 혈관이 없어 진피로부터 영양분을 공급받는다. 피부는 전체 체중의 15% 이상을 차지할 정도로 체내에서 가장 큰 단일기관이다. 서핑에서 흔히 발생하는 열상과 저체온증에 따른 감염 및 부작용으로부터 우리 몸을 지켜주는 제1방어막 역할을 한다.

성분이 우리 몸으로 침투하려는 해로운 박테리아를 괴멸시킨다.

피부는 크게 '표피'와 '진피' 및 '피하조직'으로 구분되며, 표피와 진피 사이에 둘을 구분하는 '바닥막'이 존재한다. 표피에는 혈관이 없어 진피로부터 영양분을 공급받는다. 진피의 결합조직섬유는 그물형태를 이뤄 피부를 질기고 탄력 있게 만든다. 진피의 혈관은 모든 피부세포에 양분을 공급하며 체온 조절의 기능을 수행한다.

진피 아래에는 지방이 풍부한 피하조직이 존재하는데, 근육 또는 뼈에 피부를 연결한다. 이때 지방조직은 우리 몸에서 체온이 빠져나가거나 외부의 열이 침입하는 것을 억제하는 단열기능을 수행한다.

역사라는 파도를 두려워하라

11번이나 서핑 세계 챔피언에 오른 켈리 슬레이터Kelly Slater는 언젠가 이런 말을 했다.

"서핑은 마피아와 같다. 일단 파도에 들어오면 나갈 수가 없다."

서핑에서 열상이건 저체온증이건 원인은 단 하나, 과욕이다. 파도와 바람과 바다라는 너무나 매혹적인 자연현상은 때때로 서퍼들을 위험에 빠트리는 세이렌(Siren) 같은 존재가 되곤 한다.

불과 얼마 전까지만 해도 서핑은 〈베이워치(Bay Watch)〉 같은 해외 미니시리즈에서나 볼 수 있는 해상묘기 정도에 지나지 않았다. 놀라운 건 우리나라에도 서핑의 성지가 생겼다는 것이다. 강원도 양양이라는 소도시다. 물론 양양에서 하와이의 파도를 기대하는 건 무리다. 그럼에도 불구하고 해마다 50만 명이 넘는 서퍼들이 마치 세이렌의 노랫소리에 홀린 듯 양양을 찾는다.

하지만 숙련된 서퍼일수록 '파도를 두려워하라'고 외친다. 파도는 서퍼에게 아주 잠시 자신의 몸에 올라탈 것을 허락해 줄 뿐이라는 것이다. 파도를 정복의 대상으로 여기는 순간 세이렌의 경고음은 커지기 마련이다.

2024년 파리 올림픽에서는 서핑경기가 프랑스 본토에서 열리지 않고 (파리에서 무려 1만5,000킬로미터나 떨어진) 프랑스령 남태평양 타히티에서 치러진다. 해마다 세계서핑리그(WSL)를 개최하는 장소 중 하나인 타히티 테아후푸 해변은 세상에서 가장 거친 파도가 치는 곳으로 유명하다. 한때 자신들의 선교에 방해가 된다며 원주민들의 보드를 모조리 불태웠던 바로 그곳이다. 늘 그래왔듯이 테아후푸의 파도는 외지인들의 정복을 쉽게 허락하지 않을 것이다. 수백 년 전의 아픔을 머금은 파도에 경외심이 드는 까닭이다.

타히티 테아후푸 해변은 세상에서 가장 거친 파도가 치는 곳으로 유명하다.

올림픽에 간 해부학자

초판 1쇄 발행 | 2024년 5월 20일

지은이 | 이재호
펴낸이 | 이원범
기획 · 편집 | 김은숙
마케팅 | 안오영
본문 및 표지 디자인 | 강선욱
해부학 일러스트 | 강선욱

펴낸곳 | 어바웃어북 **about a book**
출판등록 | 2010년 12월 24일 제313-2010-377호
주소 | 서울시 강서구 마곡중앙로 161-8 C동 1002호 (마곡동, 두산더랜드파크)
전화 | (편집팀) 070-4232-6071 (영업팀) 070-4233-6070
팩스 | 02-335-6078

ISBN | 979-11-92229-39-3 03470

| about **SCIENCE** |

과학의 시선으로 주거공간을 해부하다

아파트 속 과학

| 김홍재 지음 | 413쪽 | 20,000원 |

*** 과학기술정보통신부 '우수과학도서' 선정**

아파트의 뼈와 살을 이루는 콘크리트에는 나노과학이, 건물 사이를 흐르는 바람에는 전산유체역학이, 열효율을 높이고 층간소음을 줄이는 벽과 바닥에는 재료공학이 숨어 있다. 이 책은 과학의 시선으로 아파트를 구석구석 탐사한다.

디지털제국에 보내는 32가지 항소이유서

디지털 권리장전

| 최재윤 지음 | 338쪽 | 18,000원 |

*** 한국출판산업진흥원 '세종도서' 선정**

이 책은 블록체인과 가상자산, 데이터와 플랫폼 경제, 메타버스와 인공지능 등 이른바 혁신의 아이콘을 앞세운 빅테크들이 우리의 생존권을 어떻게 잠식하고 있는지를 규명한다. 무엇보다 거대한 자본을 형성한 온라인 플랫폼들이 '혁신'으로 시작해 '독점'으로 끝날 수밖에 없는 구조적인 문제들을 진단한다.

밤하늘과 함께하는 과학적이고 감성적인 넋 놓기

별은 사랑을 말하지 않는다

| 김동훈 지음 | 448쪽 | 22,000원 |

별 먼지에서 태어난 우리는 모두 반짝이는 별이다!

떠나보내기 아쉬운 밤, 이야기 나누고 싶은 밤, 기억하고 싶은 밤. 고르고 고른 밤하늘 사진에는 과학적 설명과 사유를 담아 주석을 붙였다. 삶에 별빛이 스며들 수 있도록 밤하늘과 함께하는 과학적이고 감상적인 넋 놓기를 시작해보자.

138억 년 우주를 가로질러 당신에게로

어크로스 더 유니버스

| 김지현·김동훈 지음 | 456쪽 | 20,000원 |

"지난 10여 년 동안 우리는 세계 곳곳을 돌아 행성 지구에서 별이 가장 잘 보이는 곳을 찾아다니며 드넓은 우주와 만났다!"

북극 스발바르 제도, 호주 쿠나바라브란, 미국 뉴멕시코, 몽골 알타이사막, 하와이 빅아일랜드…… 몸집보다 큰 천체망원경을 둘러멘 길 위의 과학자들이 풀어헤친 우주오디세이를 읽는다.